瑞城名人酒店
Celebrity Ruicheng Hotel

大厨必读系列

尚锦文化

经典四川小吃

——舒国重大师40年厨艺精髓

舒国重◎著

蔡名雄◎摄影

成品精致、味道讲究

地方风味浓厚、

让人忍不住

口水滴答的滋味

中国纺织出版社

图书在版编目（CIP）数据

经典四川小吃：舒国重大师40年厨艺精髓 / 舒国重著．—北京：中国纺织出版社，2017.1（2024.9 重印）
（大厨必读系列）
ISBN 978-7-5180-3157-3

Ⅰ．①经… Ⅱ．①舒… Ⅲ．①川菜—菜谱 Ⅳ．①TS972.182.71

中国版本图书馆CIP数据核字（2016）第297066号

原文书名：天府四川精典小吃
原作者名：舒国重

著作权合同登记号：图字：01-2016-8489

责任编辑：舒文慧　　责任印制：王艳丽
封面设计：NZQ设计　　版式设计：品　方

中国纺织出版社出版发行
地址：北京市朝阳区百子湾东里A407号楼　　邮政编码：100124
销售电话：010-67004422　　传真：010-87155801
http://www.c-textilep. com
E-mail:faxing@c-textilep.com
中国纺织出版社天猫旗舰店
官方微博 http://weibo.com/2119887771
北京华联印刷有限公司印刷　　各地新华书店经销
2017年1月第1版　2024 年 9 月第 7 次印刷
开本：787×1092　1/16　印张：19
字数：267千字　定价：69.80元

鹤鸣

推荐序

细数经典，继往开来

享誉世界的川菜烹饪技艺，是我国一种独特的艺术。它不仅给人们带来美味的菜肴和点心、小吃，也给进餐者带来视觉与精神上的享受。

在川菜的烹饪体系中，小吃和点心的概念没有绝对的划分开，甚至在小吃中还包括有部分菜肴。如著名的麻婆豆腐、夫妻肺片、小笼蒸牛肉、红油钵钵鸡、三洞桥软烧大蒜鲶鱼、竹林蒜泥白肉等。

四川的小吃包括许多筵席的精美点心，如缠丝牛肉煎饼、五彩绣球圆子、凤眼蒸饺、枣泥波丝油糕、层层酥鲜花饼等。还有众多的四川各地民间小吃，如担担面、古月胡三合泥、三大炮、成都洞子口凉粉、顺庆羊肉米粉、灯影牛肉、宜宾红油燃面、怀远冻糕、叶儿粑、泸州蒸黄糕、川北梓潼片粉、大刀金丝面、蛋烘糕等各地有名的小吃。

川菜烹饪技艺中，主要分为红案厨师和白案厨师两大技艺工种。红案厨师主要负责各种菜肴的制作，白案厨师主要负责小吃和点心的制作。而一名优秀的白案厨师又必须具有深厚的红案技艺功底与高超的烹调技艺，才能真正做好各种精美的小吃和点心，也才能是餐饮行业中受人敬重的红、白两案全能厨师。

四川的小吃、点心的制作手法有擀、捏、压、揉、包、切和各种造型技艺。烹制方法多样，包括有蒸、炸、煎、烤、煮、炒、烧、拌、烩等。味道更是多种多样，有鱼香味、家常味、红油味、咸鲜味、甜酸味、酸辣味、甜香味、麻辣味、蒜泥味、葱香味、椒盐味、咸甜味、酱香味等多种味型。这就是四川小吃、点心兼具川菜特殊风格特点的真正原因。

在现代的川式小吃、点心中有许多是在传统基础上创新的品种，如鸳鸯叶儿粑、玉鹅戏水米饺、翡翠玉杯、冰汁枇杷苕、酥炸苕梨、盆花酥、波丝花篮、南瓜饼等不少的象形点心。

张中尤大师（前）与作者舒国重（后）

四川的大刀金丝面是一种集高超的刀工技艺和白案技艺中多种工序制作而成的一道著名小吃。金丝面的制作颇为讲究，先是用新鲜的鸡蛋黄（或鲜鸭蛋黄）调合成面糊，用揉、擀、压、推、切等工序制成薄而透明的大张面皮，再叠成长条，用长约七十厘米的大面刀切成细如金丝的面丝。煮熟后捞入盛有高级清汤的精美小碗里，再配以一小朵翠绿色的青菜心。面丝色泽金黄，汤味鲜美，味清淡而高雅。金丝面是一道和四川开水白菜、鸡豆花等菜肴齐名的高档面点。

由台湾著名美食作家蔡名雄先生和中国烹饪大师舒国重共同编著的《经典四川小吃》一书，基本上包括了四川各地著名的点心、小吃。本书向读者图文并茂地介绍了众多的四川小吃、点心，并展现丰富的四川饮食、小吃风情，是对川菜最佳的全面推广和宣传。祝愿四川小吃这种独特的烹饪技艺和文化，得到很好的传承与发扬光大。

中国烹饪大师终身成就奖获奖者 張中尤 二零一六年春

作者序

川味小吃，美在万千滋味风情

记得在 1990 年初，我与一位从中国台湾省回大陆探亲的老大爷（也是川厨，在台湾省有两家川菜馆），在一次聚会上相识，彼此谈起川菜小吃，有相见恨晚的感觉。他说起记忆中的成都小吃，滔滔不绝，声情并茂，但忽然间话头一转，脸色凝重下来，叹气道：“现今走游巴蜀各地，正宗的四川小吃太少了，成都市过去很多好吃小吃，已不见踪影，可惜啊！”

与这位老大爷接触过数次，他不断地鼓励我，要继承、发扬传统四川小吃技术，甚至愿出资在成都开一家正儿八经的小吃餐厅，完全交由我主理经营。但当时我正主理一家大型餐厅，指导开发三国文化主题宴的菜品，难以实现这位台湾老大爷的诚意和愿望。

进入 21 世纪，笔者从一个热爱烹调的青年小厨师，历练成精通川菜红白两案之烹饪大师，虽获得诸多荣誉，也在烹饪教学中培养出大批名师名厨，但多年来心中总有一种情结、一股力量在推动我亲自制作和撰写一本图文并茂、介绍全面的四川小吃的经典食谱书，让四川小吃和川点技艺得以留存、传承和宏扬。

现今川菜和火锅遍布大江南北、五洲四海，真正传统地道的四川小吃却屈指可数。不少打着四川小吃招牌的餐馆，却是鱼目混珠，或是挂羊头卖狗肉而已。笔者足迹遍及华夏各地，也在全球不少国家的酒楼饭店主厨或表演厨艺。看到粤式早茶、港式夜宵，在世界各地倍受人们追捧，生意十分火爆，往往心生痛惜之情，曾享誉中国各地的四川小吃，为什么不能像川菜、火锅一样，走向世界？为什么没有一个国家有华人经营川式早茶或是川点茶馆呢？每当品尝到广式早茶的口味与小吃时，内心更涌现出对四川小吃的一种向往与深情。

一款一格，百款百味，蕴含着千种滋味、万般风情的川味小吃，如能形成体系，结合川茶，塑造成川味的茶点、下午茶、夜宵风味餐馆、茶楼，那是何等口福天下的美好事情。

带着这样的心境，加上资深川菜文化人向东老师不断地鞭策、鼓励，他说，您有那么全面的小吃技艺，不把它做出来写出来，留给年轻一代，会是一大遗憾！且传承四川小吃技艺是一个功德无量之事。于是，在蔡名雄老师热诚支持下，全心全意编写了这本书，希望能给专业从厨人员一些帮助和点悟，也给喜爱四川小吃的爱好者一点指导和启发。

在这里我要特别感谢我的恩师，中国著名烹饪大师、终身成就奖获得者、川菜泰斗张中尤老师，他言传身教，毫无保留地传授川菜红、白两案精湛技艺，使我全面掌握了川菜、川点、小吃的制作技艺精髓。

本书大部分小吃、川点皆由笔者亲手制作，小部分由笔者徒弟魏延兵、胡克胜两人制作。多数小吃、川点是首次完整介绍和展示制作工艺与风味特色！

二零一六年春

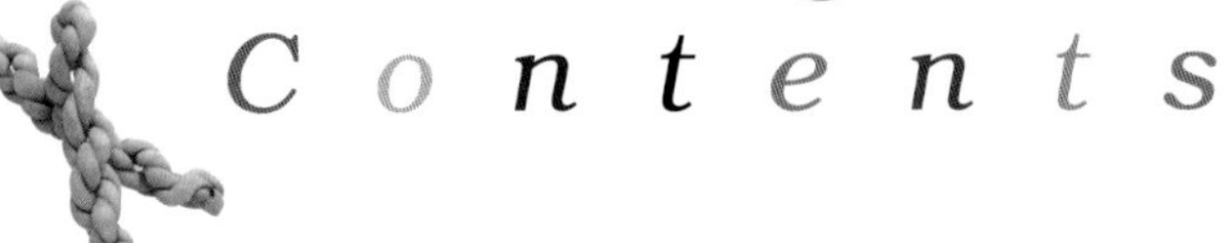

第一篇 天府四川小吃龙门阵

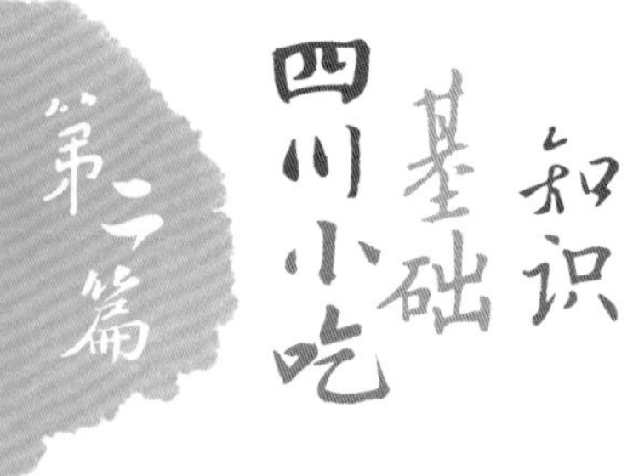

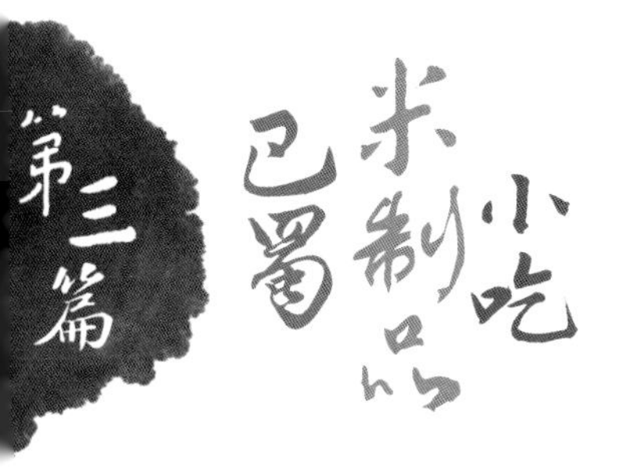

第一章　认识米、常用原料与加工方法

第二章　米制品小吃基本工艺与常用配方

巴蜀米制品小吃

第一章
认识面粉与常用原材料

第二章
面点基本工艺与操作

第三章
六大基础面团特性

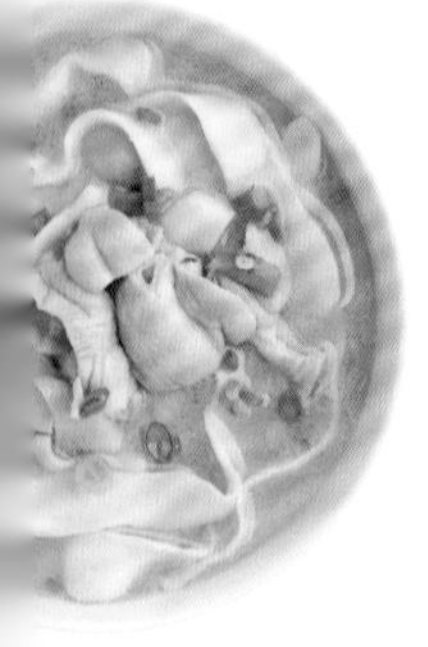

第四章
面点小吃基本工艺与常用配方

天府面制品小吃

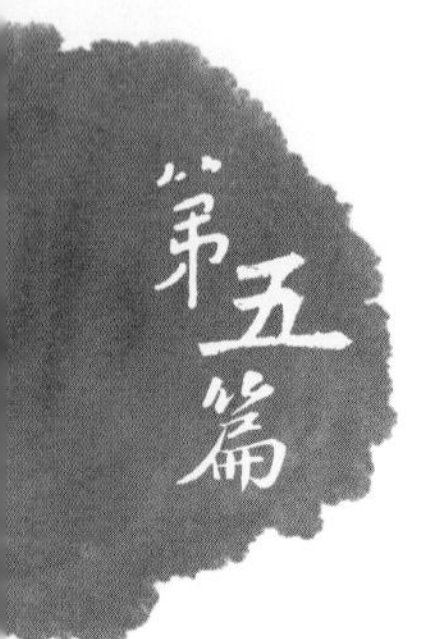

风味杂粮及其他制品小吃

第一章 常用原料

第二章 基本工艺与常用配方

动手做

风味杂粮及其他制品小吃

川菜大师

舒国重

简历：

钻研川菜红、白案技术并在制作上精益求精，成功地将理论知识和厨艺教学融合发展。长期在全国优秀刊物《四川烹饪》杂志上发表诸多作品，有菜点、小吃创新论文等，并曾持续多年在此刊物上主持“烹饪课堂”问答栏目，也在《东方美食》《中国大厨》等专业杂志上发表烹饪知识相关文章，成为国内知名的川菜儒厨。

除教学授业教出成千上万的厨师队伍，还收徒传艺，门下弟子百余人，有不少弟子已成为烹饪大师、烹饪名师，可谓桃李满天下。

长期以来，受聘成为多个职业厨师培训单位的指导教学老师，曾担任国内多家五星饭店、星级宾馆及大型餐饮酒楼的技术顾问、餐饮总监、行政总厨等。

著有《四川江湖菜》（一、二辑）《佳肴菜根香》《菜点合璧》《四川江湖小吃》《四川小吃大全》等。

经历：

· 1956 年生于四川成都市厨师世家。从小受父亲高超厨艺的影响，对烹饪技艺有着天生的爱好和追求，8 岁左右就自己在家中学炒家庭菜肴，读高中时，就常帮亲戚、朋友、同学做家宴、婚寿宴，为日后职业厨师生涯铺垫了坚实的基础。

· 1977 年接替父亲岗位，进入成都市西城区饮食公司“寿邱名小吃店”。

· 1983 年拜中国烹饪大师、终身成就奖获奖者、川菜著名特级厨师张中尤先生为师，在恩师的指导下，全面钻研川菜红、白两案技术，由此在烹调和面点小吃制作技艺上突飞猛进。

· 1980年代中期，在成都首先推出全新的创意筵席——四川小吃筵席，受到市场的追逐模仿。

· 1980 年代后期到 1990 年代初，作为国家公派到各国四川饭店、酒楼的大厨，先后奔赴马来西亚、巴布亚新几内亚、斐济、纽西兰、日本、澳洲等地事厨，传播经典川菜菜肴及小吃技艺。

· 1990 年前后的几年间，拥有成都最年轻双科（烹调、面点）特级厨师称号。

· 1990 年代中期，首创具有三国历史文化主题的餐饮大宴——三国宴。

· 2005 年获选为中央电视台专题《绝活世家》中的烹饪世家主角，成为中国数百万厨师的唯一入选者，专门拍摄其从厨人生，在海内外多次播放。

· 2014 年成立“中国川菜舒国重工作室”。

第一篇

龙门阵 四川小吃

制作精细、方便食用、讲究味道、物美价廉、地方风味浓郁等特点是川味小吃基础，也是让其闻名全国的关键，且多数小吃小巧量少、花样繁多、价廉味美、适应性强，加上川人很讲究饮食的艺术，产生以小吃烘托大菜，或是大菜带小吃的两个饮食特点，这是川味小吃与其他菜系小吃之间最显著的差异。

窄巷子
14
茶

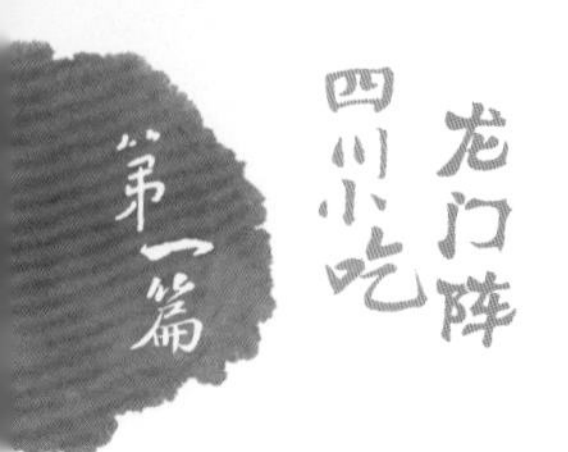

第一章

经典小吃，川味经典

在四川，小吃除了单吃，还可以组合成小吃套餐；安排得宜，川味小吃也能于川菜筵席中成为画龙点睛的角色，穿插于大菜间，丰富、调节口味，并点缀席面；因为川味小吃的丰富性，还能以小吃为主体，发挥巧思烹制出小吃筵席。在现代环境中，川味小吃更能在许多的展演商务活动的餐会、酒会中担纲大任，提供主辅食品、点心或菜肴。

川味小吃相较于其他地区菜系的滋味来说，其味道厚薄浓淡分明而有序，不只用料精细考究，更是善于调味，如成都名小吃龙抄手就分别有干吃、带汤吃两种形式，滋味则有清鲜也有醇厚，清鲜的如原汤抄手、清汤抄手、海味抄手等，薄皮嫩馅，汤鲜味美；醇厚味浓的有红油抄手、酸辣抄手等，却辣而不烈，滋味鲜香。又如担担面、红油素面、甜水面、脆臊面、宋嫂面、

豆花面等面条小吃，都用了辣椒，但辣的滋味可是各不相同，有微辣、香辣、酸辣、麻辣，有甜中带辣、酸中带辣、辣中带酸等，从一个辣就能看出川味小吃味道之妙，天下无双。

虽说四川地区小吃与川菜一样以麻辣为标志性特色，但四川烹滋调味功夫之所以能天下无双，就在好辛香之余，更在乎浓厚刺激中要能体现鲜美本味！因此说川人对食材的鲜美本味有独到的认识与烹调工艺，可谓实至名归。因此川味小吃中有相当多清淡适口、声名在外的名点，如清汤金丝面、奶汤海参面、酸菜银丝面、鸡肉青菠面等，都属做工精细、味鲜清爽的面条类小吃品种。

四川的地理环境与多次大移民的历史背景，让四川人的小吃不只有大量的面类小吃，还有独具四川特色风情的米制品小吃，像是赖汤圆、珍珠丸子、蒸蒸糕、白蜂糕、银芽米饺、四喜米饺、海参芙蓉包、凤翅玉盒等。

再摆川味小吃的制作，那可是从选料到成品的各个细节，都有着如美食家一样完美的追求，更有十分严谨的工艺要求和品质标准。诚如成都名小吃赖汤圆，从选料、淘米、泡米、换水、加和、磨浆、制馅、包捏、煮制和供食等操作流程中，每个环节都有要求，只要一个程序不对，就不能达到该有的品质标准：香甜白糯，细腻滋润，就不能称之为“赖汤圆”。

川味小吃除米面杂粮制品的小吃外，还包括很多肉类制品的小吃，如夫妻肺片、治德号小笼蒸牛肉、棒棒鸡、钵钵鸡、樟茶鸭、广汉缠丝兔、乐山甜皮鸭、邛崃钵钵鸡、天主堂鸡片、珍珠丸子等，在街头巷尾已经很少见到以小吃形式贩售的了，现今的餐饮环境中，这些小吃品类多走进了餐馆酒楼成为菜肴，但其源自民间的小吃本色依旧存在于街头巷弄中，游走在雅俗之间，是菜品也是小吃。因许多的川菜食谱都会介绍这些是菜品也是小吃的肉类制品小吃，本书就不再重复、而是聚焦于米面杂粮制品的小吃。

今日，在经济与环境条件的提升下，旅游与交流的市场急剧扩大，川味小吃因为地方特色、风情鲜明，使得品尝小吃成为认识四川食俗风情的一个重要形式。

第二章

四川地区小吃常见的分类

四川地区地理环境相对封闭但物产却异常丰盛，历史上多次的大移民又让四川地区的小吃融汇了大江南北的风情滋味，因此品种、工艺繁多，风味各异，食材的使用范围更是广泛，从米面细粮、豆黍粗杂粮，到时令蔬菜瓜果，从家禽家畜到山珍海味，无所不用，于是用料广泛也成为川味小吃的一大特色。

因此，四川地区的小吃分类相对复杂，在传统上，以广义概念来分，可分为面点类小吃和菜品类小吃两个大类。

其中菜品类小吃的丰富度可说是中华小吃之冠，这类小吃泛指一些区域饮食风情浓厚、风味独特、制法讲究、起着尝奇品特效应的地方名食，早期也多是流动小贩、摊贩四处叫卖，因此菜品小吃在传统上或说本质上就不是为了填饱肚子，多为了解馋、吃耍、吃好玩的休闲心理，因此多具备方便携带、食用的特点。然因餐饮业的发达加上食品卫生观念的兴起，菜品小吃已走入餐馆，正式成为宴席上的菜品，常见的如陈麻婆豆腐、夫妻肺片、灯影牛肉、张飞牛肉等菜

肴，在传统川菜的归类上都属于小吃类。

而面点类小吃基本上就是一般概念中的小吃，四川传统上叫做点心，泛指各种面条类、包子类、花卷馒头类，可饱餐一顿，也可作闲食点心，还有各种糕点、米团、饼、粥、羹等制品。小吃在四川餐饮行业中涉及的工种技术称之为白案技术（也称面案）。

饮食习惯的变化也让小吃的分类方式起了变化，许多繁杂工艺的小吃成了餐馆酒楼的特色菜肴，也有特色菜品以闲食、小吃的形式被搬到街头！另大部分四川风味小吃的主原料是以米、面粉制作而成，但也包括一些杂粮薯类、家禽家畜类，而时蔬瓜果类，油、糖、干果等原料则担任着重要的辅助及滋味角色。于是另一个按使用的主原料来分类的方式就成了现今四川小吃的主要分类方式，依此概念，川味小吃可分为米制品小吃、面制品小吃、杂粮与其他类制品和肉类制品小吃等大类。

米制品小吃：如红糖糍粑、蒸蒸糕、醪糟汤圆、珍珠圆子等。

面制品小吃：如担担面、龙抄手、锅魁、鸡丝凉面、钟水饺、石头烤馍、高桩馒头、兰花酥等。

杂粮与其他类制品：杂粮的如鲜奶玉米蜂糕、红苕鸡腿、水晶玉米冻、成都黄凉粉、黑米粥等。其他特色原料小吃则有象生萝卜果、苹果煎饼、瓜仁芋香果、酸辣粉、绿茶桂花糕等。

肉类制品小吃：如帽结子、张飞牛肉、夫妻肺片、麻辣牛肉干、老妈兔头、治德号小笼蒸牛肉等。这类小吃在消费习惯的演变下，一部分仍维持以小吃的形式存在于街头巷弄中，但多数都成了餐馆酒楼的菜品！也因此，四川传统上用贩售、品吃的形式作分类的方式倒成了餐饮行业才熟悉的分类法，一般大众则都是以主原料的贵贱来界定何谓菜品，何谓小吃了。

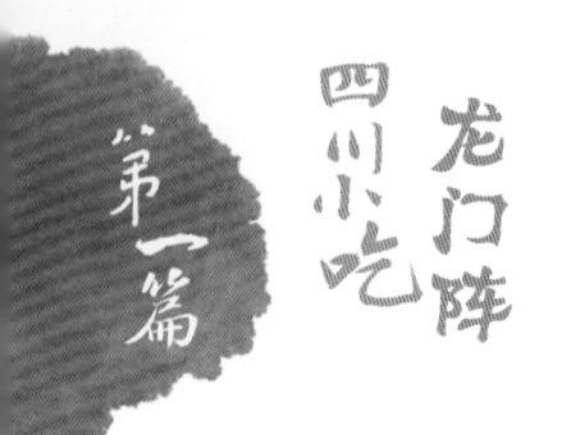

第三章

创新有方法，玩出百变川味小吃

无论四川还是全中国，随着社会的发展，小吃与菜肴都会与时俱进，有着继承、发展、创新的历程。饮食文化、烹饪工艺的继承是发展的必要基础，创新则是面对这种发展趋势所必须的作为。

因此，创新是饮食行业生存发展的动力！在社会进步，消费观念不断变化、提升的趋势下，小吃的市场需求量将快速扩张，且小吃还包括大部分早点、宵夜的供应品种，是一个发展潜力很大的餐饮类别。

川菜创新是为了更好地适应消费者不断变化的饮食需求，四川巴蜀小吃是川菜生活的一部分，也只有创新，小吃才能不断适应社会经济的发展。历来许许多多事厨前辈就是依循这唯一真理，创造出许多脍炙人口的美味小吃。

创新才能符合市场与当今人们的消费观，进而获得市场商机。如何创新？笔者从事川菜与面点、小吃等的制作、研究与开发工作四五十年，归纳这四五十年的实务经验，得出五大创新原

则，实务中依循这五大原则所创新的许多小吃品种也已得到市场认同而热销。

原则一、标准化，规模化

经过历史长河的不断优胜劣汰，川味小吃才逐渐享有当今的盛名，只是制作工艺上仍十分依赖经验与手工，在市场变化、扩张迅速的今日，这一传统反而拖住川味小吃的发展。

不可否认，主要靠手工和经验操作的传统工艺有其精致美食层面的优势，色香味面面俱全，但在市场竞争中却是一大劣势。诚如大家所理解的，很多传统小吃的失传或面临失传，均是极度依赖手工和经验操作的劣势造成。完全靠经验及人力手工制作，在过去人力成本极低、市场规模较小的农业社会还能适应，如今随着人力成本的暴涨、市场迅速扩张，但小吃仍属于零点闲食、消费水平相对较低的市场，于是要维持较实惠的销售价格与跟上市场规模的扩张，唯有用标准化来降低人力成本，并进一步达到规模化，以适应商业社会市场经济的发展。

因此许多需要扎实功底的传统工艺小吃，就越来越不能适应时代的发展，如传统的金丝面、银丝面、蒸蒸糕、波丝油糕、凤尾酥等，在当今市场中就难见踪影。这些类型的面点小吃，小量制作很难做到标准化与规模化，只能靠大量手工操作，个人经验技巧成分也高，出品效率也就较慢，也就很少有人做这些精品川味小吃了。其实这些品种应该是很受人们喜爱，也很有市场的。

在各式厨房机械设备发达的今日，换个思路制作这些工艺小吃，其实只要将部分手工做法通过机械设备来进行标准化、规模化生产，这些工艺小吃也完全能适应现今快节奏的消费市场。

对于有些传统川味小吃，在标准化、规模化生产的过程中则必须部分保留其欣赏性、表演性的工序，如用大刀切金丝面、传统手工操作压制荞面、刀削面、手掷三大炮等，才能体现与保留一个地方的民俗传统风情。这样既完全保住了传统技艺，传统文化精髓，又能开启餐饮现代化之路。

例如制作金丝面，将和面、揉面、压面、擀制这几个工序换成机器制作，就大大减少了工作量，就只保留用面刀手工切成细条这道工序。这样就解决了前面大部分费时费力的工作，又能保持具有技艺和观赏表演性的手工操作。因为是通过机械控制、按标准操作，也就能规模化生产金丝面、银丝面。

又如传统蒸蒸糕，一次出品一个，效率很低，若能将蒸制炉具和模具改进，一次出5～10个或更多，效率就大大提高，轻松面对大量消费需求。

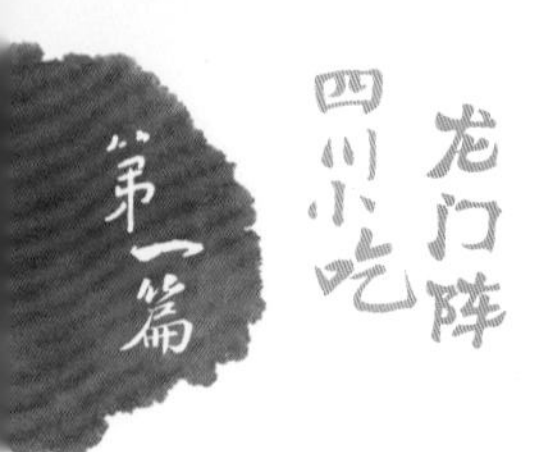

原则二、巧用新原料素材与机械设备制作百变皮料

传统小吃，主要选用粉状的米面原料制成小吃皮料，再包入馅心而成，如汤圆类、包子类、抄手类、饺子类等。这些类型品种在原料素材少且加工技术、设备不发达的早期，大多以原料本色为主制成皮料生坯，若适当应用现今多样的原料素材、加工技术、设备制作各种菜汁、水果汁、蛋奶汁，加入这些类型的小吃皮坯时，就会改变这些小吃的外观颜色，甚至口感、滋味，也会提高产品的营养多样性。

如使用打汁机取得绿色或黄色的蔬菜汁来加入面团中制成抄手皮，包入馅心熟制后，这天然的绿色、黄色（或其他菜汁色彩）抄手，不只迎合人们求新求变的消费心理，更符合健康的理念。又如将胡萝卜汁加入汤圆粉中做成胭脂汤圆等，将蛋黄粉、可可粉、牛奶、椰浆加入发面内，制成巧克力馒头、蛋黄馒头、椰香馒头等。简单的皮料色彩改变，让传统小吃瞬间成为赏心悦目的新美食。

原则三、大胆开创馅心、面臊的口味与形态

大胆开创馅心、面臊的口味与形态是川味小吃能否保持活力适应新市场的重要基础。因为大多数米面小吃的特色是通过馅心、面臊的滋味风格来展现。

传统川味小吃的制馅、制臊本来就具有很多独到之处，这可是体现四川巴蜀小吃特色的基础，我们就是要在这基础上大胆开创馅心、面臊的口味与形态，烹制出符合当代人们的口味变化又极具巴蜀特色的美味小吃食品。

在实际操作上，可大胆应用更多以前传统上没有采用过的原料、食材，以不断变化小吃品种的风味，丰富其种类。如著名的担担面、龙抄手、钟水饺除了调味特点外，面臊、馅心的选料与制法可左右其风格，因此采用变换面臊、馅心的原料就可创出新的品种。例如将担担面臊由猪肉变换成牛肉臊子或鸡肉臊子，即可制作成新颖的牛肉担担面或鸡米担担面；若将红油水饺的馅心改用鲜虾肉拌制，就变成红油虾饺。又如四川抄手馅心大多单用猪肉制成，只要在制作肉馅时大胆加入像是南瓜丁、白菜碎、起司粒等蔬果或外来食材，就可变成南瓜抄手、豇豆抄手、起司抄手等，还可加入高档原材料来提高抄手品类的档次和售价，如海产类的海参、鲍鱼、鲜贝等或各式外来食材。

原则四、调味创新与运用

要说川味小吃的最大特点，多数人会说味道好！川味小吃的众多品种都十分讲究调味，如名小吃钟水饺、担担面、夫妻肺片、川北凉粉、宋嫂面、豆花面、酸辣粉、麻婆豆腐等。因此四川人常说“味道出特色”、“小吃、小吃，就是吃味”，说明川味小吃“味”的重要性。

成都地区近年来有一部分小吃，在社会上影响较大，口碑较好，也是近年来流行于市场的畅销小吃。如成都市怪味面、牛王庙鸡杂面、查渣面、勾魂面、伤心凉粉、串串香、冷串串、麻辣烫等，都是在调味运用及选择上获得成功。

因此小吃要在市场红海中出彩，就必须根据小吃滋味活用调味手法做出自己的风格，或是直接在调味上创新，利用现今新的、外来的调味料产生新滋味，制作出口味新颖的小吃。这样的概念其实只要先借鉴现

在流行于菜肴中的山椒味、鲜辣味、酸辣味、鲜椒蚝油味、泡椒味、麻辣孜然味、咖喱味等新型调味，直接运用到四川传统小吃中就能创造出不少新潮流行的小吃。

除了“新、奇”的滋味，还可将一些川菜传统味型用到小吃中，以混搭的手法产生创意川味小吃。举例来说，川菜菜肴很有代表性的鱼香味，就可运用到四川水饺、抄手的调味上，而成为鱼香水饺、鱼香抄手。还有怪味、麻辣味、煳辣味、荔枝味等味型都可以运用到面食类小吃制品中，从而创造出更多脍炙人口的川味小吃。

原则五、引进移植，博采众长

因为小吃市场不再局限于四川或特定区域，川味小吃的创新，势必要走引进移植，博采众长的变通之路，才能适应全国或是全球的味蕾。引进移植就是借他人之长，补己之短，也称之为借鉴、模仿；博采众长就是将别人的好方法拿来用，以改变风味或增加效率。

四川菜系包括小吃制作，在多次而漫长的移民历史发展中，自然而然的博采众长，产生北菜川味，南菜川烹，洋为川用，西料川烹的多元滋味与工艺。在很多传统名食小吃中都能看到引进移植的痕迹。如四川烧卖类、抄手类都是源自北方稍卖、馄饨，经过移植转变成川味十足的地方小吃，如玻璃烧卖、龙抄手等。

另外像是闻名蓉城的痣胡子龙眼包子，更是从江浙一带的汤包移植演变而成。当今餐饮业发展快速、辐射范围广阔，粤式点心、西式点心大量进入四川饮食生活中，实际上也为川味小吃、面点师带来了引进移植、博采众长的大好学习良机。举例来说，可将广式虾饺改变调味制成鱼香虾饺或红油虾饺。西式蛋挞馅料可用鲜蚕豆泥替换，即成四川风味的翡翠酥盏等。然而成功的关键，绝对是引进后一定要能与自己的饮食传统、文化相融，才能产生特色，否则只是跟在别人后面复制而已。

第二篇

四川小吃基础知识

想烹制出味道鲜美、风味别具的川味馅心和面臊，必须要有扎实熟练的三大烹调基本功，即刀工、火候、调味技术。还要进一步熟悉各种食材及调味料的性质和用途，才能结合坯皮的成形及熟制工艺做成不同口味特色的小吃。因此，属于白案的小吃师傅要想烹制出各式美味的馅心和面臊，就必须同时拥有熟练而扎实的红案功夫。

第一章 馅心与面臊

馅心及面臊的制作是川味小吃制作与风味特点的重要环节之一，决定了小吃口味的优劣、成品形态、风味特色及品种能否多样化，因此想烹制出味道鲜美，风味别具的川味馅心和面臊，必须有扎实的刀工、火候、调味技术等烹调基本功三要素。再进一步熟悉各种食材及调味料的性质和用途，以结合坯皮及熟制工艺做出各种特色小吃。因此，川菜中属于白案的小吃师傅要想端出令人惊艳的各式点心小吃，就必须要有扎实的红案功夫。

一、馅心、面臊对小吃的影响

小吃的色、香、味、形与馅心、面臊有着直接的关系，归纳起来有以下几个作用。

1. 决定小吃的口味优劣

凡是有馅心的小吃，都必须重视其馅料的调制或烹制，许多小吃的皮料只占20%，馅心则达80%，如烧卖、春卷等，这类小吃好不好吃，馅心的口味就显得十分重要。

面臊也一样，不同类型、口味、口感的面条，其臊子的烹制也不一样。制臊的过程，就相当于烹制一款菜肴的工序，如川味小吃宋嫂面、鳝鱼面等面臊的制

作，其口味特色就体现在面臊制作是否讲究及鲜美与否。

2. 影响小吃成品形态

馅心是包在皮料中的，对成形有着关键性的影响，如四川名小吃玻璃烧卖，成形后应似白菜状挺立鲜活，若馅心水分、油量过重，就会造成馅心过软，熟制后成品肯定不成形，影响食欲；馅料的选择与制作问题对于多数象形小吃来说，尤为重要。因此可归纳出一个大原则，就是油太重的馅心或是全生馅心都不适宜做成形需要较利落或精致的造型小吃。

3. 体现小吃风味特色

小吃特色与所用食材、坯料、成形、加工及成熟有关，而馅心选择、调制差异所形成的作用也不可忽视。如川味金钩包子其风味特色为皮薄馅鲜，别具风味，回锅肉包子的特色是馅鲜香醇厚。又如四川蒸饺大都会选用熟馅，而北方蒸饺一般用生熟馅料。不同馅料的运用则体现了与其他地区不同的风味特色。面臊也一样，川味小吃面臊的制作，相似于川菜的烹制，每一款浇入不同面臊而成的面食，都有着独特的地方特色，如崇州查渣面，成都担担面等。

4. 构成小吃品种的多样化

一个地方小吃品种的变化，基本上通过用料、烹制方法、成形不同所决定。但通过馅心面臊的变化，酸甜咸鲜麻辣口味各异，品种变化就更多更灵活。不同口味食材的馅心，制作出不同风格特色的小吃，以做包子来说，变化馅心是包子品种多样化的关键，用什么特色主料、味型的馅做，就叫什么包子。面条也一样，臊子风格、调味不同，面条品名、滋味就不相同，从而形成众多的特色风味面点小吃。

二、馅心、面臊的基本分类和运用

馅心在川菜领域中的分类主要依馅心的生熟、荤素、口味及形态作为基准，依此共

衍生出十二种馅心类别。这十二种馅心类别基本上都并非独立存在，是相对存在的，为区别多种相似馅心而产生的分类法，如荤馅可依需求做成生荤馅、熟荤馅和生熟荤馅；生馅可按口味做成咸生馅、甜生馅、甜咸生馅等，依此类推。以下就各类型馅料特点或制法做一原则性的说明。

1. 以生熟可分为生馅、熟馅和生熟馅三大类

凡是只用生原料，包含家禽、家畜和蔬菜瓜果等制成的馅心都属生馅，制法上主要有生拌和水打两种。生拌就是直接将调味料等加入到主料中拌匀而成，像是韭菜猪肉馅、芹菜牛肉馅等多用于水饺类小吃。水打则是将清水或者冷汤搅打入肉泥蓉中，可使馅心成熟后口感更鲜嫩多汁，如净猪肉馅就可做的四川水饺、抄手等。

熟馅的制法一般有两种：一是将原料（肉类、蔬菜、瓜果等）剁成细颗粒状，入锅调味，炒到成熟、放凉即可，若水分或油过多时就要将水分沥干，以利于面皮包制；二是把肉（猪肉等）入锅中加水煮至成熟后捞出，放凉后切或剁成小颗粒再加调味料拌至成馅。

关于生熟馅，多是用于一些包子类的馅心料，制法是在熟馅中加入三成生馅拌匀成生熟馅。这种馅心的口感、滋味层次较多。

2. 以荤素可分为荤馅、素馅、荤素馅三大类

以荤素来分就相对容易，用荤原料如猪肉、牛肉、羊肉、鸡肉等调和成的馅料就是荤馅。使用素原料，如用时蔬瓜果、豆制品、各种菌类制成的馅料即素馅。

荤素馅则是指以荤或素为主拌匀制成的馅心中所添加的素配料或荤配料达总体馅心的二成以上就可称之为荤素馅，如韭菜肉馅、白菜肉馅等。

3. 以口味可分为咸馅、甜馅、甜咸馅三大类

以咸鲜味为主的馅料都可归为咸馅，其中包括一些运用川菜味型所制作的馅心，如酱香味、家常味、椒麻味、五香卤味、葱油味、烟香味等。甜馅是指凡选用白糖、红糖、冰糖调成甜味馅心，包括各种豆类、薯类制成的甜味馅，如豆沙、洗沙、莲蓉、苕蓉等制成的馅料。或用各种果酱、瓜脯蜜饯为主要食材制成的甜味馅心。甜馅类也常用一些鲜花卉来增香添色，辅助制馅，如茉莉鲜花馅、玫瑰鲜花馅、桂花馅等。甜咸馅实际上是以甜味料为主，辅助一些咸味原料制成，多用于月饼、酥饼等糕点。如火腿月饼馅、金钩月饼馅、椒盐白糖馅等。

4. 以馅心形态可分为颗粒馅、肉末馅、泥蓉馅三大类

颗粒馅是指将食材原料切成粒、小丁，制成入口有明显口感的馅料，包括用肉类、

豆干类、笋菌类制成的各种馅料。如用笋、蘑菇、松蓉切颗粒制成的山珍馅，用鸡肉切小丁制成鸡肉馅等诸多馅心的制作。肉末馅主要是采用猪肉、牛肉、羊肉剁细，调味制作而成的馅料，多用于小吃中各种咸馅类包子、饺子等的馅心。泥蓉馅是指用各种豆类、薯类经过熟制加工成泥蓉状的馅料。如用红豆制成洗沙馅，用绿豆制成的绿豆沙馅，用莲子制成莲蓉馅等。泥蓉馅类用途极广，在川味小吃品种制作中，很多都使用泥蓉馅心，如汤圆、包子、各种饼类等。

除以上的馅心类别外，也有无法准确归类的川味小吃馅心，如三丝春卷选用切成丝状原料制成的馅心，属于另类的馅心，在平常的运用上品种不是很多。

三、三大类面臊的应用

在前文中对面臊的分类做了原则性的说明，但川味小吃的面条类品种很多，使用的面臊种类广泛，这里再针对面臊成品特点与运用做进一步说明。

川味小吃的面臊原料包括时令蔬菜、家禽、家畜、鱼虾类、海味类（鱼翅、鲍鱼、海参、鱿鱼等，以干货为主）等，均可制成各种美味的面臊，其成品按干湿状态，可分为干面臊、汤汁面臊、卤汁面臊，可是只用面臊的话，面点的味多半不够厚实，所以在四川，面条类小吃除浇入面臊外，一般还要在面碗底或面条上放适量的酱、醋、盐等调成的味汁，以补充面臊味的不足，使小吃成品特点更加鲜明，更具风味。

1. 干面臊（俗称干捞面臊）

主要选用猪肉或牛肉剁细，熵炒至水分干且散籽化渣而爽口的一种面臊，面臊不带汤水，便于存放。如成都担担面面臊、崇州查渣面面臊、干熵牛肉面面臊、脆臊面面臊均属此内。使用干捞面臊的面条小吃品种，碗中一般不加汤或只加少量的汤，极具四川地方特色。

2. 汤汁面臊

所谓汤汁面臊，是指在制作成面臊后，面臊内有或多或少的汤汁，这种类型的面臊主要采取烧、炖、烩、煮的烹制方法制成，在川味面条小吃的运用十分普遍，如榨菜肉丝面臊、三鲜面臊、炖鸡面臊、酸菜鱿鱼面臊、奶汤海参面臊等。此类面臊多半属于清淡适口，咸鲜味美的滋味风格。

汤汁面臊所搭配的汤有清汤、奶汤、红汤、原汤、酸汤、鱼汤、野菌汤等。也有一些面臊直接用汤烹制，目的是让原料、配料的鲜味融入汤中，滋味更浓郁，又因烧制时间较长，汤汁较浓，也属汤汁面臊类，如红烧牛肉面臊、家常鳝鱼面臊、大蒜肥肠面臊、三大菌面臊等。

3. 卤汁面臊

卤汁面臊也属于川味面点小吃常用的一种面臊类型。其特点为用汤量适当，多需勾芡，烹制多用烧、烩的方法，成品有汁浓巴味的特点，如牌坊面、稀卤面、鱼香碎臊面、宋嫂面等。

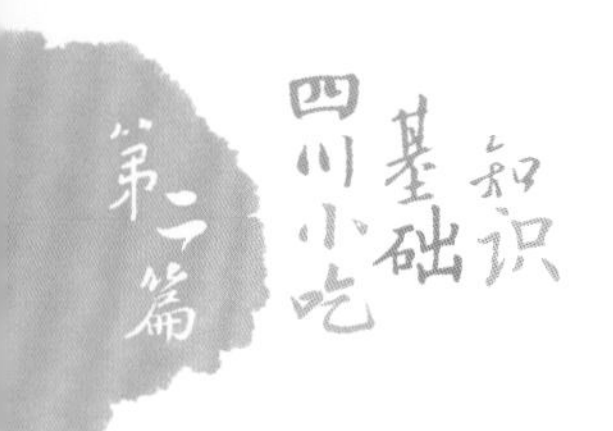

第二章

巴蜀小吃熟制工艺

绝大多数川味小吃除制皮、制馅、成形的制作程序外，都需要熟制这一工艺流程，熟制工艺主要有蒸、炸、煮、烙、煎、烘、烤七种基本方法。

所谓熟制，就是对已经成形的各式川味小吃生坯（即半成品），运用各种加工方法，使其在高温作用下，由生变熟，成为美味的小吃成品。对多数小吃来说熟制是最后一道工序，成熟的方法涉及所用的火候和油温是否使用恰当，对小吃成品的色、香、味、形起着决定性的作用。

一、蒸

在四川小吃中运用最为广泛的成熟方法就是蒸制。蒸制成熟的面点小吃制品，具有体积膨松，形状完整，色调美观，口感松软，馅鲜嫩爽滑，易于消化吸收等诸多优点。例如川味点心小吃的各种包子、糕类、蒸饺类、烧卖类等，都是经蒸制而成的。

为确保小吃成品的质地与造型，蒸制小吃制品必须要掌握以下要点。

1. 蒸制时间

小吃由各种不同的原料制成，加上外形上的长宽厚薄差异，其成熟所需的蒸制时间肯定有差异。有些是在大模具中蒸制成形再分切小块，或本身形整而有一定大小的制品，如蒸白蜂糕、凉蛋糕之类，所需要的蒸制时间一般都在20～25分钟；而一些成熟较快，体积一般也较小的小吃制品，如玻璃烧卖、烫面蒸饺等则只需要几分钟就足够。个别制品需要更长的蒸制时间，一来是因为体积大，二来是食材本身就需要较长的时间来熟透，如年糕类糯米制品，多需要40～50分钟的蒸制。因此掌握好各种小吃制品的蒸制时间，才能获得理想的熟成状态，让口感、滋味、造型都恰到好处。

2. 蒸制火力

小吃制品生坯入笼后，蒸制的基本原则是一定要等水锅中的水沸腾后才将放了生坯的蒸笼放上去，盖紧蒸笼盖，绝不能放冷水锅上才开火加热或还没沸腾、上汽就放上去蒸制，因为蒸制小吃多是用水将原料混合搅拌在一起做成生坯，未沸腾的水在加热过程中产生的水汽温度不足以让食材因高温熟成，反而让生坯吸收过多水分，成品会有不成形或呈稀糊状等不确定的结果。蒸笼上沸腾水锅后，火力大小是成品质量高低的技术关键。同样的蒸制时间，正确运用火力，才能保证品质。

有的小吃制品要求旺火，有的要求中火，有的则要求小火，还有先旺火后中火，或先中火后小火，火力变化多而微妙，主因在于各种原料制成的不同类型的小吃，其配料、皮料、品质上要求不同，要蒸出色、香、味、形俱佳的成品，对火力要求也就存在着差异。若是从基础入门的角度来说，大多数蒸制品小吃，都可以采用旺火蒸制，目的是使笼中保持足够的蒸汽及温度，虽不一定完美却能保证成品是及格的。

二、炸

炸制也称油炸，就是把小吃半成品浸炸在油锅内，通过油脂传导热量使小吃制品成熟的方法。经油炸制的小吃制品，具有香、酥、松脆，色泽鲜明的特点。川味小吃制品用油炸制成熟的品项也十分多，常见的如使用油水面团、油酥面团制作的小吃品种，几乎都是经炸制成熟的产品，如龙眼酥、眉毛酥、海参酥等；而发酵面团类小吃也有些是炸至成熟，如麻花、笑果子，化学涨发膨松的制品有油条；而米制品则有糖油果子、炸元宵、麻圆等品种。

在小吃制作中，主要有两种炸制方法：一是浸炸，二是酥炸。

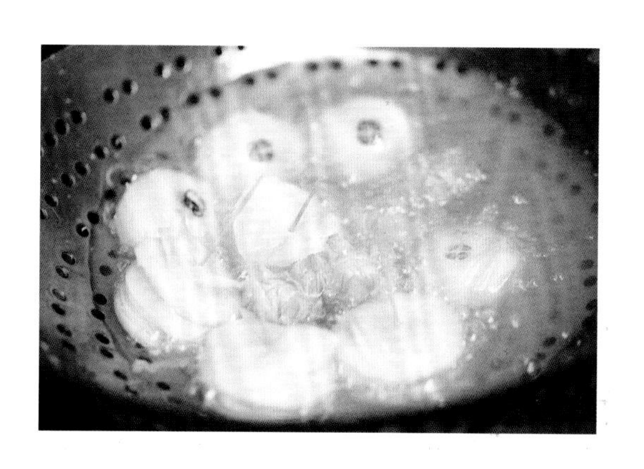

1. 浸炸

浸炸的特点在于炸制的油温相对较低，多为三成油温，为70～90℃，火候使用则是中偏小，所需的炸制时间较长，如炸制荷花酥、菊花酥等就需采取浸炸的方法。

一般浸炸的小吃酥点，质地松酥，口感化渣，色泽洁白，形态美观，是小吃制品中最难掌握的，专业技术性最强的制作方法。

然而，对许多入门的朋友来说，浸炸工艺因为低温、时间较长而容易忽视控制的重要性，如一味地将火转小，以相对不稳定的低油温炸制，以为这样炸久一点也能得到一样的成品效果，结果容易出现制品长时间浸泡在油中，制品吸饱了油却没有炸酥、炸熟，过于油腻也无法食用，就成了废品。

因此浸炸的成功要素，就是要正确地理解不同火候的目的和所调控油温的效果，才能使炸制的小吃外形美观，确保熟透，油少而酥，味好爽口。

2. 酥炸

酥炸工艺就如字面意义，指将小吃制品入油锅炸至酥香松脆，色泽金黄的工艺。酥炸在面点小吃制作中的技巧特点为油量较大，采用中火或大火，油温较高，一般使用五六成热的油温，即120～180℃，少数小吃用到七八成油温，180～240℃。

应用原则一般来说，若沾滚上不同辅助料，如面包糠、白芝麻、黑芝麻、花生仁、瓜仁的，火候和油温就不宜太猛太高，否则最外层沾滚上的辅助料多半容易焦煳。所以这类制品炸制的油温应控制在四五成油温，火候掌握在中火。

其次是需要较长时间才能熟透的小吃制品，就要采取先四成热，100℃左右的低油温，用小火慢炸至熟透，熟透后转中火升高油温至五成热，约160℃来上色、酥香，如炸麻圆就是此方法的典型。

综观炸制工艺，操作中的关键技术就是判定油温和控制火候以调节油温，油温过高，采用降温措施。如加入冷油，减小火力，也可多放生坯制品；油温如果过低，则应采取加大火力的措施。然后根据油温高低来掌握炸制所需的时间，就容易炸制出合格的制品。关于油温的判别，这里建议，不论是专业人士或入门者来说，最好以油温度计作为判断标准，减少人为因素的误差。

三、煮

煮是一种较简单易掌握的小吃成熟方法。在川味小吃中，煮制成熟也是应用范围广泛的工艺，如各种水饺类、面条类、抄手类、汤圆类、米粉类等。关键有火力、时间、水量等，根据不同品种的需求，决定火力大小、时间长短、水量多少，只要能正确的组合这三者，就能使制品达到较好的品质效果。关于煮制方法的技术要领及原则说明如下。

1. 水量充足

小吃的煮制，不管品种怎样变化，煮制的用水量应以宽、多为宜。这样，煮的时候不易相互粘连，也确保受热均匀，加上水多而宽就不易浑汤，煮制成熟后的成品表面光滑、整洁、清爽，成形美观。

2. 正确投放

制品小吃煮制时务必等水沸以后，才下入制品生坯，若水温不够，制品会出现发稀、发软、糊汤的现象，成熟后还会粘牙，也没嚼劲。

3. 投放方法

也就是生坯下锅方式，原则上依次均匀地投放到汤锅内，唯一目的就是避免制品生坯互相粘连而改变形状或破皮，不同形状的制品应采用不同技巧。如煮抄手、水饺等，不可成堆倒入，应分散投入才不易粘在一起，投入后需随时搅动，以免粘锅；而一些圆形的小吃，如汤圆，就应从锅边滚入锅内；像是面条、面皮类则要从水沸处投放并使其散开。

4. 控制水温火候

煮制的小吃品类，煮制时都应保持沸而不腾的状态，水沸腾的状态对很多小吃制品的煮制效果不好，也就是说水沸后，将生的小吃制品下水，就要将火候转小，不让热水呈沸腾状；或是固定火候，以随时添加冷水的方式保持沸而不腾的状态煮制，使制品内外受热均匀，成熟一致。之所以避免沸腾的原因是火候大时，沸腾的热水具有相当强度的拉扯力量，容易冲坏制品（如煮抄手），或是造成外层滚煮烂了，内部却还是夹生的（如汤圆）。

四、烙

烙是将平底锅或铁板置于炉火上，利用金属导热使制品成熟的方法。烙制方法，在川味小吃制品中的应用相对较少，川味小吃芥末春卷的皮，就是采烙制成熟的。烙的工艺可分干烙、水烙两种。干烙，就是于锅内不用油或只用少量油，制品入锅后不断推移翻动，烙至熟透，两面呈酥黄色即成，口感多半扎实，如川味小吃锅盔的制法，就是采干烙的方法，然后再烤制成熟。水烙则是在平底锅中心放少量水，摆入生胚然后加盖，利用蒸汽导热使制品成熟，水汽干后自然将外层烙至干香，口感多半松软，这种做法是四川农村中常采用的一种方法，如烙玉米饼、荞麦饼等。

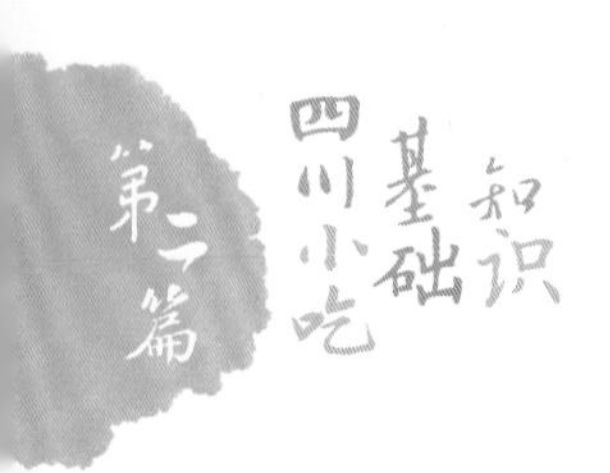

五、煎

煎是利用油脂传热加上锅具传热成熟的方法，和炸最大区别在于用油量的多少及熟成过程中制品有无直接贴在锅具上，制品直接贴在锅具上受热才是煎。煎制时应选用平底锅或煎盘操作，用油量相对少，基本上不超过生坯制品厚度的一半，如煎牛肉焦饼，个别制品需油量较多，但也仅止于生坯制品厚度的油量。煎制又可分为只用油的油煎与以水为主、油为辅的水煎两种。煎制成熟的小吃，一般都具有色泽金黄、皮酥香的特点，如煎饺、煎饼类。

六、烘

在川味小吃制作中，烘制成熟属于独特的烹制方法。烘制的做法是必须将制品放入有盖的特制铜锅中，盖上锅盖后以微火或小火加热使制品释出水分，产生底面像烙、上面像蒸而慢慢成熟的一种方法，烘制小吃的最大特色为外皮金黄酥香而内部松软适口，就如四川名小吃蛋烘糕，其选用的烘制锅具就是特制的小铜锅。

七、烤

利用炉内高温的热辐射原理让制品受热成熟的方法就是烤，应用技巧在于温度高低及稳定度的控制，加上时间的掌握，在川味小吃制品中，以酥面类制品应用较多，还有部分发酵、涨发的面类制品和蛋糕。烤制设备，按使用的热源不同可分为两种：一种是用柴火、炭火、燃气炉火为热源的烤炉，另一种是以电产生热能的电烤箱。

第三章

常用手工工具与机械器具

制作川味小吃，是一门专业技术，除了传统的手工操作所需的工具、器具外，在餐厨设备的进步下还有许多设备、工具可以起到省时又省力的作用。

擀面杖（俗称擀面棍）：擀面杖是川味小吃、面制品操作的工具之一，传统四川面条均由手工擀制，包括一些大宗的饺子皮、烧卖皮、抄手皮都可以使用擀面杖来操作（俗称大案）。这种擀面杖是用较优质的木棍制成，长70～60厘米，直径4～5厘米。新制成的擀面杖使用前最好浸泡于植物油内，待浸透后捞出，这样对其使用和保存都有好处。

擀扦：擀扦也叫小擀面杖，一般用来擀制饺子皮、包子皮（如蒸饺），也在制作酥制品点心的“小包酥”时使用。擀扦一般有两种，一种稍大点的，长20～25厘米，直径大约2.5厘米，另一种小一点，长约14～20厘米，中间约比两端略粗一点。

滚筒：滚筒是一种用来“大开酥”和擀制大量面团的工具，选用细质木料制成。中间有通孔，通孔中有一根细轴，长约25厘米，直径约8厘米。

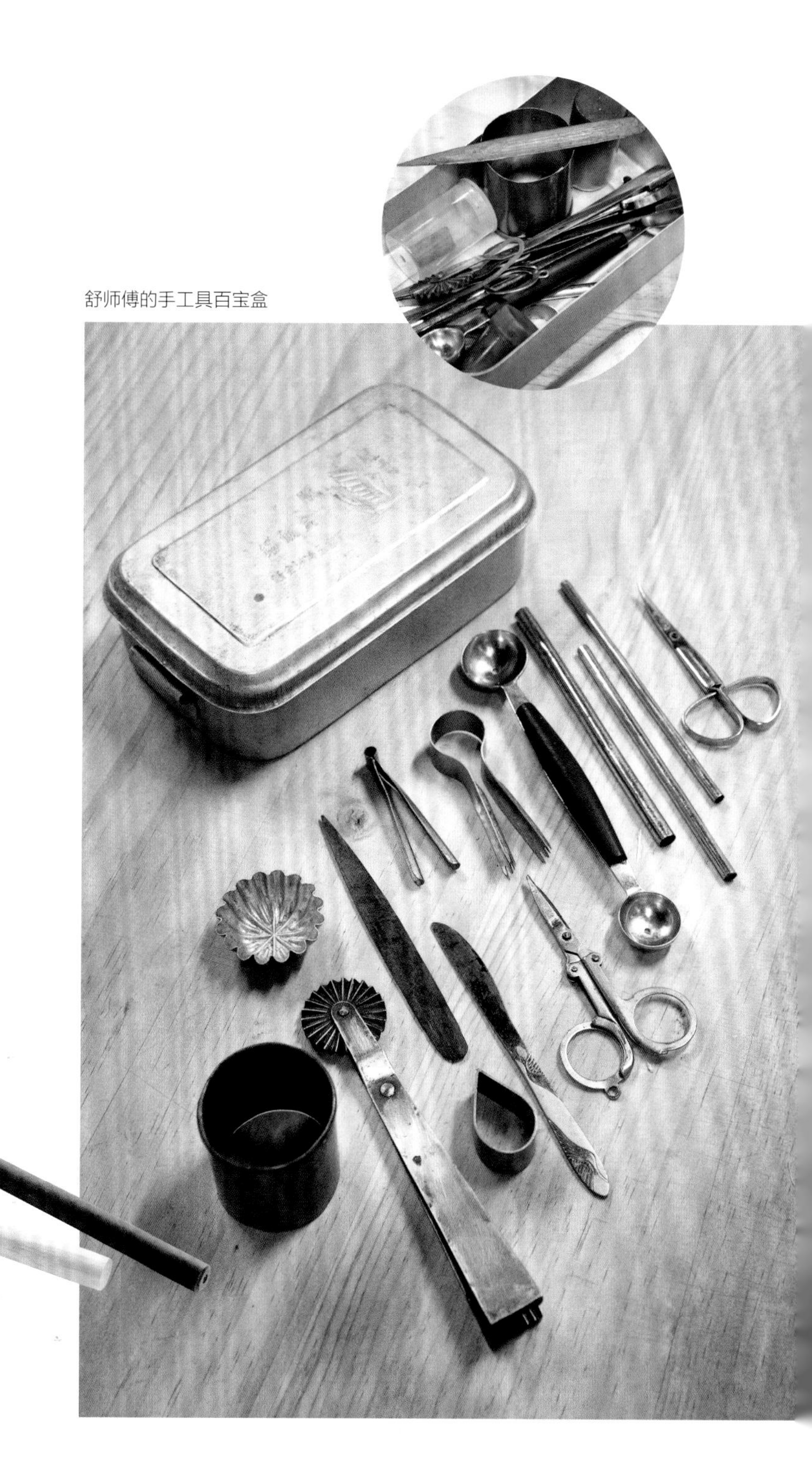

舒师傅的手工具百宝盒

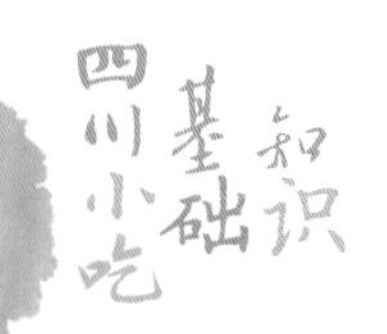

面案板：简称面板，是面点小吃制作的工作台。传统面案板都是木质所制，如今有不锈钢、大理石等制成的案板，但还是以木质面案制作面点小吃效果好些。

平煎锅：平煎锅又称平底锅、平锅，用来制作煎烙的小吃，如牛肉焦饼、锅贴饺子等，煎锅有大、小不同尺寸，可根据要求来选购。煎锅有锅边，深4～6厘米。

炒锅：炒锅主要用于炒馅、制臊等，生铁炒锅受热慢，宜于摊蛋皮、春卷皮之类，熟铁炒锅受热快，宜制臊、炒馅心等。

炒瓢：炒瓢有熟铁和不锈钢两种。主要用于炒馅制臊和炸制品种时舀油，有不同的大小口径，根据需要选择使用。

鏊子：这是一种专门用来烙制四川锅盔或摊春卷皮用的特制锅，由生铁制成，圆形，无边缘，有一握把。

抄瓢：一种用熟铁皮或不锈钢皮制作成的边缘微高、中间凹并且有均匀小孔的大瓢，一般直径25～35厘米。用于捞原料和炸制小吃。

丝网：丝网用于捞面、水饺、抄手等小吃，用铁丝编扎而成，形如炒瓢，带有把和网眼。

蒸点方箱：用于蒸制小吃点心的专用工具，有木质和金属两种，大小尺寸根据具体蒸笼大小和品种而定。这种方箱一般高约7厘米。多用于小吃中呈浆、糊状的原料，如八宝枣糕、凉蛋糕、双色米糕、南瓜糕等。

面刀：面刀是一种由金属或塑料制成的刀具，长约20厘米，宽10厘米，呈长方形或梯形的薄片状，主要用于调粉团、分剂子、切割面团。

切面刀：面点小吃切面用的工具，钢铁制成，有大小各种规格，小刀用于分切各种米和面块、面皮。大刀为专制而成，长65～70厘米，

蒸点方箱

面案板

鏊子

和面（搅拌）机

宽约13厘米，主要用于切金丝面、银丝面等。

面筛：面筛又称箩筛或粉筛，用马尾、棕、绢或钢丝网底制成，有粗、细眼子之分，作为筛面粉、米粉、米料之用。

炸点筛：炸制面点小吃的专用工具，一般是用铝合金材料制成。有平面形和浅盆形两种。筛内有很多小孔，便于沥油，筛两边有提手。

夹花钳：夹花钳俗称花夹子，是面点小吃制作花色小吃点心的专用工具，用铜或不锈钢制成。主要用于小吃点心造型。

面点梳：由塑料、牛角、不锈钢等不同材料制成。用于荷叶饼、海螺面等制作时压制形状。

小铜锅：用于烘制四川名小吃蛋烘糕的专用工具，为特制铜锅。口圆，直径约8厘米，锅边高1.5厘米，中间微凸，边缘稍微深点，单侧或两侧有把手。

蒸笼：川味小吃面点制作所用的蒸笼有多种类型，质地有竹子、铝皮、白铁皮、不锈钢等。小的蒸笼直径不到10厘米，主要用于蒸牛肉、羊肉之用。

和面（搅拌）机：用于搅揉各式面团、材料。有小型手提式，能搅1～2升的液体材料，搅拌盆是利用汤锅汤碗，最多能搅200克左右的面团；中型则为桌上型抬头式，搅拌盆容量一般为3～5升，最多能搅600～1000克的面团；专业的多为落地型座式搅拌机，搅拌盆容量一般从10升起跳，常见最大的约40升，最多能搅2000～8000克的面团。

磨浆机：有许多四川小吃需先将原料磨成浆，如大米浆、糯米浆、豆浆、玉米浆等，才能进一步做成小吃，在电动磨浆机出现之前，人们要磨浆就只能靠石磨，早期几乎家户必备。今日因为加工技术的进步，市场上已能买到各式的干大米粉或糯米粉，虽然方便，但需要精致的质地、口感时，自己磨浆仍然是必需的基本功。当然一般家庭也可勉强用打汁机打各种浆，但口感不够细腻。

食材处理机：可将大多数食材切成片、丝、粒、末、蓉等，是制作馅料或臊子的最佳帮手，可节约大量的时间与力气。传统上都是在砧板上用片刀一一切剁而成，现今除少数对食材口感有特殊要求，或是要求食材改刀后要有形的小吃外，绝大部分都能用食材处理机完成。

切面机（擀面机）：切面机、擀面机这两者一般是通过零件的更换变化功能。一般家庭自制面条多只有500克或1000克，切面多是直接用菜刀切制，熟练之后从揉面到面条一般不超过1小时。有了机械的协助或许省不了太多时间，但可省下许多擀面力气，切出的面条成品更加美观，对业余烹饪爱好者来说非常省事。对专业人士来说，也是必备的生产工具。

磨浆机

食材处理机

量秤

温度计： 在传统厨房中，不论白案红案，近代仪器温度计似乎很难在厨房出现，或许是因经验充足觉得不需要，但如何与经验不足的烹饪爱好者或学徒沟通温度的问题？这时可信赖的温度计就是一个很好的桥梁，将不明确的感觉转化成简单的温度数字。温度计可以帮助找出所有跟温度有关的烹饪工艺的规律，加快拥有掌握完美成品的能力。

量秤： 一般分机械式与电子式两种。对点心制作来说，一台好的磅秤绝对是必须的，因为点心的制作常需要相对精确的食材比例，特别是一些少量就足够的材料，如小苏打粉、食用碱粉、干酵母粉或琼脂等，用量多是以克计算，误差一般要求在1克内，这时没有一台好秤，就可能要在多次失败后才能掌握较理想的量。这类的失败对业余烹饪爱好者来说是严重打击！对专业人士来说，一台好秤能让制作过程减少因经验不足而产生的误差，在大量生产的过程中也能更好地掌握成品稳定性。

计时器： 计时器一般分机械式与电子式两种，只要准确用得习惯都可以。对刚接触小吃制作的朋友来说，计时器十分重要，因为经验上的不足，需要通过计时器来掌握各个工序所需的时间。对于专业从业者而言更是必要，为了成品的规模化，质量的稳定与标准化，更需要计时器为发酵、蒸制、油炸等工序做好时间上的管控。

第三篇
巴蜀
米制品
小吃

四川人喜爱的小吃品种，多是选用大米、糯米制作成的独特风味小吃，如赖汤圆、方块油糕、糖油果子、白蜂糕、三大炮等，凡是用大米、糯米加工后制作成的面团，称为米粉面团。用它来制作各式点心、小吃，具有花色品种繁多、软糯适口、精巧细致、形态美观的特点。由于米所含的麸质（蛋白质）较低，其淀粉质主要有直链淀粉及支链淀粉两种，不同米品种的直链淀粉及支链淀粉比例不同，成品后的软、黏、糯等性质差异源于此，也是有别于面粉特性的主因，铸就其独树一格的制作方法、工艺流程和成品特点。

第一章
认识米、常用原料与加工方法

一、米的种类与泡发

四川米制品小吃常用的米主要有三大品种，分别是糯米、粳米和籼米。

糯米：糯米由于口感软糯，黏性较强，一般不当米饭吃，而是用来制作许多米食小吃。四川小吃常用的有圆糯米与长糯米两种。

圆糯米外观为短宽椭圆状，色泽白且不透明，黏性高，多用于制作汤圆、叶儿粑、糖油果子等。

长糯米外观为长细椭圆状，色泽白且不透明，黏性比圆糯米稍低，常被用来做成油糕、肉粽、凉糍粑等小吃。

籼米：籼米外观细细长长的，有透明感，台湾地区俗称为在来米，属于直链性淀粉较高的品种，吃起来口感偏硬实，却是稻米中唯一能发酵后制成松泡洁白的各种糕类制品的品种，如白蜂糕、伦教糕等。

粳米：粳米的外观是圆圆短短的，有透明感，台湾地区习惯称之为蓬来米，吃起来口感软硬适中，黏性弱于糯米但强于籼米，可用来制作年糕，或与其他米粉混合制成糕点小吃。

使用糯米及四川地区习惯统称大米的籼米、粳米制作川味小吃，首先要将其淘洗干净，然后用清水泡发后再加工或制作，泡米时要注意以下关键。

（1）根据米的质地和特点，掌握正确的泡发时间。

（2）根据米的质地，结合气候温度的变化来掌握用水的温度。例如在冬季应使用约30℃温水，而夏季则用常温冷水。

（3）泡发过程中，应勤换水，以防止因生水中细菌滋生而产生酸败。

（4）通过观察米有无硬心来确认是否已泡发透，无硬心就是已经完全泡发。

二、常用原料简介

糖：做天府小吃，或说任何小吃都离不了糖，既能用于调味又能当主味。在四川最常用的是红糖与白糖、冰糖。红糖是未精炼的糖，浓浓的甘蔗香味，风味鲜明；白糖则经过除色去杂质的过程，甜味香纯，可与各种原料搭配。冰糖是白砂糖加上蛋白质原料，经再溶解与洁净过程后重新结晶而制成的大颗粒结晶糖，甜度适中、香气醇，也是川点常用的糖。

醪糟：醪糟是四川传统米制发酵小吃所需酵母菌的来源，菌种相对复杂，菌数及活力则相对较少与弱，反应在发酵的速度上就是在25～28℃的环境下，需要5～6小时。优点是风味丰富多变。

酵母粉：四川传统米制小吃的发酵是依靠醪糟中的酵母菌，食品工业能生产出菌种单纯、菌数及活力旺盛的纯酵母产品，因此在发酵的速度上比用醪糟发酵的快3～4倍，在25～28℃的环境下，大约只要1.5小时。但风味上稍嫌单薄。

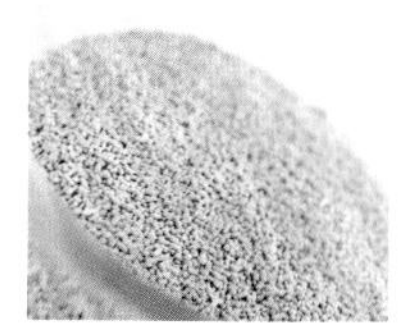

可可粉：可可粉又名可哥粉，棕黑色带苦，但有浓郁的香气，在川味小吃中主要用于粉团调色，以便于制作象形小吃。

吉士粉:吉士粉（Custard Powder），又称蛋粉、卡士达粉，具有浓郁的奶香味和果香味，呈淡黄色粉末状，易溶化。吉士粉原是用于西点中，后来逐渐用于中式点心与烹调。把吉士粉和水混合，即成卡士达酱，算是食品香料粉的一种。

淀粉:这里的淀粉是指面粉、淀粉（生粉）、澄粉等，在四川米小吃中，面粉多用于调制甜馅心，使馅心能成形以便于包制。淀粉则是加水后用于咸馅的勾芡，目的也是要便于包制。澄粉则多半在烫熟后揉入粉团中以改变粉团的质地或口感。

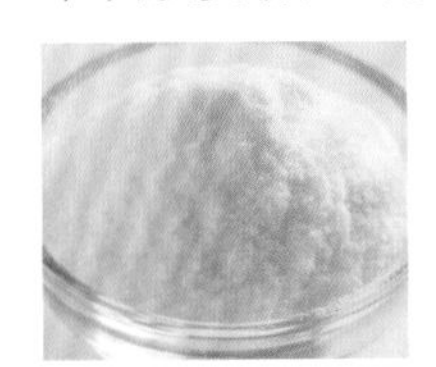

琼脂:琼脂常见俗名为洋菜、洋菜胶、菜燕，在西点中称之为吉利T，是从海藻类植物中提取的胶质，市面上可买到粉状、角状、条状、丝状等形态的。使用时需在90 ℃左右水中泡煮溶化至看不见颗粒为止。常用于果冻、茶冻、咖啡冻等甜品，口感比明胶这种动物性凝结产品脆爽。

蜜饯、果干: 蜜饯在川式米小吃中用得很广，可做馅心，也可用于提色、点缀，增加小吃的美观度，或是直接混入，一来增加口感变化，二来增添滋味。常用的有蜜红枣、蜜玫瑰、蜜冬瓜条、橘饼、糖渍红樱桃、蜜青梅、葡萄干等。

坚果、豆类: 花生、芝麻、杏仁、瓜子仁、核桃等坚果在米制小吃中常是滋味与口感变化的关键，因米制小吃多半口感软糯，整颗或是切成粒状的坚果在其中蹦出酥、香、脆的口感与滋味，让人意犹未尽。有些则是能磨成粉制成馅心，如芝麻、花生等。

豆类：豆类可说是川点馅心的主角，如红豆洗沙馅、绿豆沙馅。而黄豆做成的熟香黄豆粉常是糍粑类小吃的绝配，可说是“裹”在外面的“馅”。当然豆类适当处理后也能变化口感，增香提味，如油酥黄豆、松绵的绿豆仁。

山珍海味：对于咸鲜麻辣味的各式四川米小吃，山珍海味是绝对少不了的，从海鲜、河鲜到猪、牛、羊、鸡、兔等各式荤素食材，能做菜的，四川大厨都能把它变成小吃主角。

小苏打：在米制小吃中，小苏打的角色主要在于中和发浆的酸味，其次因其中和过程中会产生气体，有助于成品进一步涨发。

食用碱粉：食用碱粉在米制品小吃中的作用在于糊化淀粉，使成品晶莹微黄。早期没有纯碱粉时是以稻草梗烧成灰，再溶于水中，待沉淀后就能得到天然生物碱的碱水。若是将食用碱粉混在植物油中即成碱油，相较于碱粉的效果，碱油可以减少淀粉糊化后的粘黏问题。

要特别注意的是食用碱粉以纯碳酸钠制成，属于强碱，具有腐蚀性，要避免使用不耐腐蚀的塑料等容器。若不小心直接食用，应尽速送医！

石灰：石灰在米制品小吃中是一个无可取代的材料。一般是与清水混和后待其沉淀，取上层清透的石灰水来用。其作用主要是使米浆变性产生凝结，产生爽滑的口感，像是凉粉、凉糕凉虾都要用到，因为改变了米浆的性质，使滋味变得更丰富。

三、各种米粉的加工方法

初加工好的米粉分为干磨粉、湿磨粉、水磨粉三种类型，而米粉加工品质的好坏，会直接影响小吃的品质。

干磨粉：干磨粉顾名思义，就是将大米（籼米、粳米）、糯米等不经水浸泡就直接磨制而成。这种米粉的优点在于容易保存，但口感较差。饮食行业中应用较少。

湿磨粉：湿磨粉的做法是先用清水淘去米粒中尘渣，淘净后倒入筲箕中沥水、静置约60分钟，使米粒吸收一定的水分，质地变得松脆，便于磨碎。为确保米粒能吸收足够的水分，需要中途淋水，冬天时空气干燥可多淋些水，夏天湿度大就可少淋些。接着用石磨或机器磨粉，磨的过程中不再加清水，这种湿磨的米粉质地细腻，制品口感软糯，含有一定水分，不耐存放，特别是夏天，应随用随磨才能保证成品的品质和特色。最经典的应用就是川味小吃中的蒸蒸糕，只是蒸蒸糕的湿磨粉做法另有关键程序，就是要将吸收水分的湿米炒制后再磨成粉。

水磨粉：将米淘净后，浸泡约24小时，中途需换水数次，直到把米心浸泡透，接着用石磨或磨浆机器磨制，米粒磨浆时需同时加清水一起磨成粉浆，这种粉浆就是水磨粉。根据水磨粉的含水量和发酵与否，一般又分为水浆、吊浆、发浆三种类型。水磨粉在川味小吃中应用广泛，是川味小吃的重要原料，可说超过1/3的川味小吃都是采用水磨粉加工制成的。

（1）水浆：大米（籼米、粳米）经淘洗、浸泡、加清水磨细即成水浆。水浆在川味小吃制作中，多用于凉糕、凉粉、凉虾、米粉这类口感爽滑的制品。大米、水量比例则视具体的小吃品种而定。

（2）吊浆（又称混合吊浆）：按不同品种小吃的口感、质地等需求，用不同比例的米混合磨制，所以又称混合吊浆。一般磨制流程是将按比例量取的大米和糯米淘净后经浸泡、磨浆加工成米浆，再将装满米浆的棉布袋吊起滴干水分，即成吊浆水磨粉团。

吊浆粉团的应用一般有两大类。一是需要绵实口感、能成形定形的小吃品种，吊浆的组成以大米为主，糯米为辅，如银芽米饺、凤翅玉盒、海参芙蓉包、鱼翅玉芙蓉等。二是需要口感软糯，多成圆形、椭圆或扁圆形的小吃品种，如赖汤圆、珍珠丸子、叶儿粑这种类型的小吃，其吊浆以糯米为主，大米为辅制作而成的。

在川味小吃中，水磨粉中的吊浆应用很广，也产生许多有名的川点小吃，因此制作吊浆时，要根据制品特点准确掌握大米与糯米的混合比例，常见的比例有有3：7的三七开和2：8的二八开。

（3）发浆：发浆是以大米为原料，经淘洗、浸泡磨制成米浆后，加进适量的老酵浆（俗称老发浆），待其发酵而成。

发浆制法有两种。第一种是取500克上等大米淘净，浸泡12小时左右，滤干水分加清水500克，50克熟米饭混合磨成干稀适度的米浆，盛入缸内，加老酵浆（按10：1的比例），搅匀，待其发酵。

第二种是将大米浸泡后，直接磨成米浆，按10：1的比例留一小部分，倒入锅中加热成熟（俗称打热芡）。再将熟浆混合在米浆中，加发酵老浆发酵而成。

发酵时间的长短，根据季节气温高低，加入的酵浆多寡而定，一般夏天发酵5～6小时，冬天发酵10～12小时。发浆有老嫩之分，老发浆酵重，酒味浓，发浆轻还带有米香味，制作时有酸味，应加适量的小苏打中

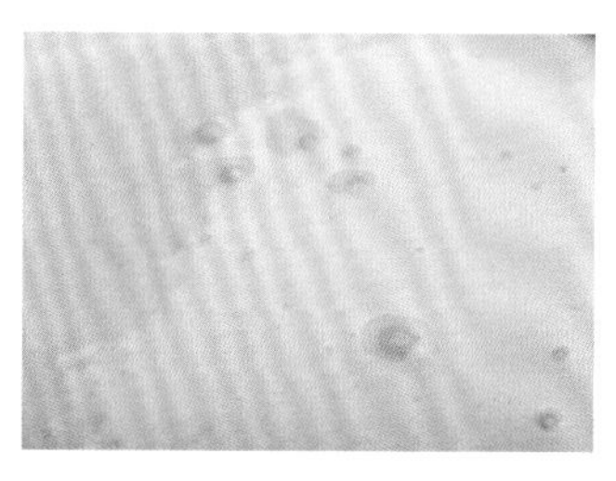

米浆经发酵后会出现小气泡

和酸度，一般的比例是500克老发浆加3克左右的小苏打，嫩发浆500克则只需加1克左右的小苏打。发浆在川味小吃中常见的制品有白蜂糕、米发糕之类小吃。

米制品小吃原料的加工制作，除上述三种主要制法外，还有其他特定用途或工艺程序不一样的制作方法。例如用完整米粒制作小吃点心，常见的有将糯米淘净后蒸熟，以制作醪糟、八宝饭、方块油糕。或是用生糯米浸泡透后，包入粽叶内成粽子等。

此外，因种植技术进步与货流畅通，涌入许多新品种如泰国香米或黑米等，特别是熟透后口感滋糯的黑米被广为使用，加上黑米具有一定的滋补性，营养价值十分高，是现在营养学提倡食用的健康食品，而成为流行的新型的米种类。黑米依其特性，可直接用来制作黑米八宝粥、黑米糕等小吃，更可将黑米制成吊浆，制作成黑色的汤圆、黑珍珠丸子等。

第二章
米制品小吃基本工艺与常用配方

大米吊浆粉
（又称吊浆、吊浆粉）

原料：

配方一：粳米 4000 克，长糯米 1000 克，清水 6500 克

配方二：籼米 3500 克，圆糯米 1500 克，清水 6500 克

做法：

1. 将米用清水淘洗干净，入盆用清水浸泡，夏季约 1 天，冬季则 3 天左右，每天换水 1 ~ 2 次。
2. 用清水淘洗米至水清亮后，将米捞出放入磨浆机中，配合持续而适量的水磨成极细的米浆。
3. 将米浆倒入棉布袋内吊起，吊至水分滴干即可得吊浆粉料约 6250 克。
4. 将吊浆粉料拨成细碎粒状，风干或烘干后碾成粉状即成干糯米吊浆粉。

糯米吊浆粉
（又称糯米水磨粉）

原料：

配方一：长糯米 4000 克，粳米 1000 克，清水 6500 克

配方二：圆糯米 3500 克，籼米 1500 克，清水 6500 克

吊浆粉基本程序：米泡透、加水磨浆、装袋吊干

做法：

1. 将米用清水淘洗干净，入盆用清水浸泡，夏季约1天，冬季则3天左右，每天换水1～2次。
2. 用清水淘洗米至水清亮后，将米捞出放入磨浆机中，配合持续而适量的水磨成极细的米浆。
3. 将米浆倒入棉布袋内吊起，吊至水分滴干即可得吊浆粉料约6250克。
4. 将吊浆粉料拨成细碎粒状，风干或烘干后碾成粉状即成干糯米吊浆粉。

米粉团除以吊干方式外，也可以用压干的方式，所需时间较短

糯米粉

（又称水磨糯米粉、吊浆糯米粉）

原料：

圆糯米1000克（可按成品需求换成长糯米），清水2500克

做法：

1. 将米用清水洗净，入盆用清水浸泡至透，夏季约1天，冬季则3天左右，每天换水1～2次。
2. 用清水淘洗泡透的米至水清亮后，捞出沥干。
3. 沥干泡透的米放入磨浆机中，配合持续而适量的清水（总量约2500克）磨成极细的米浆。
4. 将米浆倒入棉布袋内吊起，吊至水分滴干即可得吊浆粉料约1250克。
5. 将吊浆粉料拨成细碎粒状，风干或烘干后碾成粉状即成干糯米粉。

大米粉

（又称水磨大米粉、吊浆大米粉）

原料：

大米1000克（可按成品需求选用籼米或粳米），清水2500克

做法：

1. 将米用清水淘洗干净，入盆用清水浸泡，夏季约1天，冬季则3天左右，每天换水1～2次。
2. 用清水淘洗泡透的米至水清亮后，捞出沥干。
3. 沥干泡透的米放入磨浆机中，配合持续而适量的清水（总量约 2500 克）磨成极细的米浆。

4. 将米浆倒入棉布袋内吊起，吊至水分滴干即可得吊浆粉料约 1250 克。

5. 将吊浆粉料拨成细碎粒状，风干或烘干后碾成粉状即成干大米粉。

基本水浆

原料：

米 500 克（依成品需求选用籼米、粳米、圆糯米或长糯米），清水 1500 克

做法：

1. 将米淘洗干净后，浸泡约 24 小时，中途需换水，夏天平均 6 小时换一次，冬天平均 12 小时换一次。直到把米心浸泡透。

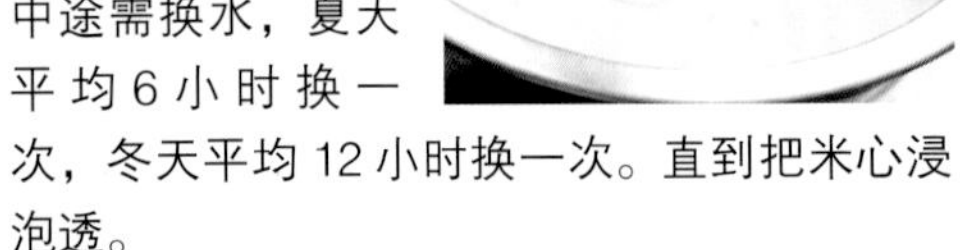

2. 将泡透的米捞出沥干后，用石磨或磨浆机器磨制成米浆，磨米浆的过程中需持续加入适量的清水一起磨（清水总量 1200 克）。磨好的即为大米水浆。

湿磨粉

原料：

籼米 1000 克，糯米 100 克

做法：

1. 以清水淘去米粒中尘渣，淘净后倒入筲箕中沥水，静置约 60 分钟，使米粒吸收一定的水分。

2. 为确保米粒能吸收足够的水分，需在沥水、静置中途均匀淋水，冬天时空气干燥可多淋几次水，夏天湿度大可少淋些。

3. 接着用石磨或机器磨粉，磨的过程中不再添加水。

4. 应注意的是湿磨粉的含水量不足以长时间维持适当的湿度，但这含水量又是最容易酸败的状态。特别是夏天，应随用随磨才能保证成品的品质和特色。

发浆
（又称酵母米浆）

做法一 **原料：**

500 克大米（依成品需求选用籼米或粳米），清水 2000 克，熟米饭 50 克，老酵浆 250 克，小苏打 10 克

做法：

1. 大米淘洗净，浸泡约 24 小时，直到把米心浸泡透。中途需换水，夏天平均 6 小时换一次，冬天平均 12 小时换一次。

2. 将米捞出沥干后均匀混入熟米饭，用石磨或磨浆机器磨制成米浆，磨米浆的过程中需持续加入适量的清水一起磨（清水总量 2000 克）。

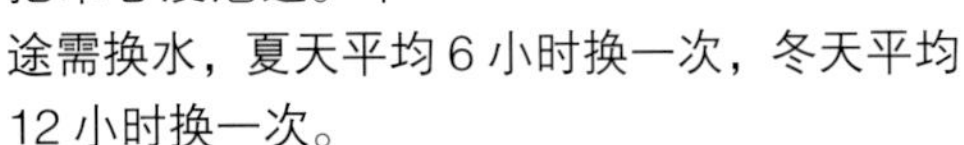

3. 将磨好的米浆盛入缸内，加老酵浆搅匀，静置发酵。一般夏天发酵 5 ~ 6 小时，冬天发酵 10 ~ 12 小时。

4. 发酵完成后再分 2 ~ 3 次下入小苏打搅匀，以中和发酵过程中产生的酸味。

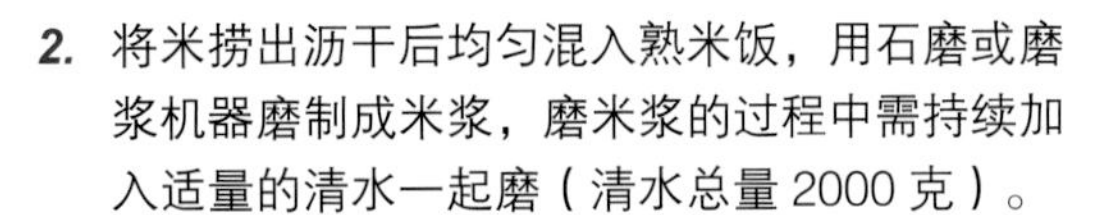

做法二 **原料：**

500 克大米（依成品需求选用籼米或粳米），清水 2000 克，老酵浆 250 克，小苏打 10 克

做法：

1. 将米淘洗干净后，浸泡约 24 小时，中途需换水，夏天平均 6 小时换一次，冬天平均 12 小时换一次。直到把米心浸泡透。

2. 将泡透的米捞出沥干后，用石磨或磨浆机器磨制成米浆，磨米浆的过程中需持续加入适量的清水一起磨（清水总量 2000 克）。

3. 取 1/10 的米浆，约 250 克，倒入锅中加热成熟（俗称打热芡）。

4. 将煮好的熟浆均匀混合在米浆中，再加入老酵

浆搅匀，静置发酵。一般夏天发酵5～6小时，冬天发酵 10 ～ 12 小时。

5. 发酵完成后再分 2 ～ 3 次下入小苏打搅匀，以中和发酵过程中产生的酸味。

[大师秘诀]

发浆有老嫩之分，老发浆酵味重，嫩发浆酵味轻且仍有米香，制作的成品多少都会有酸味，若成品质量要求没有发酵酸味，则需加适量的小苏打中和酸度，一般嫩发浆加入的小苏打基本量为总重的 2‰，老发浆则是总重的 6‰。应依实际发酵的老嫩状态做增减。

成都茶铺子

老酵浆
（又称老发浆）

做法一 原料：

大米水浆 1000 克，醪糟汁 250 克

做法：

1. 将醪糟汁加入大米浆中搅匀。

2. 夏天静置于 25 ~ 28℃的阴凉处充分发酵约 48 小时即成。

3. 冬天静置发酵的室内温度若可控制在 25 ~ 28℃，发酵时间一样约 48 小时即成。若温度低于 15℃，所需发酵时间就要视实际温度延长，一般 3 天，最多延长至 5 天。

做法二 原料：

大米水浆 1000 克，干酵母 35 克

做法：

1. 在大米浆中加入干酵母搅匀。

2. 夏天静置于 25 ~ 28℃的阴凉处充分发酵 4 ~ 5 小时即成。

3. 冬天静置发酵的室内温度若可控制在 25 ~ 28℃，发酵时间一样 4 ~ 5 小时即成。若温度低于 15℃，所需发酵时间就要视实际温度延长，一般延长为 12 ~ 24 小时。

[大师秘诀]

老酵浆发酵时间的长短，应根据季节气温高低，使用的酵母种而定，应在大量制作前先少量制作，确认发酵的时间与温度需求。

熟米粉

原料：

籼米 1000 克，清水 1500 克

做法：

1. 将大米淘洗净，用清水浸泡 3 天，每 4 ~ 6 小时换一次水（冬季 7 天，每 8 ~ 12 小时换一次水），直至米无硬心。

2. 取泡好的籼米加上适量的清水磨成米浆，再以棉布袋将米浆的水过滤出来成坨粉。

3. 将滤出水分的坨粉于阴凉处静置 1 天（冬季约 3 天）后做成一球形米坨，上蒸笼旺火蒸约 20 分钟成为外熟内生的米坨。

4. 把米坨取出晾凉后捣碎，再揉合在一起，揉匀后做成能放入压粉机大小的筒状米坨子。

5. 锅内加清水，以旺火烧沸后，把米坨子放入压粉机压入锅内，煮约 1 ~ 2 分钟至熟捞出，漂入凉水中即成熟米粉，备用。

[大师秘诀]

1. 泡米的时间一定要足够，中途换水次数要够，才能保证粉的品质。

2. 蒸粉坨的火应选用旺火蒸制，避免米坨吸附过多的水分。

3. 若没有压粉机，也可采用漏粉勺，用手拍打压成粉丝。漏粉勺的孔眼大小约筷子粗，或用大瓢均匀钻上多个筷子粗的眼子做成漏粉勺。

蛋黄粉

原料：

蛋 2 个（视成品需求选用鸡蛋、鸭蛋或咸鸭蛋）

做法：

1. 锅中加水，放入蛋后开中火煮约 15 分钟至熟。
2. 将煮熟的蛋去壳，将蛋白与蛋黄分离，蛋白另作他用。
3. 取熟蛋黄搓成细粒状，进烤箱以 120℃烤约 15 分钟至完全干后再搓成细粉状，即成。

粉皮米粉

原料：

上等籼米 500 克，清水 750 克

做法：

1. 大米 500 克淘洗净，加清水泡 4 ~ 5 小时，另取大米 50 克，入锅煮至七成熟，捞出晾凉后与沥干的大米混合加清水 750 克磨成米浆。
2. 将米浆分次舀入绷子（特殊工具：用竹子扎成圆形竹圈两个，一个稍大，套在一起，中间绷上细纱布，直径大约 45 厘米）内摊平，约 0.2 厘米厚，浮置于沸水锅内的水面，烫 2 ~ 3 分钟。
3. 待米粉皮定形，随着蒸汽起伏时将竹绷子离锅，晾至米粉皮起皱纹时趁温热揭起，搭在竹竿上晾至微干，切成约 1 毫米宽的细条，即成米粉。

[大师秘诀]

1. 磨浆前，必须加入熟米坯（俗称熟芡），米浆才不会有沉淀现象而维持均匀的稠度。
2. 米浆要磨成稍稠的浆。
3. 制烫米粉皮时水要保持中度滚沸，粉皮才容易定形。

洗沙馅

原料：

赤小豆 500 克（也可选用红豆），清水 1200 克，化猪油 200 克，白糖 200 克

做法：

1. 将赤小豆用凉水浸泡 8 ~ 12 小时至完全透。
2. 把泡好的红豆放进高压锅里，倒入清水，水量为淹过红豆约 3 厘米。
3. 高压煮约 30 分钟至粑烂。
4. 取一汤锅装半锅清水，将煮好的赤小豆倒入筛面粉的细网筛中，一手拿住网筛，一半浸入清水中，另一手揉搓粑烂红豆，使豆沙经过网筛进入水里。
5. 持续揉搓至网筛中只剩过滤后的赤小豆皮。
6. 将汤锅中的豆沙浆倒入制作吊浆粉的棉布袋中吊起，底下放一个接水的容器，吊至水分全干。
7. 净炒锅置中火上，下化猪油 100 克，化开后转小火，加入吊干的豆沙不断翻炒。
8. 炒至豆沙水分蒸发、翻沙后起锅，再加入化猪油 100 克、白糖拌匀，即成洗沙馅。

[大师秘诀]

1. 炒洗沙的火候应掌握好，最忌炒焦煳。
2. 豆类原料经煮烂漂洗去皮的工艺称之为洗沙，洗沙馅因而得名，也称之为豆沙馅，可以用红豆、绿豆、蚕豆等制作。洗沙馅若没特别注明，通常指红豆沙馅。

莲蓉馅

原料：

莲子 350 克，清水 750 克，白糖 300 克，化猪油 200 克，小苏打粉 5 克

做法：

1. 将莲子捅去莲心，洗净后下入锅中加清水 750 克、小苏打粉，用中火煮约 20 分钟至熟透。
2. 捞出熟莲子，沥干水后用机器绞成泥蓉状，放入棉布袋，绑紧袋口，以重物压干水分成莲子蓉。
3. 取净锅置中火上，放化猪油 100 克烧至四成热，放入莲子蓉、白糖，转中小火炒至水分完全蒸发后，再加化猪油 100 克炒匀成馅，晾凉即成莲蓉馅。

[大师秘诀]

1. 莲子必须捅去苦心，才不会影响成品风味。
2. 煮莲子时适当放点小苏打，可使之容易煮烂。
3. 炒莲子蓉泥的火力不宜过大，要不断地翻搅，避免粘锅炒焦。也可用植物油炒制。

成都市大慈寺一景。冬日的成都处处飘着腊梅香

芝麻甜馅

原料：

黑芝麻粉 20 克（可按需要换成白芝麻粉、花生粉等），白糖 200 克，化猪油 50 克

做法：

1. 将黑芝麻粉加入白糖、化猪油拌合，反复揉和均匀后即为甜馅。
2. 按小吃品种需要分切成小块，以方便包制。一般是先擀压成约 1.5 厘米厚的长方块，再用刀切成长宽各约 1 厘米的小块。

五仁甜馅

原料：

酥核桃仁 50 克，熟花生仁 50 克，熟白芝麻 50 克，甜杏仁 50 克，熟瓜子仁 50 克，化猪油 110 克，白糖 100 克，熟面粉 65 克（见 59 页）

做法：

1. 将酥核桃仁、熟花生仁、熟白芝麻、甜杏仁、熟瓜子仁分别剁碎、压细后放入盆中。
2. 将化猪油、白糖、熟面粉加入盆中，揉和均匀即成五仁甜馅。
3. 馅料质地要滋润不散，油量是关键，少了不成团，多了发腻，因此化猪油可先下 4/5，视情况再加入其他的部分。

八宝甜馅

原料：

蜜红枣50克，糖渍红樱桃50克，蜜冬瓜条50克，蜜青梅50克，橘饼50克，葡萄干50克，熟火腿100克，剁碎酥核桃仁50克，化猪油100克，白糖100克，熟面粉100克（见本页中）

做法：

1. 蜜红枣、糖渍红樱桃、蜜冬瓜条、蜜青梅、橘饼、葡萄干、熟火腿分别剁细，入盆中。
2. 再加入白糖、剁碎酥核桃仁、化猪油、熟面粉揉和均匀，即成八宝甜馅。

熟豆粉

原料：

干豆子100克（依需求选用黄豆、黑豆等）

做法：

1. 将干豆子倒入锅中用小火干炒至熟并出香味，放凉备用。
2. 将炒得熟香、放凉的豆子用石磨或磨粉机研磨成粉即成。

熟芝麻粉

原料：

芝麻100克（依需求选用白芝麻或黑芝麻）

做法：

1. 将芝麻淘洗净，沥干水分，摊在平盘上入烤箱，以150℃烤约15分钟至熟脆，取出放凉。
2. 或是将沥干水分的芝麻倒入炒锅中用小火干炒至熟、脆、出香，起锅放凉。
3. 把放凉的芝麻倒在案板上，用擀面杖压成芝麻粉，或用石磨、磨粉机研磨成粉即成。

熟面粉

原料：

低筋面粉50克

做法：

1. 将面粉均匀铺在烤盘上，放入150℃烤箱烤约10分钟至熟即可。此做法的熟面粉较为白皙。
2. 另一方法是将面粉倒入炒锅中，以小火慢炒至熟。此做法的熟面粉颜色偏米黄色。

水淀粉

原料：

淀粉10克（可依需要改用玉米粉、豆粉或豆菱粉、葛粉、木薯粉），清水15克

做法：

1. 将淀粉置入碗中，加入清水搅匀即可。
2. 水淀粉静置后会沉淀，使用前务必再次搅匀。

西米煮法

原料：

西米50克

做法：

1. 汤锅下入清水1500～2000克，以中大火烧沸，下西米后转中火，煮的过程要不断搅拌，以免粘锅。
2. 煮约10分钟，当西米呈半透明状时，捞出西米，倒入凉水中。
3. 西米泡凉水期间，再烧一锅水（同样是1500～2000克），水沸后捞出凉水中半透明的西米下入沸水锅煮，一样需不断搅拌，以免粘锅。
4. 滚煮至西米中心只剩一点点小白心时就关火，盖上锅盖闷约30分钟至西米全部透明，再捞出倒入凉水中漂凉即成。

蛋清淀粉糊

原料：

鸡蛋清 1 个，淀粉 50 克

做法：

将淀粉下入鸡蛋清中搅匀即成蛋清淀粉糊。

小吃店老板正在制作黄凉粉

碱油

原料：

食用碱粉 5 克，熟菜籽油（或其他植物油，如玉米油、葵花籽油等）100 克

做法：

1. 将食用碱粉置于碗中，倒入熟菜籽油。
2. 轻轻搅拌让食用碱粉均匀散布于油中即成。
3. 因食用碱粉不溶于油，会产生沉淀，使用前需再搅匀。

石灰水

原料：

按小吃品项的比例需求量取纯白石灰及清水

做法：

1. 若需要浓度 5% 的石灰水，即指 5 克白石灰加 100 克清水。
2. 将白石灰放入碗中，加清水后适度搅拌使其混和均匀。
3. 将搅拌好的石灰水静置 6 ~ 8 小时至完全澄清后，泮出上面的清透石灰水，此即浓度 5% 的石灰水。
4. 其他浓度石灰水做法一样。

动手做
巴蜀米制品小吃

西米珍珠圆子

风味·特点 | 色似白玉，晶莹闪亮，皮糯不粘牙，红白相衬，香甜宜人

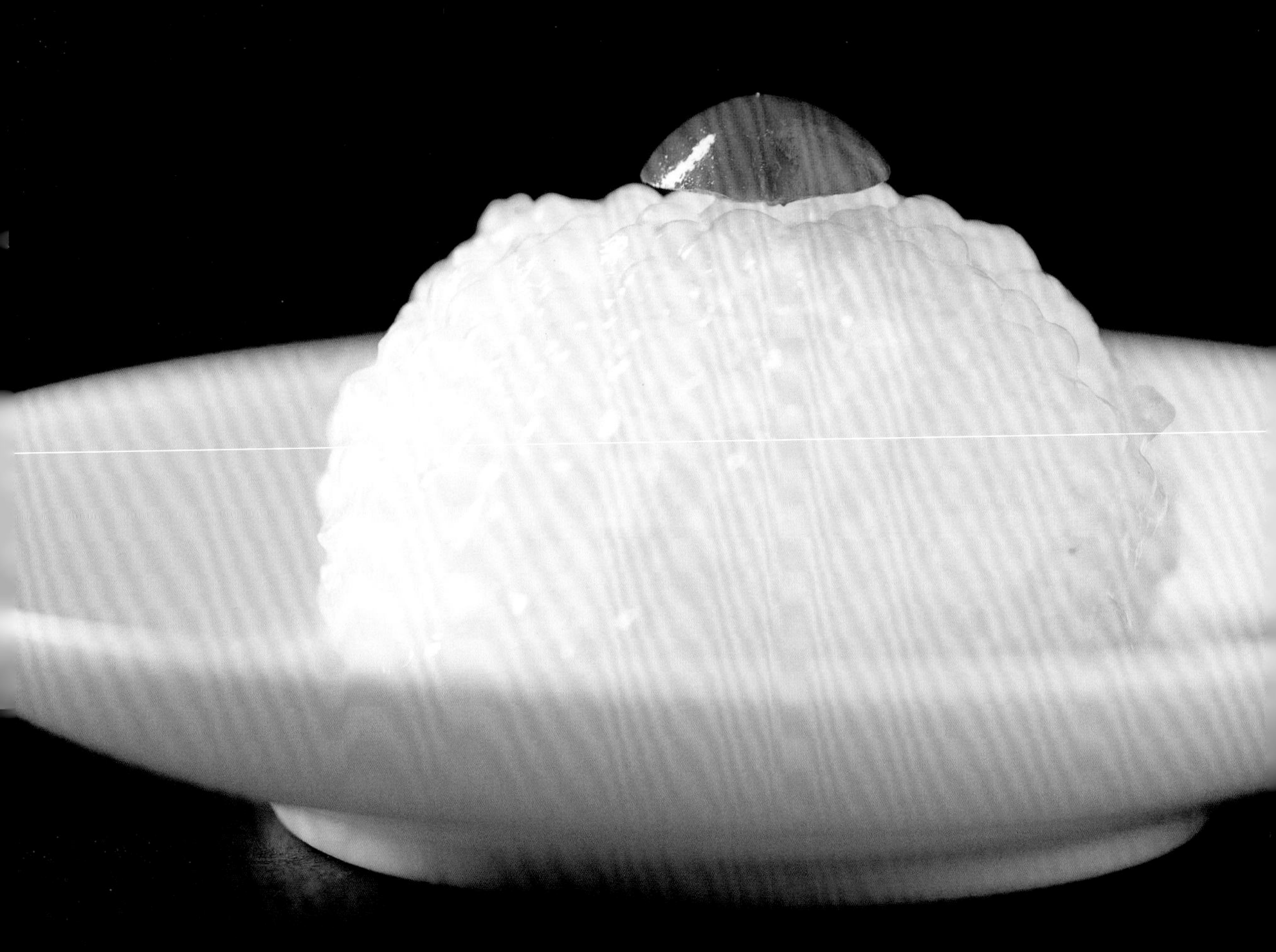

原料：（5 人份）

糯米吊浆粉 500 克（见 52 页），清水30克，西米75克，红豆洗沙馅（见 57 页）250 克，糖渍红樱桃 5 颗

做法：

1. 西米淘洗净后用沸水烫一下捞起，入凉水中浸泡半小时成“裹米”，沥水后备用；糖渍红樱桃切半，待用。
2. 糯米吊浆粉加清水揉成滋润的粉团。
3. 将粉团分成 10 个剂子，逐个包入洗沙馅心，搓圆成圆子生胚。
4. 将圆子生胚放在“裹米”中均匀沾裹上米粒，放入铺有纱布的蒸笼内摆好，再于每个圆子的顶上嵌半颗红樱桃。
5. 上蒸笼，以旺火蒸约 8 分钟即成。

[大师诀窍]

1. 西米一定要浸泡透，蒸熟后才有晶透感。
2. 圆子沾裹米务必沾裹均匀，成品才美观。
3. 蒸制时间的计算是等水滚沸且蒸汽上来并将蒸笼放上后，才开始计时。
4. 粉团的黏糯度影响成品形态与口感，必须掌握糯米、籼米的比例及粉团水分。
5. 除洗沙馅外，还可选用其他甜馅或咸味馅制作。
6. 此小吃的糯米吊浆粉经典比例：7 份长糯米、3 份籼米。

五彩绣球圆子

风味 · 特点 | 皮软而糯，色彩鲜艳，外形美观，馅味鲜香

原料：（10 人份）

糯米吊浆粉 500 克（见 52 页），清水 30 克，肥瘦猪肉 250 克，口蘑 50 克，绍兴酒 10 克，芽菜 50 克，酱油 15 克，化猪油 100 克，熟胡萝卜丝 50 克，蛋皮丝 50 克，熟丝瓜绿皮丝（去掉最外层绿粗皮后的绿皮）50 克，胡椒粉 1 克，香油 2 克

做法：

1. 猪肉剁成细粒；芽菜洗净切成细粒；口蘑切成小颗。
2. 将炒锅置火上，放化猪油中火烧五成热，加入猪肉末炒熟，加绍兴酒、酱油、胡椒粉、口蘑、芽菜炒匀起锅，拌入香油晾凉即成馅心。
3. 糯米吊浆粉加清水拌和揉成滋润粉团，均匀分成 20 个小剂，分别包入馅心后，搓成圆形，置于蒸笼中。
4. 上笼，大火蒸约 8 分钟至熟透后，取出趁热沾裹上熟胡萝卜丝、蛋皮丝、丝瓜绿皮丝后装盘即可。

[大师诀窍]

1. 肉馅不要炒制过干，口感较滋润；味不能过咸，咸了就不爽口。
2. 馅心必须晾凉后方可包制，热馅心的热气会使圆子皮破裂。
3. 和糯米粉团时不可过软或过硬，分次加入清水以控制软硬度。
4. 蒸制时间要控制好，久蒸圆子皮会太粑软，应趁皮热而黏时沾裹丝料。
5. 馅心也可选用各种甜味馅，外面裹的丝料就改用甜香味红绿蜜饯切的丝。
6. 此小吃吊浆粉经典比例：6 份圆糯米、4 份籼米。

3

绿豆糯圆子

风味·特点|色泽淡绿，糍糯细软，香甜爽口

原料：（5人份）

糯米吊浆粉500克（见52页），绿豆250克，蜜红枣250克，蜜桂花35克，白糖150克，化猪油100克

做法：

1. 蜜红枣去掉核，放入碗内，上笼蒸约20分钟至软，取出倒在案板上，揉搓成泥蓉再加白糖、化猪油、蜜桂花混合均匀，搓成小丸子形的馅心20个。
2. 绿豆淘洗净，倒入沸水锅内煮至皱皮时，倒入小筲箕中，用小木瓢轻轻擦搓去绿豆皮，然后放入清水中，待绿豆皮浮于水面上后，捞出豆皮，沥取沉底的绿豆仁置于宽盆中，上蒸笼以大火蒸约8分钟至熟待用。
3. 将糯米吊浆粉揉匀分成大小均匀的剂子20个，包入馅心，搓成圆形，入笼用旺火蒸约8分钟至熟后取出，趁热放入蒸熟的绿豆上滚沾均匀，摆盘即成。

[大师诀窍]

1. 蜜红枣须蒸软才便于加工，可用机器绞制，效果更佳且快捷。
2. 去皮前的煮绿豆程序切勿将绿豆煮制过软，造成去皮困难。也可用市售去皮绿豆仁泡透蒸熟来用。
3. 蒸圆子时，应在笼中垫上纱布以免底部粘住。
4. 可用市售汤圆粉加清水做成的粉团替代糯米吊浆粉，粉水比例约为5∶4。
5. 此小吃的糯米吊浆粉经典比例：8份长糯米，2份籼米。

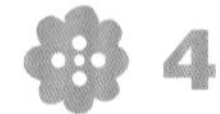

4

醪糟粉子

风味·特点|

醪糟香浓，汤圆软糯，味道甜美

原料：（5人份）

糯米吊浆粉400克（见52页），清水30克，大竹醪糟（四川特产）150克，水1500克，白糖100克，枸杞子20颗，鸡蛋4个（选用）

做法：

1. 糯米吊浆粉分次加入清水，水量以揉和成软硬适中的粉团为度。
2. 再依次从粉团捏下小块，搓成小圆粒，成粉子（无馅汤圆）。
3. 锅内将清水烧沸，将粉子入锅煮制（可加鸡蛋一起食用，鸡蛋要在下粉子前下入），浮起后，加入白糖、醪糟和枸杞子，成熟后盛入碗内。

[大师诀窍]

1. 若没有吊浆粉也可使用市售的汤圆粉，粉水比例约为5∶4，和粉成团时不要过软。
2. 煮时水量要宽些、要多些，较不易粘黏。
3. 醪糟应起锅前再下，略煮出香味即可。久煮醪糟的风味、香气会挥发掉。
4. 此小吃吊浆粉经典比例：7份圆糯米、3份籼米。

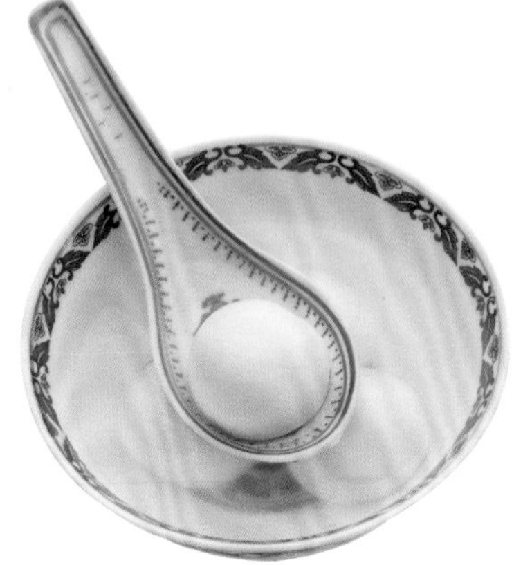

5

成都赖汤圆

风味 · 特点 | 白嫩软糯，皮薄滋润，口感细腻，香甜适口

原料：（5 人份）

圆糯米吊浆粉 500 克（见 52 页），清水 30 克，白糖 200 克，黑芝麻粉 20 克（见 59 页），化猪油 50 克

做法：

1. 黑芝麻粉加入白糖、化猪油拌合，反复揉和均匀后擀压成 1.5 厘米厚的长方块，再用刀切成长宽各约 1 厘米的小块，即为馅心。
2. 将吊浆粉加清水揉匀至粉团表面呈光滑状，均分成 25 个小粉团剂子。
3. 取一块剂子，放入手心压出一个窝，包入馅心捏紧、搓圆即成汤圆牛坏。依序将全部的汤圆生坯做好。
4. 水沸后，下入汤圆，煮至浮起，酌加适量清水（保持微沸状），煮至熟透即成。吃时可配白糖、麻酱蘸食。

[大师诀窍]

1. 吊浆粉要磨细，确保细腻口感。
2. 吊浆粉加清水揉成粉团时，水量过多成品软烂，过少容易破。
3. 煮时掌握好火候，适度轻推以防止粘锅底、浑汤。
4. 此小吃所用之圆糯米吊浆粉的经典比例为 7 份圆糯米、3 份籼米。
5. 若不方便自制吊浆粉，可用市售汤圆粉 300 克加清水 240 克揉成的粉团替代。

6

原料：（5 人份）

糯米吊浆粉 500 克（见 52 页），去皮猪前夹肉 100 克，菠菜 250 克，姜汁 10 克，川盐 1 克，口蘑酱油 3 克，胡椒粉 1 克，白糖 5 克，料酒 1 克，香油 1 克，鸡汤 70 克

做法：

1. 菠菜洗净后放入搅拌机内绞烂取汁。将菜汁 100 克同糯米吊浆粉揉成绿色粉团。
2. 取 50 克粉团入锅煮成熟粉团，再将熟粉团加入到生粉团中揉匀，分成约 20 克重、大小均匀的小块剂子 25 个。
3. 猪肉放入绞肉机中绞成肉末后，放入盆内加姜汁、料酒、精盐、白糖、口蘑酱油、胡椒粉、香油拌匀，分次加入鸡汤搅打成馅心。入冰箱冷藏 2 ～ 3 小时至能定形。
4. 将粉团用手捏成窝状，装入肉馅，用手捏拢，收紧口，入沸水锅内煮制成熟，盛入碗中，加点煮汤圆的热汤即可食用。

[大师诀窍]

1. 和粉团时必须加入熟粉团充分揉制，才能避免煮制时汤圆皮产生裂缝。
2. 馅心拌和时鸡汤应分数次加入，拌和时朝一个方向搅拌。
3. 此汤圆馅料汤汁较多，必须进冰箱冷藏至能定形，才便于包捏。
4. 包馅心时须采捏包再滚圆的手法，不能用搓圆包拢的手法，以避免汤圆皮破裂。
5. 若无法自制糯米吊浆粉，可用市售汤圆粉。

翡翠肉汤圆

风味 · 特点 | 色泽碧绿，馅咸鲜适口，皮软糯清香

7

橙香枇杷汤圆

风味 · 特点 | 造型美观逼真，滋味香甜滋润

原料：（10 人份）

干糯米粉 400 克（见 53 页），澄粉 50 克，沸水 25 克，豆沙馅 300 克，浓缩橙汁 350 克，吉士粉 25 克，可可粉 15 克

做法：

1. 将澄粉放入盆中，倒入沸水烫熟后揉匀成澄粉面团，取约 15 克面团揉入可可粉成为咖啡色面团。
2. 糯米粉同吉士粉拌和均匀，加入浓缩橙汁，再加入剩下的熟澄粉面团揉匀成橙黄色混合粉团。
3. 将橙色粉团搓条后分成 30 小剂，用手压扁成汤圆皮，分别包入豆沙馅料，搓捏成枇杷形。
4. 取咖啡色面团搓短条，安插在枇杷形汤圆上成枇杷蒂，入热水锅内煮制成熟后捞入碗中，倒入适量煮汤圆的热汤即可食用。

[大师诀窍]

1. 澄粉必须要用沸水烫制才有黏性，加入米粉团后能增加可塑性。
2. 吉士粉同糯米粉要和均匀后，再加果汁，一来颜色均匀，二来口感滋味一致。
3. 粉团不能太软，以免影响成形。

8

胭脂苋菜汤圆

风味·特点 | 色泽红润，皮软糯，馅味鲜香

原料：（10人份）

干糯米粉400克（见53页），清水100克，红苋菜650克，去皮肥瘦猪肉350克，蘑菇100克，料酒15克，酱油10克，胡椒粉10克，川盐2克，白糖35克，细葱花20克，香油3克，化猪油50克

做法：

1. 将去皮肥瘦猪肉切成米粒大小的颗粒，蘑菇切成等大的颗粒。
2. 炒锅内放化猪油，下肉粒用中火炒散籽，放入料酒、酱油、川盐、胡椒粉、白糖10克，接着下入蘑菇粒炒香后起锅，晾至凉透后加入香油、葱花拌匀成馅。
3. 红苋菜洗净，放入打汁机加清水绞成蓉后用棉布过滤取汁。
4. 将苋菜汁350克加入糯米粉中和匀，揉成粉红色粉团，分成均匀的小剂子30个。
5. 把剂子逐个用手捏成窝状，舀入馅心，捏紧封口后轻轻捏压整形成汤圆生坯。
6. 将汤圆生坯入沸水锅中以中小火煮制成熟捞出即成，搭配煮汤圆的热汤食用。

[大师诀窍]

1. 猪肉选用肥多瘦少的为佳，口感上较细嫩、滋润。
2. 馅料炒制时不宜炒得太干才显滋润，馅料放凉拌好后可放进冰箱冷藏1～2小时，更便于包制。
3. 苋菜汁应分次加入，以控制粉团颜色，避免过深或太浅。若颜色恰当但粉团太硬可改加清水调节。
4. 包好后轻轻捏压整形，切勿用手搓整形，否则汤圆皮容易破。
5. 皮料包制时封口要捏牢，才能避免煮熟过程中因膨胀产生露馅的问题。

玫瑰玉米汤圆

风味·特点 | 皮软糯，做工小巧玲珑，馅心香甜可口

9

原料：（10人份）

干糯米粉250克（见53页），干玉米粉150克，清水320克，蜜玫瑰10克，酥核桃仁50克，蜜冬瓜条25克，白糖250克，化猪油100克，熟面粉50克（见59页）

做法：

1. 蜜冬瓜条切成小丁，核桃仁切碎。
2. 蜜玫瑰与白糖、化猪油、熟面粉、蜜冬瓜丁、核桃仁放入盆中拌和均匀成馅心。
3. 将玉米粉同糯米粉混合均匀，分次加入清水揉成黄色玉米粉团，搓成长条分成50个小剂子。
4. 将剂子逐个包入馅心，搓成圆形，入沸水锅内煮制成熟，配上煮汤圆水即可食用。

[大师诀窍]

1. 馅心中蜜玫瑰不可多放，若想提色可加少许食用色素，不可过多，馅心颜色呈粉红色较为自然。
2. 玉米粉用量不能过多，以免口感变得粗糙。
3. 煮制时不宜用火过猛，随时加点清水，保持沸而不腾，以确保成形漂亮。

10

芝麻糯米圆子

风味·特点 | 软糯香甜，形似珍珠

原料：（10人份）

糯米吊浆粉400克（见52页），清水30克，熟黑芝麻粉75克（见59页），熟白芝麻100克，蜜红枣25克，蜜冬瓜条20克，橘饼20克，熟花生仁50克，核桃仁50克，化猪油100克，白糖200克

做法：

1. 将核桃仁、熟花生仁压成碎粒；蜜红枣去核切成细颗粒；蜜冬瓜条、橘饼切成细颗粒。
2. 将做法1处理好的原料全部放入盆中，加入熟黑芝麻粉、白糖、化猪油拌匀成馅心后，倒在案板上整成厚约1厘米的长方片，再均匀切成20小块。
3. 糯米吊浆粉分次加清水揉匀成滋润粉团，均匀分成20个剂子，包入馅心，搓成圆形，置于蒸笼中。
4. 将蒸笼加盖置于沸水锅上，蒸约10分钟左右取出，趁热沾裹上熟白芝麻即成。

[大师诀窍]

1. 芝麻等馅料应碾细、切细，确保滑爽口感，但应避免处理成糊泥状，皮、馅口感混淆，欠缺层次。
2. 糯米吊浆粉加清水不宜过多，避免粉团太软，影响成形。
3. 掌握好蒸制时间，蒸制应用旺火，一气蒸成，中途切勿断气、断火。
4. 趁圆子热时，皮的黏性大，均匀沾裹白芝麻。

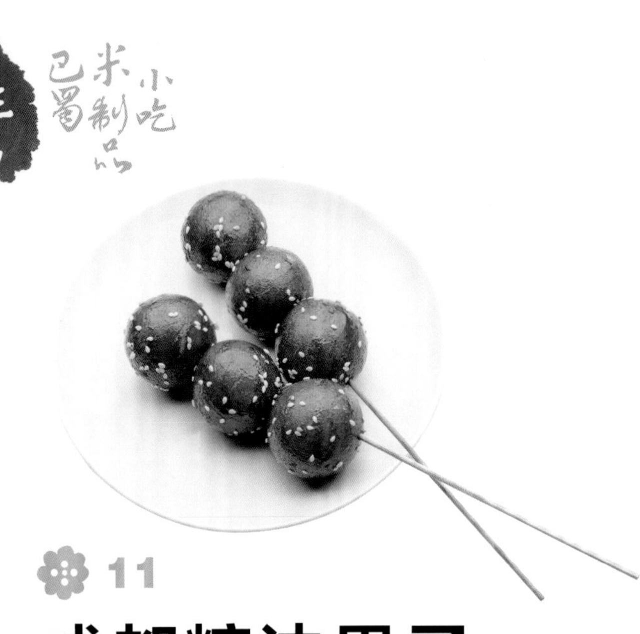

11

成都糖油果子

风味 · 特点 | 金黄发亮，皮脆内糯，甜香爽口

原料：（5 人份）

糯米吊浆粉 500 克（见 52 页），红糖 250 克，熟白芝麻 100 克，小苏打 5 克，菜籽油 1500 克（实耗 120 克左右）

做法：

1. 将糯米吊浆粉加入小苏打后揉匀，搓成条，扯成 25 克重的剂子，滚成圆形后用手指在中心按一个窝，再封好口，使其内呈空心状皮厚薄均匀，即成生坯。
2. 锅置旺火上，下菜籽油烧至五成热左右，放入红糖融化成糖油后，逐个放入生坯炸制，全下入后改用中火翻炸，不断地推动油果子，炸约 10 分钟至皮呈棕红色时捞出，放入熟白芝麻中沾裹均匀即成。

[大师诀窍]

1. 成品口感好坏关键在于糯米与大米的比例。
2. 磨米浆时，一定磨得越细越好。
3. 炸制时要不断推动，以免相互粘连。
4. 此小吃吊浆粉经典比例：7 份长糯米、3 份籼米。

原料：（10 人份）

干糯米粉 500 克（见 53 页），清水 450 克，熟澄面 50 克（见 143 页），干酵母 3 克，白糖 55 克，白味果冻（无调味果冻）100 克，白芝麻 200 克（实耗约 60 克），色拉油 1500 克（实耗 100 克），原味奶茶粉 200 克，滚热开水 400 克，熟西米 50 克（见 59 页）

做法：

1. 把糯米粉放入盆中，加入白糖 30 克、酵母、清水、熟澄面，揉搓成质地均匀的面团。
2. 白味果冻切成 30 小块，白芝麻倒入盘中，备用。
3. 把面团分成 35 克的剂子 30 个，压扁后包入一小块果冻，再放到白芝麻盘中沾上一层白芝麻，即为麻圆生坯备用。
4. 色拉油倒入锅中，以中小火烧至三成热，放入麻圆生坯，炸至膨胀浮起后，转中火把油温升至五成热，炸至皮色金黄有脆感，起锅放在吸油纸上，吸去表皮的油。
5. 把原味奶茶粉兑入热开水 400 克、白糖 25 克成浓奶茶，放凉至 50℃时加入熟西米拌匀成奶茶西米汁，将其装入适当的挤料瓶中。
6. 用筷子将炸好的麻圆开一个小洞，将奶茶西米汁灌入麻圆内即成。食用时配上吸管。

[大师诀窍]

1. 米粉团不能揉得太软，不易成形，因此清水可分次加入以便控制软硬度。
2. 果冻必须包在中心，以免炸制时破口、不成形。
3. 炸至膨胀浮起后油温不可过低，否则容易变形漏汤。
4. 麻圆外皮要炸稍微老一点、炸脆，灌汁后才不易变形。

12 灌汁麻圆

风味·特点|成形美观，皮脆汤鲜美，吃法独特

13

凉瓜糯米圆子

风味 · 特点 | 色泽碧绿，皮酥香清凉，馅味甜香

原料：（10 人份）

干糯米粉 400 克（见 53 页），清水 200 克，凉瓜（苦瓜）800 克，豆沙馅 300 克，白糖 50 克，色拉油 1000 克（约耗 100 克）

做法：

1. 凉瓜洗净，切小块，放入榨汁机内，榨取凉瓜汁。
2. 白糖入锅，加 200 克水中火煮开后，以小火继续熬至冒小泡状态即成糖浆。
3. 糯米粉入盆内，倒入糖浆、凉瓜汁 250 克拌和均匀，揉成粉团后分成 30 个剂子，包入豆沙馅心，搓成圆形即为圆子生坯。
4. 油锅内以中小火烧至三成热时，下入圆子生坯，保持三到四成的油温炸至皮酥浮起，熟透时捞出即成。

[大师诀窍]

1. 凉瓜应去净瓜瓤，打成汁后才细腻。
2. 熬糖须用小火熬制，熬至糖汁成小飞丝即可。
3. 炸制的油温不能过高，以免外焦内生或产生爆裂。

 14

凤凰米饺

风味 · 特点 |

色泽白净，形如眉毛，皮软糯，馅心鲜美爽口

原料：（5 人份）

大米吊浆粉 400 克（见 52 页），带骨鸡肉 450 克，冬笋 100 克，口蘑 50 克，老姜 25 克，葱 25 克，冰糖 20 克，料酒 15 克，胡椒粉 10 克，酱油 15 克，川盐 5 克，香油 3 克，鸡精 5 克，鲜汤 400 克（见 149 页）

做法：

1. 将鸡肉切成大块，加姜、葱、冰糖、料酒、鲜汤、盐、酱油、胡椒粉、鸡精烧至鸡肉熟软后捞出，将鸡肉去骨切成小丁。
2. 冬笋、口蘑切成小丁，一并同鸡肉丁加香油拌匀成馅。
3. 大米吊浆粉揉和成团，入锅煮至成熟捞出，揉擂成滋润柔滑的粉团。
4. 逐一分成 20 个剂子，分别擀成小圆片。包入馅心，对折成半月形，用手锁上花边，即成凤凰米饺生坯。
5. 将饺子生坯放入蒸笼中，上锅用旺火蒸约 2 分钟即成。

[大师诀窍]

1. 鸡肉须连骨烧熟后，再去净骨，一定要烧熟软。
2. 粉团不宜煮制过软，避免再蒸时不成形。
3. 蒸制时间切勿过长，也是避免不成形。
4. 可用市售粳米粉替代，一般比例为 5 份粳米粉加 4 份水。

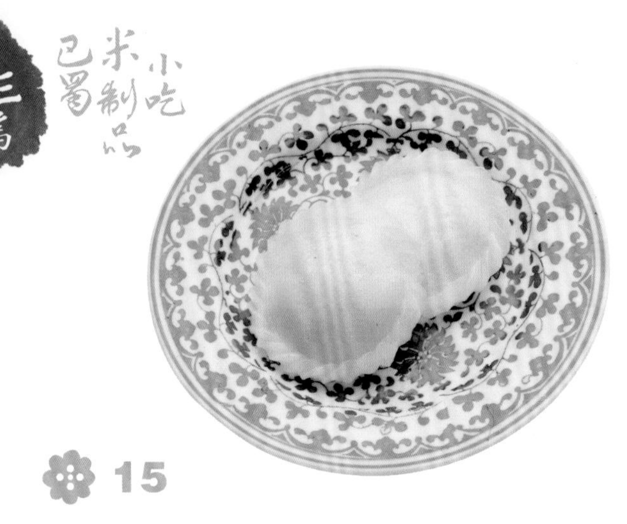

15

虾仁白玉盒

风味 · 特点 | 色白如玉，馅鲜而嫩，小巧玲珑，造型美观

原料：（10 人份）

大米吊浆粉 400 克（见 52 页），鲜河虾仁 250 克，冬笋 150 克，蘑菇 150 克，葱白花 50 克，料酒 5 克，川盐 5 克，胡椒粉 3 克，化猪油 100 克，蛋清淀粉糊（见 60 页）35 克，直径 8 厘米不锈钢圆模具 1 只

做法：

1. 鲜河虾仁用刀从背上划一刀，取出虾线，切成小丁；冬笋、蘑菇分别切成豌豆大小的颗粒。
2. 以中火烧化猪油，虾仁用料酒、胡椒粉、盐、蛋清淀粉糊码匀上浆后，入油锅中滑炒熟，加入冬笋粒、葱白花、蘑菇粒炒匀起锅，入冰箱冷藏约 2 小时成馅。
3. 大米吊浆粉入笼蒸约 8 分钟至熟取出，揉擂成团，用擀面棍擀成薄皮，再以不锈钢圆模具压出 40 片薄圆片。
4. 用一张圆皮舀入馅料，再用一张圆皮盖上，捏紧边缘，用手锁上花边，全部完成后入笼蒸制 2 ~ 3 分钟即成。

[大师诀窍]

1. 馅料炒制好后需静置凉透后再冷藏使其能成形，以便于包制。
2. 不可使用热馅料包制，成品容易破。
3. 皮、馅都是熟的，蒸制的目的是要热吃，因此蒸的时间切勿过长，以避免粑软不成形。
4. 可用市售粳米粉替代，一般比例为 5 份粳米粉加上 4 份水。

16

原料：（5 人份）

大米吊浆粉 400 克（见 52 页），清水 20 克，去皮猪肥瘦肉 200 克，绿豆芽 250 克，料酒 15 克，郫县豆瓣 15 克，川盐 3 克，酱油 10 克，葱花 10 克，化猪油 50 克

做法：

1. 将猪肥瘦肉剁成肉末，豆瓣剁细，绿豆芽去头尾。
2. 炒锅内放化猪油以中火烧热，将肉末入锅煵炒散籽，烹入料酒，下豆瓣继续煵炒至红亮，放入酱油、盐炒匀后铲入盆中。
3. 再将绿豆芽下入锅中以中火稍微炒热断生，出锅后切成细短节，拌入肉馅中，加葱花拌匀成馅心。放凉备用。
4. 大米吊浆粉分次加入清水揉匀成团，入蒸笼蒸约 8 分钟至熟取出，擂揉成滋润熟米粉团。
5. 扯成大小一致的剂子 20 个，擀成圆皮，包上馅心，捏成豆荚形花纹，一一入笼摆齐，大火蒸约 2 分钟至熟即成。

[大师诀窍]

1. 绿豆芽不宜久炒，避免失水分。
2. 馅心必须凉透才能包制。
3. 封口处切勿沾到油脂，会让口封不紧。
4. 掌握好蒸制时间，一次蒸熟透，也不宜久蒸。
5. 此小吃吊浆粉经典比例：7 份粳米加 3 份长糯米。

银芽米饺

风味·特点 | 色白软糯，馅味鲜香爽口，造型小巧玲珑

17

大米四喜饺

风味·特点 | 色白软糯，色彩分明，馅味鲜美爽口

原料：（5人份）

大米吊浆粉400克（见52页），清水20克，去皮猪肥瘦肉300克，水发香菇50克，水发玉兰片50克，熟鸡蛋黄50克，熟胡萝卜50克，莴笋50克，水发木耳50克，化猪油50克，酱油15克，绍兴酒5克，胡椒粉3克，川盐2克，细香葱白花15克

做法：

1. 肥瘦猪肉剁成碎末；水发香菇、玉兰片切成小颗粒。将熟蛋黄、水发木耳、熟胡萝卜、莴笋分别切成细末，成为黄黑红绿原料。
2. 炒锅内放化猪油，将肉末放入锅中用中火炒熟，放绍兴酒、酱油、川盐、胡椒粉炒匀后起锅入盆，再加入香菇粒、玉兰片粒、细香葱白花拌匀成馅料。
3. 将大米吊浆粉加清水揉成米粉团，分成小块入锅煮熟随即捞出，接着一起揉成滋润米团，分成均匀的剂子20个。
4. 取一剂子擀成圆皮，包入馅心，将顶部留4个小孔分别放入黄红白绿原料点缀即成米饺生坯。
5. 所有米饺生坯按上述做法一一完成，摆入蒸笼，接着上锅以大火蒸约3分钟至熟即成。

[大师诀窍]

1. 馅料不能炒制过干，味不能过重，口感、滋味才精致，才能与雅致的外型相呼应。
2. 馅心必须晾凉后，方可包捏。用热馅包捏，成品容易破裂。
3. 煮制米团不可过久，刚熟最好，因为成品还要再蒸制，煮过熟则质地太软，成品形状容易走样。
4. 此小吃吊浆粉经典比例：7份籼米加3份圆糯米。
5. 吊浆粉可用市售的粳米粉加水调制的粉团替代，粉水比例约为5∶4。

海参玉饺

风味 · 特点 | 皮色白而细糯，馅味鲜美，营养丰富

原料：（10 人份）

泰国香米吊浆粉团 500 克（见 52 页），水发辽参 250 克，熟火腿 35 克，熟猪肥膘肉 100 克，冬笋 50 克，料酒 10 克，姜片 10 克，葱段 10 克，胡椒粉 5 克，川盐 5 克，鸡精 3 克，鸡汁 35 克，鲜汤 350 克（见 149 页），水淀粉 35 克（见 59 页），口蘑酱油 10 克，化猪油 100 克，葱花 15 克

做法：

1. 取泰国香米吊浆粉分成小块，揉成粉砣，放入笼内大火蒸约 8 分钟至熟取出，揉擂成软硬适当，滋润光滑的粉团。
2. 辽参整理干净，加鲜汤 300 克、姜片、葱段、料酒 5 克、川盐、鸡精、胡椒粉 2.5 克，以小火煨约 10 分钟至入味后捞出，切成小颗粒。火腿、冬笋、熟肥膘肉分别切成小颗粒。
3. 炒锅内放化猪油，开中火炒香姜葱，加鲜汤 50 克，下辽参颗、火腿颗、冬笋颗、肥肉颗，再放入料酒 5 克、胡椒粉 2.5 克、鸡汁、酱油、鸡精炒匀，勾水淀粉，拌入葱花，放至凉透后成馅。
4. 将粉团扯条分成 20 个剂子，逐个将剂子擀制成小圆皮，分别包入馅心，对折捏成花边饺形，入笼蒸约 2 分钟至热透即成

[大师诀窍]

1. 此小吃的泰国香米吊浆粉经典比例为：8 份泰国香米，2 份圆糯米。
2. 米浸泡的时间不能过短，磨出的米浆才细腻。
3. 粉团蒸熟后，一定要揉擂得光滑不黏，才显得滋润。
4. 馅心必须凉透后才能包制，馅料也不能太稀，以避免漏馅。
5. 皮、馅都已制熟，因此蒸制时间切勿过长，热透即可。

茶香飘逸，茶艺柔美的四川功夫茶

手工炒制的竹叶青

19

红油兔丁凉饺

风味 · 特点 | 形态饱满，皮软糯而白，馅料微辣鲜香回甜

原料：（10 人份）

大米吊浆粉 400 克（见 52 页），清水 30 克，熟兔肉 300 克，豆豉酱 30 克，碎花生仁 30 克，红油辣椒 35 克，葱白颗粒 25 克，酱油 5 克，花椒粉 15 克，白糖 25 克，醋 5 克，熟白芝麻 5 克，蒜泥 10 克，香油 5 克

做法：

1. 将熟兔肉宰成豌豆大的小丁，加除大米吊浆粉及清水之外的调料拌匀，成红油兔丁馅。
2. 大米吊浆粉加清水揉匀，上笼蒸约 8 分钟至熟取出，揉擂成软硬适度的粉团，扯成大小一致的剂子 20 个，分别擀成饺子皮，舀入馅料，包成三角形饺子即成。

[大师诀窍]

1. 熟兔肉一定要去净骨，不可宰得过大，口感不佳，过细没有口感。
2. 拌料时，注意酱油的用量，宜少不宜多。
3. 包捏时，饺皮上不能沾上油汁，封口才能紧实。
4. 凉饺只能凉食，不能再蒸制，蒸热后会变味。
5. 米饺皮的软硬度应比糍粑硬一点。

20

原料：（10 人份）

大米吊浆粉 400 克（见 52 页），清水 20 克，熟蟹肉 150 克，熟猪肥膘肉 400 克，冬笋 100 克，川盐 5 克，胡椒粉 5 克，鸡精 3 克，白糖 10 克，香油 5 克，葱白粒 25 克

做法：

1. 将大米吊浆粉加清水和成滋润粉团，分成小块状上笼蒸约 8 分钟至熟。
2. 将熟蟹肉、熟猪肥膘肉、冬笋分别切成绿豆大的粒，加入川盐、胡椒粉、鸡精、白糖、香油、葱白粒拌均匀成蟹肉馅心。
3. 蒸熟的粉团趁热揉擂在一起，成软硬适度、滋润光亮的粉团。
4. 将粉团搓条分成大小均匀的小剂 20 个，将剂子按扁，在抹了少许油的案板上擀成极薄的圆粉皮，边缘压成荷叶边。
5. 在圆粉皮中包入馅心，捏成烧卖形，上笼蒸 2 ~ 3 分钟至熟即成。

[大师诀窍]

1. 大米粉团坯一定要蒸熟透，趁热揉匀，凉了会发硬不好揉。
2. 粉皮擀制时，案板上抹点油，利于将皮擀薄，且不易擀烂。
3. 蒸制烧卖的时间不能过长，蒸久了粉皮会变得软烂、成品不成形。
4. 此小吃之吊浆粉经典比例为：7 份籼米，3 份圆糯米。

蟹肉白玉烧卖

风味·特点 | 色白如玉，形如白菊，馅细嫩咸鲜

21

成都三大炮

风味 · 特点 | 质地糍糯柔软，味道香甜爽口

原料：（5 人份）

糯米 500 克，沸水 100 克，红糖 125 克，清水 125 克，熟黄豆粉 85 克（见 59 页），熟白芝麻 20 克

做法：

1. 糯米洗净，用清水浸泡 8 小时，然后沥干水分装入垫有湿纱布的蒸笼内蒸约 25 分钟至熟。
2. 将蒸熟的糯米饭倒入石碓窝内，加入沸水，待沸水全部被米饭吸收后再舂蓉成糍粑，置于盆中备用。
3. 红糖放入锅中，加清水，以小火熬制约 8 分钟，成为浓而有稠度的红糖汁。把黄豆粉放入直径约 50 厘米的簸箕内铺开。
4. 选用一个长约 120 厘米的小桌子，在靠自己的这一端放上一个长宽约 70×50 厘米方形木盘，木盘的两侧放两组或四组（每组 2～3 个重叠）铜盏。在木盘上方两寸（6.7 厘米）处紧接放装有熟黄豆粉的簸箕。
5. 取糍粑团 3 个，用手搓成圆球，分 3 次连续用力甩向木盘，发出 3 次声响并弹落在簸箕内沾上黄豆粉。
6. 将裹上黄豆粉的糍粑团装入盘中，浇上红糖汁，撒上熟白芝麻即成。

［大师诀窍］

1. 蒸米过程中，应适量的洒些水，让糯米的含水量趋于一致，以得到较好的口感。需用旺火一气蒸熟，避免米心没透。
2. 用碓窝舂时，应缓缓地舂，质地越细腻，口感糯性效果越好。
3. 熬红糖汁时注意掌握好火候，太稀了巴不上糍粑，过浓则不方便食用。
4. 糍粑圆球要用力而准确的甩，使其声音响亮，营造热闹气氛。

三大炮糍粑吃的是一个热闹

22

凉糍粑

风味 · 特点 | 软糯甜香，入口凉爽

原料：（10 人份）

糯米 500 克，无调味红豆沙 150 克（见 57 页），白糖 200 克，蜜桂花 10 克，花生油 100 克，鲜红玫瑰花瓣 5 瓣，熟黄豆粉 150 克（见 59 页），熟白芝麻粉 25 克（见 59 页）

做法：

1. 糯米淘洗净，用清水浸泡 2 ~ 3 小时，沥干水分，倒入垫有湿纱布的蒸笼内，以大火蒸约 25 分钟至成熟。
2. 抓住纱布四角，将熟糯米饭取出蒸笼，倒入碓窝中，趁热舂蓉成糍粑后用湿纱布盖上，晾凉。
3. 将红玫瑰花瓣放入碗中搓揉至渗出微量红色汁液，加入 50 克白砂糖轻搓至上色即成玫瑰砂糖。
4. 将未炒制无调味红豆沙入锅加花生油，以小火炒至酥香，放白糖 150 克、蜜桂花续炒至翻沙状，起锅晾凉。熟白芝麻粉、黄豆粉，一起放入盆中拌匀成裹粉。
5. 将糍粑分成20克重的剂子30个，压扁后分别包入豆沙馅，搓成圆球形后压成扁圆形，在拌匀的裹粉中均匀沾裹一层，在每个糍粑上撒上些许玫瑰砂糖即成。

[大师诀窍]

1. 蒸米过程中，中途应洒水 1 ~ 2 次，使之均匀熟透。
2. 舂蓉成糍粑后盖上湿纱布，以避免表面干硬。
3. 炒豆沙需注意掌握好火候，糖要最后下，避免豆沙馅硬化。

鸳鸯叶儿粑

风味·特点 | 色泽碧绿，馅料双味，清香宜人

原料：（8人份）

糯米500克，大米125克，清水30克，猪肥瘦肉250克，芽菜50克，川盐2克，料酒5克，酱油5克，胡椒粉2克，葱白粒5克，芝麻甜馅125克（见58页），化猪油8克，菠菜250克，芭蕉叶适量

做法：

1. 将糯米、大米淘洗净，用清水浸泡涨，取一半直接磨成米浆装入棉布口袋吊干水分成白色吊浆粉。
2. 另一半加入洗净的菠菜一并磨成米浆，装入棉布口袋吊干水分成绿色吊浆粉。
3. 猪肥瘦肉剁碎。炒锅内放化猪油加入肉粒、芽菜炒散籽，放川盐、料酒、酱油、胡椒粉炒匀，起锅晾凉加葱白粒成咸馅。
4. 将白色和绿色吊浆粉各加清水15克揉匀，各自分成每个重约25克的剂子16个。
5. 将白色剂子分别包入甜芝麻馅心，绿色剂子分别包入咸馅心，搓成小圆筒状成叶儿粑坯。
6. 取芭蕉叶修理成长约20厘米，宽约5厘米的长片状，芭蕉叶刷油后放上白、绿叶儿粑坯各一（用叶片分隔），裹在一起成生坯，入蒸笼蒸约8分钟至熟即成。

[大师诀窍]

1. 米一定要泡足两天时间，磨出的米浆才细腻。
2. 粉团揉制时，清水不可一次全加入，应边揉边加，才能控制软硬度。
3. 芭蕉叶洗净后，也可放入沸水锅中烫软后取出，更便于包裹。
4. 蒸制必须用旺火，才能避免外皮软烂不成形。
5. 粉团可用市售汤圆粉加菠菜泥及水替代。

24

玫瑰夹心凉糍粑

风味·特点｜色美味香，糯软醇香，凉爽适口

原料：（10人份）

糯米500克，洗沙馅200克（见57页），熟白芝麻粉15克（见59页），熟黄豆粉50克（见59页），白糖100克，蜜玫瑰20克，鲜红玫瑰花瓣10瓣

做法：

1. 将糯米淘洗净，用温水泡约3小时后沥干水分，倒入垫有湿纱布的蒸笼内铺平，以旺火蒸制约8分钟至熟。
2. 把蒸熟的糯米饭倒入石碓窝中舂蓉成糍粑，盖上湿纱布避免表面干硬，备用。
3. 将红玫瑰花瓣放入碗中搓揉至渗出微量红色汁液，加入白糖轻搓至上色，成为玫瑰砂糖。
4. 蜜玫瑰切细，与洗沙馅一起放入盆中拌匀即成玫瑰洗沙馅。芝麻粉同黄豆粉拌匀，成芝麻黄豆粉。
5. 将糍粑铺在案板上晾凉后，分成两半，一半铺放在撒有芝麻黄豆粉的案板上，擀压为厚约0.8厘米的方片。
6. 把玫瑰洗沙馅均匀地抹上，然后再将另一半糍粑切成大小厚薄相同的片，盖在洗沙馅上成夹心状；再把芝麻黄豆粉撒在表面上，用刀切成方形块或菱形块，上面用玫瑰砂糖点缀后摆盘即成。

[大师诀窍]

1. 蒸米饭时中途应洒两次水让米能均匀蒸透，中途不能断火，避免夹生。
2. 若没有石碓窝，也可在盆内用擀面棍舂蓉。
3. 铺夹馅料时厚薄应均匀一致，成品才显得雅致。

25

新都叶儿粑

风味 · 特点 |

皮软糯有韧性，馅甜咸双味，不粘牙，不粘叶，不粘筷子

原料：（10 人份）

糯米 350 克，大米 150 克，去皮猪肥瘦肉 300 克，腊肉 100 克，白糖 350 克，化猪油 50 克，酥核桃仁 25 克，熟面粉 35 克（见 59 页），红糖 50 克，甜面酱 15 克，酱油 10 克，猪板油 150 克，芽菜 75 克，料酒 3 克，胡椒粉 2 克，艾叶 40 克，芭蕉叶适量，菜籽油 25 克

做法：

1. 糯米、大米淘洗净，浸泡 24 小时后，加入艾叶磨浆后吊干成吊浆粉，然后加红糖、化猪油揉均匀，制成皮坯料待用。
2. 将芭蕉叶洗净，入沸水中汆一水捞起漂入冷水中，再捞出抹干水分待用。
3. 核桃仁切成细粒，猪板油洗净切细粒，再加白糖、熟面粉揉匀成甜馅。
4. 去皮猪肥瘦肉切成绿豆大的颗，腊肉切细末。芽菜洗净切细末。炒锅置火上，下菜籽油烧热，放肉颗炒散籽，加料酒、甜面酱、酱油炒上色，再加入腊肉粒、芽菜、胡椒粉起锅，晾凉成咸馅。
5. 将皮坯料分成 20 个剂子，甜馅、咸馅各包 10 个，整成长圆形，裹上刷过油的芭蕉叶，上笼蒸约 20 分钟至熟即成。

[大师诀窍]

1. 米一定要浸泡涨，中途需换水 1 ~ 2 次，浆要磨得细腻，成品口感才佳。
2. 如没有艾叶可用味道不突兀的绿色菜叶替代。
3. 芭蕉叶包裹时，必须刷上油以避免粘黏而影响食用方便性。
4. 掌握好蒸制时间，不能断火，一气蒸熟。
5. 吊浆粉可用市售汤圆粉替代，水粉比例约为 4 ∶ 5，在揉制粉团时加入艾叶蓉，但市售汤圆粉糯米大米比例不确定，成品软糯度不好控制。若有太软的情形可加适量澄粉调整。

著名的东方斜塔，位于成都市新都区宝光寺的无垢净观舍利宝塔

26

泸州黄粑

风味·特点 | 软糯甜爽、香气浓郁

原料：（50人份）

糯米3500克，大米水浆1500克（见54页），白糖500克，红糖700克，清水700克，化猪油25克，良姜叶适量

做法：

1. 将糯米浸泡8小时涨透后沥干水分，入垫有纱布巾的蒸笼蒸约2小时至熟。
2. 红糖加清水溶化，大火煮滚后即成红糖浆。良姜叶洗净，入沸水锅内氽一水捞出放入凉水中漂凉。
3. 将大米水浆加入白糖、红糖浆搅匀，倒入糯米饭中搅匀，加盖闷发约30分钟，当汁干收汗后即成黄粑坯料。
4. 取一张良姜叶抹干水分，刷上化猪油，再取黄粑坯料搓成长8厘米，宽厚各约3.5厘米的方条放在叶子上面的一端，包卷成方形，用麻绳捆住中间部位，即可上蒸笼旺火蒸制15分钟成熟。

[大师诀窍]

1. 糯米要泡涨透才蒸制，中途洒2次水确保熟软均匀。
2. 糯米饭要趁热倒入大米浆中，盖上盖闷发约30分钟，直到收汗汁干。
3. 此小吃用的大米水浆经典比例：1份籼米加3份清水。

27

红糖软粑

风味·特点 | 色泽红亮，软糯滋润，甜而不腻

原料：（10人份）

干糯米粉350克，白糖50克，清水2250克，化猪油50克，红糖250克

做法：

1. 先将糯米粉放进盆里，加入清水250克、白糖、化猪油，揉搓成粉团。红糖切细，备用。
2. 把揉好的粉团搓条，分成30个剂子，每个剂子搓圆后压成软粑生坯。
3. 锅中加入清水2000克，大火烧沸后转中火，把软粑生坯放进锅内煮。
4. 煮至九分熟时，将切细红糖下入锅中煮化，再转小火煮至软粑表面色泽粽红，糖汁变得有稠度时起锅即成。

[大师诀窍]

1. 粉要揉得均匀，以分次加水的方式控制软硬度。
2. 软粑生坯煮至九分熟就下红糖，才容易煮上色。

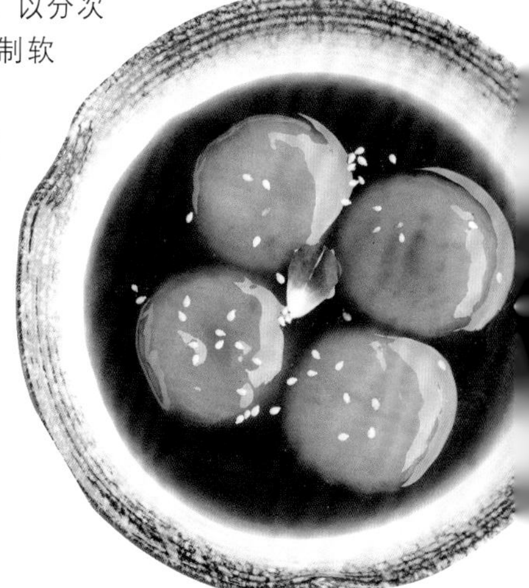

28

红糖酥糍粑

风味 · 特点 |

色泽金黄、外酥内嫩、甜而不腻，有老成都特色

原料：（5 人份）

糯米 500 克，红糖 250 克，清水 250 克

做法：

1. 把洗干净的糯米浸泡 8 小时。
2. 将红糖切细，放入锅内加清水以中火熬至溶化后，转中小火继续熬至黏稠状即成红糖汁，晾凉备用。
3. 将泡好的米沥干水，放入蒸笼用大火蒸约 25 分钟至熟，中途须揭盖均匀洒凉水 1 ~ 2 次。
4. 把蒸熟的糯米放盆内，趁热用粗木棒捶蓉后，倒入适当大小的长形深方盘内均匀铺开、整平，晾凉后入冰柜冻硬，之后取出用刀改成长方形、厚薄一致的糍粑厚片。
5. 把糍粑厚片入油锅，炸至两面金黄色，放入盘内，浇上红糖汁即成。

[大师诀窍]

1. 米要泡透蒸熟，蒸的过程中洒适量的凉水可使糯米的熟度更均匀。
2. 捶米时须捶细一点，口感较为细嫩而糯口。

29

桃仁甜饭

风味 · 特点 | 清香软糯，香甜爽口

原料：（10 人份）

糯米吊浆粉 1000 克（见 52 页），桃仁碎 150 克，白糖 300 克，鲜艾蒿叶 200 克

做法：

1. 把吊浆粉加清水揉匀搓条，扯成小块入笼旺火蒸约 6 分钟成为熟粉团。
2. 艾蒿叶洗净，切碎用绞磨机绞成蓉，加入白糖搅匀。
3. 将熟粉团倒入石碓窝，用木棒舂均匀，然后倒入艾蒿糊，继续用木棒舂匀成艾蒿粉团。粉团中间压出一个窝，下入桃仁碎后揉匀。
4. 取出艾蒿粉团放入木框方形架内，手上抹少许植物油按压粉团使其方整，凉后取去除木方架，切成长 16 厘米，宽约 10 厘米的长条块，食用时，切成厚约 1 厘米的片，可煎制、炸制、烤制食之。

[大师诀窍]

1. 米至少泡 10 ~ 12 小时，粉浆才细腻。
2. 蒸吊浆粉团时，扯成小块才容易蒸到完全熟透。
3. 艾蒿蓉糊不要直接全部下入粉团一起舂，应留部分，看粉团的软硬度再酌情加入粉团，以免粉团过软。
4. 也可采用将艾蒿叶直接用机器绞蓉后，加到糯米粉中揉和成粉团，蒸熟后压成糕坯。
5. 此小吃吊浆粉团经典比例：7 份圆糯米、3 份籼米。

 30

醪糟酿饼

风味 · 特点 | 软糯香甜，酒香宜

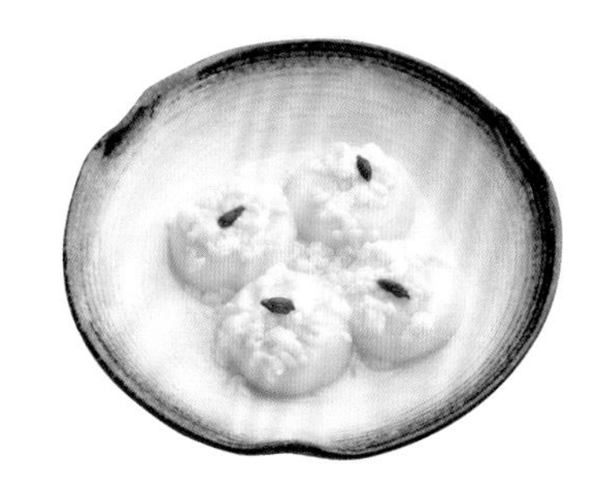

原料：（10 人份）

糯米吊浆粉 1000 克（见 52 页），清水 50 克，醪糟 350 克，橘饼 25 克，蜜冬瓜条 25 克，蜜杏圆 25 克，糖渍红樱桃 25 克，熟白芝麻 50 克，白糖 400 克，化猪油 200 克，熟面粉 50 克（见 59 页）

做法：

1. 将橘饼、蜜瓜条、蜜杏圆、糖渍红樱桃切粒剁碎，熟白芝麻碾细，把以上各料混合一起入盆，加白糖、化猪油、熟面粉拌匀成甜馅心。
2. 吊浆粉加清水揉匀后分小剂，分别包入甜馅，做成小圆饼状，放在盘内，淋入化猪油和 2/3 醪糟，上笼蒸约 8 分钟至熟，出笼后再淋入另 1/3 醪糟即成。

[大师诀窍]

1. 混合米浆要磨得十分细腻，以充分体现软糯口感。
2. 饼成形不宜过大，大了不方便食用，也少了精致感。
3. 蒸制时间要掌握好，要熟透又不能蒸制过久而软烂变形。
4. 此小吃吊浆粉经典比例：8 份圆糯米、2 份籼米。

枣泥大米卷

风味 · 特点 | 色白形美，质地软糯，馅味香甜

原料：（5 人份）

大米吊浆粉 350 克（见 52 页），清水 50 克，蜜红枣 250 克，糖渍红樱桃 20 颗，酥核桃仁 40 克

做法：

1. 蜜红枣去核，上笼蒸约 20 分钟至软，取出与糖渍红樱桃一起用刀剁或用机器绞成泥蓉；酥核桃仁压碎后与枣泥蓉一起放入盆中拌匀成馅料。
2. 大米吊浆粉加清水揉压成粉皮，入笼蒸约 8 分钟至熟，揉成滋润粉团，用擀面棍擀成长方形薄片，铺上枣泥馅，卷拢成卷。用刀斜切成马耳朵形，摆盘，以糖渍红樱桃装饰即成。

[大师诀窍]

1. 蜜红枣须剁成细蓉，确保细致柔软口感。
2. 擀皮应均匀，裹卷须卷紧才不会走样。
3. 该小吃不需再蒸，属凉食品种。

四川茶铺子

32

腊肉艾蒿馍馍

风味 · 特点 | 皮软糯清香，馅料咸鲜醇厚

原料：（5 人份）

干糯米粉 400 克，干籼米粉 100 克，清水 300 克，艾蒿叶 200 克，去皮腊肉 200 克，干盐白菜 200 克，去皮猪肥瘦肉 250 克，化猪油 50 克，白糖 50 克，酱油 20 克，胡椒粉 3 克，熟菜籽油 50 克

做法：

1. 去皮猪肥瘦肉、腊肉分别切成小颗粒；干盐白菜洗净用沸水泡约 20 分钟至软，切成细粒。
2. 将猪肥瘦肉加化猪油炒散籽，加入酱油、胡椒粉炒香上色，再加入腊肉粒、盐菜粒、白糖炒匀，盛入盆中晾凉成馅。
3. 艾蒿叶洗净，切成细粒，同糯米粉、籼米粉混合均匀，加入清水揉成粉团。
4. 粉团分成 20 个小剂子，分别包入馅心后，按成饼的形状，入蒸笼蒸约 8 分钟至熟取出。
5. 将蒸熟的艾蒿馍放入平底锅内用熟菜籽油煎成两面微黄即成。

[大师诀窍]

1. 盐菜泡的时间不宜太长，以免咸味、滋味太淡，影响整体风味。
2. 炒制馅料的温度不宜过高，掌握好调味方法。
3. 若用糯米吊浆粉制作，就把艾蒿叶同米一起磨细浆，品质效果更佳。
4. 粉团不宜过软，会影响成形。
5. 艾蒿馍也可蒸熟后直接食用，煎制的成品在于多了酥香味。

33
芝麻凉卷

风味 · 特点 | 软糯适口，香甜宜人

原料：（10 人份）

糯米 500 克，洗沙馅 400 克（见 57 页），熟白芝麻 250 克，蜜冬瓜条 35 克，蜜桂花 15 克

做法：

1. 糯米淘洗净，放入垫有纱布的蒸笼内蒸约 30 分钟成熟糯米饭。
2. 蒸熟后取出，以湿布包上，在案板上搓揉至饭成蓉状团，解开晾凉。
3. 蜜冬瓜条切成粒，同蜜桂花一起加入到洗沙馅中拌匀。
4. 在案板上撒上白芝麻，将糯米团滚上白芝麻，搓成直径约 1.5 厘米，长约 15 厘米的长条，接着压扁成长片。
5. 把洗沙馅放在上面铺均匀，由两边卷到中间捏紧接合，再一次搓滚上白芝麻，然后切成短段即成。

[大师诀窍]

1. 糯米饭一定要蒸熟，不能夹生。
2. 搓揉饭团要一直揉到不见米粒。
3. 米卷要卷紧，否则切开后，容易散开，形状也不好看。

34
红糖粽子

风味 · 特点 | 清香软糯，甜香爽口

原料：（5 人份）

长糯米 500 克，红糖 100 克，清水 70 克，熟白芝麻 25 克，粽叶适量，麻绳适量

做法：

1. 糯米淘洗净，用清水浸泡约 8 小时至透心，沥干水分。
2. 将粽叶洗净，取粽叶 2 张，排放重叠 1/3，再卷成圆锥形，舀入糯米，封口处折成三角形，用麻绳扎紧成粽子生坯，入沸水锅中，以中大火煮约 60 分钟至熟透。
3. 红糖加清水，入锅大火煮滚后转小火熬约 5 分钟成浓稠的红糖汁。
4. 将煮熟的粽子剥去粽叶，盛入碗内，淋上红糖汁，撒上熟白芝麻即可。

[大师诀窍]

1. 糯米必须泡涨至透心才容易煮透，且口感较佳。
2. 包裹时，一定要扎紧捆牢，否则煮制过程可能有破漏现象。
3. 掌握好煮制的水量，必须淹过粽子最少 10 厘米，避免成熟不均。
4. 也可不淋糖汁，直接蘸白糖食用，换白糖即成白糖粽子。

风靡成都 20 多年的手工粽子一条街，有椒盐、蜜枣、蛋黄、水果、玉米、八宝、排骨、鲜肉、牛肉、板栗、腊肉、鸡肉、蛋黄、香肠等多种口味的粽子

35

八宝粽子

风味 · 特点 | 色泽棕黄，糯香可口，味咸鲜宜人

原料：（5 人份）

长糯米 1000 克，红豆 400 克，叉烧肉 100 克，火腿 100 克，烧鸭肉 100 克，水发香菇 75 克，薏米 25 克，百合 25 克，金钩 25 克，花生仁 50 克，川盐 20 克，冰糖 25 克，色拉油 200 克，鸡精 15 克，粽叶适量

做法：

1. 糯米、红豆分别淘洗净，一起用清水泡约 8 小时至透心，沥干水分，加入色拉油、川盐、鸡精、冰糖拌匀。
2. 金钩用沸水泡涨，薏米用水煮熟，百合用沸水氽一水。
3. 香菇切小片，火腿、叉烧肉、烧鸭肉分别切成指甲片。
4. 将做法 2、3 原料及花生仁拌入做法 1 的糯米中混合成米坯。
5. 粽叶洗净，取粽叶 2 张，排放重叠 1/3，再卷成圆锥形，舀入混合米坯，封口处折成三角形，用麻绳扎紧成粽子生坯。
6. 锅置旺火上，放入粽子生坯，加水淹过其约 10 厘米，煮制约 60 分钟成熟即成。

[大师诀窍]

1. 拌味时均不可过咸，各配料可在泡发糯米、红豆期间分别加工好。
2. 捆扎一定要结实，否则煮制过程可能有破漏现象。
3. 煮制时采用先旺火，后中火，最后小火煮制成熟。

古月胡三合泥

风味 · 特点 | 酥香糍糯，香甜可口，营养丰富

原料：（20人份）

糯米300克，大米200克，熟黑豆粉250克（见59页），熟白芝麻粉25克（见59页），蜜冬瓜条50克，油酥核桃仁50克，熟花生仁50克，橘饼50克，蜜玫瑰10克，白糖500克，清水2000克，化猪油250克

做法：

1. 糯米、大米淘洗净，入80℃热水中焯一下，捞出后用湿布搭盖上，静置约1小时，再入净锅中以中火炒成微黄色。
2. 把做法1炒成微黄的糯米、大米用石磨或磨粉机磨成粉。
3. 橘饼、蜜冬瓜条、花生仁、核桃仁均剁成细粒，备用。
4. 将锅放旺火上，加清水约2000克，下白糖搅匀烧沸后再加蜜玫瑰熬成糖水，转小火。
5. 将米粉、黑豆粉加入锅里熬好的糖水中，保持小火持续加热，搅匀成稠泥状即成三合泥坯。
6. 炒锅置中火上，加入化猪油烧热，下入三合泥坯，翻炒出香味，加芝麻粉、花生粒、核桃粒再炒至酥香，加入橘饼粒、糖冬瓜粒炒匀起锅即成。

[大师诀窍]

1. 大米、糯米也可用60～70℃温热水泡发涨后再炒。
2. 磨好的米粉、黑豆粉要过筛，让粉更细致均匀。
3. 搅三合泥坯时火力不能太大，因粉的吸水率不完全固定，糖水可多熬制一些，然后舀起一部份备用，在搅的过程中若发现太干即可添加备用糖水。
4. 炒制三合泥时，要炒至吐油程度，火力以中火为原则。

四川油茶

风味·特点 | 油茶清香、馓子酥脆，味咸鲜香带辣，宜作早点、夜宵

原料：（15人份）

大米400克，糯米100克，清水4000克，馓子200克，腌大头菜粒50克，生姜100克，葱结150克，红油100克，花椒油75克，油酥花生50克（见256页），葱花25克，白芝麻粉25克，姜末25克，川盐12克

做法：

1. 大米、糯米混合磨成米粉。馓子掰成段，备用。
2. 大锅加清水大火烧开后转中火，放入拍破生姜块、葱结、川盐。煮出味后除净浮沫，捞出姜葱。
3. 放入米粉搅匀成米浆，转大火烧开后，改用微火煮熟，成油茶糊。
4. 把油茶糊舀入碗中，分别加入红油、花椒油、葱花、姜末、大头菜粒、油酥花生、白芝麻粉及馓子即成。

[大师诀窍]

1. 大米、糯米必须要磨细，油茶糊才细腻。
2. 油茶糊不能太浓稠，口感不佳，过稀则滋味不厚实。
3. 馓子不能过早放入碗内，会软掉，现吃现放才酥香，口感更有层次。

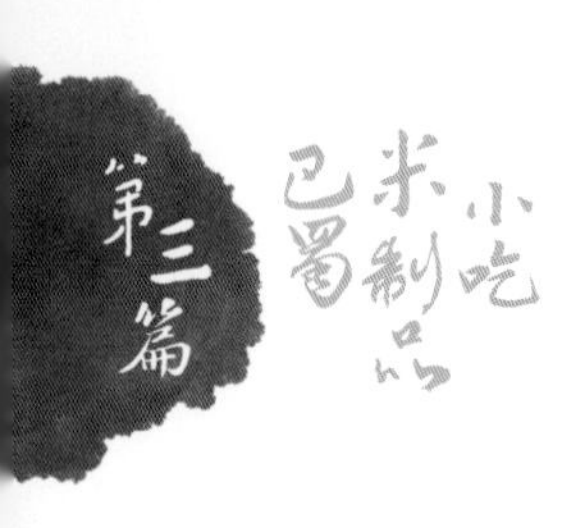

38 顺庆羊肉粉

风味·特点 | 汤色乳白，味道鲜香

融合现代与传统的成都夜景

原料：（5 人份）

熟米粉 500 克（见 56 页），生姜 15 克，带骨羊肉 1000 克，猪棒子骨 1000 克，清水 40 千克，花椒 5 克，胡椒粉 7.5 克，川盐 5 克，红油 10 克（见 146 页），酱油 25 克，香菜 35 克

做法：

1. 将羊肉、猪骨放入汤锅，加入清水 40 千克；用旺火烧沸并打尽浮沫，加入拍松的生姜，下花椒、胡椒粉 5 克，加盖持续以旺火滚煮。
2. 旺火煮约 2 小时至带骨羊肉熟透离骨时，取出并剔下羊肉，横筋切成指甲片，放入干净筲箕内作臊子，备用。
3. 继续以旺火熬制 3 ～ 4 小时，至汤色乳白香气溢出时，将乳汤沥去料渣倒入另一干净汤锅内，用小火保温，即为原汤。
4. 把装有羊肉的筲箕浸入原汤锅内，以中小火保持羊肉及汤热烫。
5. 取熟米粉 100 克，用清水漂洗 1 ～ 2 次后，捞在竹丝漏子内，入做法 4 的汤锅中加热，一放一提反复四五次至热透。
6. 将热透的米粉倒入碗中，舀入原汤，放入川盐 1 克、胡椒粉 0.5 克、红油 2 克、酱油 5 克，舀上羊肉臊子 30 克，撒上香菜即成。

[大师诀窍]

1. 切羊肉时不能顺筋切，会嚼不碎。
2. 熟米粉容易酸败，应尽快食用完。不方便自己做时，可使用市售米粉。
3. 熬羊肉汤时必须打尽浮沫，才能保证汤白味鲜，如再加羊头骨，滋味更浓鲜。
4. 煮制好的羊肉汤实际可供 50 ～ 60 人份。

鸡汤米粉

风味 · 特点 | 清香咸鲜爽口，营养丰富

原料：（10 人份）

熟米粉 1000 克（见 56 页），酱油 100 克，熟鸡油 50 克，胡椒粉 3 克，葱花 50 克，理净母鸡 1 只约 1200 克，猪棒子骨 1500 克，清水 10 千克，整生姜 30 克，川盐 50 克，红花椒 5 克，姜末 50 克

做法：

1. 将理净母鸡入沸水锅内氽去血水后捞起，再取一汤锅加入清水，下入母鸡、拍破猪棒子骨，大火烧沸，打去浮沫，加拍破生姜，改用小火煨约 3 小时至鸡肉软嫩。
2. 将鸡捞起，去鸡骨取肉。把鸡骨放回原汤锅内继续用小火熬约 1 小时成清汤。
3. 把鸡肉切成丝状放入另一小汤锅内，加川盐、红花椒、姜末及 600 克清汤，以小火煨入味即成臊子。
4. 按 10 碗的比例，将酱油、熟鸡油、胡椒粉放碗内，再将米粉放入沸水锅内烫透，分别捞入碗内，舀入做法 3 的臊子，撒上葱花即成。

[大师诀窍]

1. 熬制清汤只能用小火，保持汤面微腾，熬足时间自然鲜美。
2. 熟米粉本身就是熟的，且不是完全干燥，因此只要烫软就可食用，但缺点是不能久放，放冰箱冷藏也应两三天内吃完，还可改用粉皮米粉等其他米粉。
3. 煨制臊子时，要避免汤汁煨干了，鸡肉会变柴走味。
4. 制好的鸡汤实际可供 20 ~ 30 人份。

黑米糕

风味 · 特点 | 色泽油黑，甜香糯软

原料：（10 人份）

黑米 350 克，糯米 150 克，熟咸鸭蛋黄 10 个，白糖 200 克，化猪油 100 克，红樱桃 20 个

做法：

1. 黑米、糯米分别淘洗净，混合均匀，倒入垫有纱布巾的蒸笼旺火蒸约 40 分钟，成滋糯黑米饭后取出放入盆中。
2. 接着加入白糖 50 克，用擀面棍搅拌均匀，成为黏性的黑米饭坯。
3. 咸鸭蛋黄压细，加入白糖 150 克、化猪油揉成馅心，搓成小圆球状。
4. 将黑米饭坯捏成饭团，按扁包入馅心，做成圆形糕状放入纸盏内，上蒸笼再蒸约 2 分钟至热透，按上红樱桃即成。

[大师诀窍]

1. 黑米、糯米可先以清水泡 2 个小时再蒸制，口感会较软糯。
2. 掌握好米饭吃水量，不能蒸得太硬或太稀软，会影响口感与造型。
3. 蒸米的时间应按制作量来增减。
4. 米饭蒸熟拌制时，用力搅拌，使其产生一定黏性，才便于包捏成形。

41 窝子油糕

风味 · 特点 | 皮酥馅糯，香甜爽口

原料：（10 人份）

糯米 500 克，红豆沙馅 250 克，熟菜籽油 2000 克（实耗约 50 克），碱油 20 克（见 60 页），90℃热水 250 克

做法：

1. 将糯米淘洗净，用清水浸泡 2 ~ 3 小时，沥干水分，倒入垫有纱布的蒸笼内，用旺火蒸约 8 分钟至熟。
2. 将蒸熟的糯米饭倒入盆内，加 90℃热水略拌后闷制约 15 分钟，至水分被完全吸收。
3. 取碱油抹在盆中的糯米饭上，用手揉擂糯米团至烂，再揪成 10 个糯米剂子。
4. 红豆沙馅搓成 10 个小圆球成馅心，取糯米剂子包入豆沙馅，收好口，用手把饼坯做成边缘厚，中间稍薄的窝形状，下入七成热的油锅中，以中火逐个炸至色泽金黄时捞出即成。

[大师诀窍]

1. 蒸米时中途要洒一两次水才能均匀蒸至熟透。
2. 必须加热水闷制，待水分吸收完后，才能揉制，效果更软糯些。
3. 油糕下锅炸制时，凹面向下，炸制过程中较好控制造型。

42 方块油糕

风味 · 特点 | 色泽金黄，皮酥内糯，咸香微麻

原料：（5 人份）

糯米 500 克，川盐 8 克，红花椒 5 克，碱油 10 克（见 60 页），90℃热水 200 克，熟菜籽油 2500 克（实耗约 100 克）

做法：

1. 糯米淘洗净，加入清水泡 2 ~ 3 小时，沥干水分，放入垫有纱布的蒸笼内蒸约 8 分钟至熟。
2. 将蒸熟的糯米饭倒入盆内，加 90℃热水、川盐、花椒拌匀，加盖闷约 15 分钟。
3. 取长宽高分别约 20 厘米 × 14 厘米 × 7 厘米的木匣，在内面刷上碱油，把拌匀闷好的糯米饭倒入，按压紧实、均匀。
4. 待糯米凉后取出木匣，切成约 7 厘米见方、厚约 1.3 厘米的块，即成油糕坯。
5. 将油糕坯入八成热的油锅中炸至皮酥脆、色金黄时捞出沥干油即成。

[大师诀窍]

1. 蒸米饭时中途应洒两次水让米能均匀蒸透，中途不能断火。用旺火蒸制。
2. 掌握好咸味程度，多了太咸，少了没味。
3. 炸制时油温不宜低于七成热，以免糯米糕坯吃油，颜色发暗，不酥脆。

街子古镇上让人回味再三的百年老店方块油糕、烫面油糕、馓子、豌豆粑、麻花等小吃

43

核桃仁煎糕

风味·特点 | 色泽金黄，质地酥软甜糯

原料：（20 人份）

干糯米粉 500 克（见 53 页），干籼米粉 200 克（见 53 页），清水 800 克，核桃仁 250 克，花生仁 150 克，白糖 250 克，色拉油 175 克

做法：

1. 将核桃仁、花生仁洗净，核桃仁切成豌豆大的颗粒，装盆内。
2. 把糯米粉、籼米粉、白糖加入盆中拌和均匀，加入清水揉成软硬适度的粉团。
3. 将粉团装入刷上油的蒸盒内压平整，然后入蒸笼旺火蒸约 40 分钟至熟取出，晾凉。
4. 将凉透的果仁米糕切成适当大小的糕片坯。
5. 平底锅置中小火上，放油烧热，分别放入糕片坯，煎至两面金黄、皮酥，即可起锅食用。

[大师诀窍]

1. 和粉团时，水不要一次全加入，先加 2/3，在揉制过程中一点一点加水至软硬适度。
2. 核桃仁一定要去皮、洗干净。
3. 干籼米粉用量不能过多，也可选用面粉代替干籼米粉。
4. 煎制时火候应掌握好。

44

糯米凉糕

风味·特点 | 透明凉爽，糯软香甜可口

原料：（5 人份）

糯米 350 克，冰糖 100 克（白糖也可），清水 100 克，蜜冬瓜条 25 克，橘饼 25 克，白葡萄干 25 克，糖渍红樱桃 25 克

做法：

1. 糯米淘洗净，泡约 50 分钟，上笼蒸约 30 分钟成糯米饭。
2. 将冰糖加清水煮开后，转小火熬制成黏稠的糖浆，挑起时呈粗丝状，放凉备用。
3. 将蜜冬瓜条、糖渍红樱桃、橘饼、葡萄干切细粒，拌入糯米饭中，倒进刷了油的木框内，压紧压平，晾凉后切成 4 毫米厚的片状凉糕，摆盘。
4. 舀做法 2 的糖浆淋在凉糕上即成。

[大师诀窍]

1. 糯米一定要蒸熟，蒸制时中途应洒热水 2 ~ 3 次，确保均匀熟透。
2. 压糕要压紧实，切片时才能避免不成形。
3. 熬糖的火候须掌握好，火力不能过大，以免糖浆焦煳后发苦，且有焦臭味。

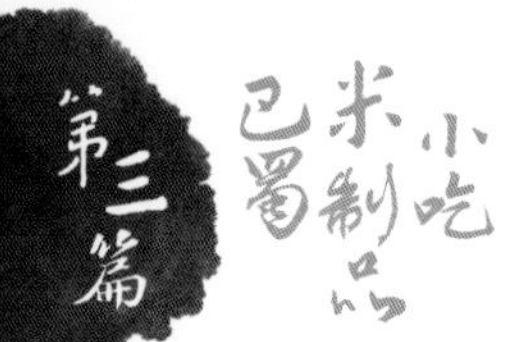

45

米凉糕

风味·特点 | 清凉解暑，细嫩爽口

原料：（20人份）

大米500克，红糖250克，浓度20%清透石灰水200克（见60页），清水2750克，花生碎25克

做法：

1. 将大米淘洗净，用清水浸泡涨。将泡涨大米沥干后加清水2000克磨成米浆。
2. 将清澈石灰水同大米浆混合、搅匀。
3. 锅内放清水500克烧至80℃左右，火力控制在中小火，倒入米浆，边倒边搅动至熟透后，装入盛器内晾凉后成凉米糕。
4. 将红糖切细，放入锅内加清水250克以中火熬至溶化后，转中小火继续熬至黏稠状即成红糖汁，晾凉备用。
5. 食用时将凉米糕用刀划成小块，盛入碗内，淋上红糖汁，撒上花生碎即成。

[大师诀窍]

1. 大米需泡涨至透心，磨出的米浆细滑，成品口感才能细嫩爽口。
2. 磨浆是越细越好，加水要合适，多了成形不好，少了口感发硬。
3. 煮米浆要不断地搅动，避免巴锅、烧焦。
4. 石灰选用白的纯石灰，不要使用使用深色或杂色石灰，除了杂质太多让口感味道都不好之外，还有可能吃到有毒重金属或化学物质。

46

原料：（20人份）

大米500克，清水2600克，红糖100克，浓度12.5%清透石灰水300克（见60页）

做法：

1. 大米淘洗净，用清水浸泡12小时。泡涨后沥干水分，另加清水2500克磨成米浆。
2. 将清透石灰水加入到米浆内搅拌均匀。
3. 将红糖切细，放入锅内加清水100克以中火熬至溶化后，转中小火继续熬至黏稠状即成红糖汁，晾凉备用。
4. 锅置中火上，加清水烧沸，把漏瓢架在锅上，将米浆倒入漏瓢中，使其慢慢地流入沸水中，熟时浮出水面，形状如同小虾。
5. 将熟透的米虾捞出放入凉开水中漂冷，食用时舀适量入小碗中，加入红糖汁即成，也可再加入冰块食用，更加消暑。

[大师诀窍]

1. 米浆要磨细，米浆过干成品形状短圆，太稀成品形状偏长且易断，一般米浆成二流状即可。
2. 石灰水要待沉淀完后，才能取其上面的清石灰水来用。
3. 熬红糖汁须熬至较浓的黏稠度，红糖汁才香。
4. 制米虾时，水量要多，且必须在烧沸后调整火力保持微沸的状态，方可漏入米浆。

冰镇凉虾

风味 · 特点 | 细嫩滑爽，清凉可口

47

成都米凉粉

风味·特点 | 色红亮，咸鲜香辣，味美可口

原料：（30 人份）

大米 1000 克，清水 3000 克，浓度 2% 清透石灰水 130 克（见 60 页），红油辣椒 200 克（见 146 页），白酱油 200 克，红酱油 200 克，醋 100 克，花椒粉 20 克，豆豉酱 200 克（见 147 页），芽菜粒 30 克，蒜泥 20 克，葱花 50 克，芹菜粒 50 克

做法：

1. 大米淘洗净，泡 24 小时，沥干水后另加清水磨成米浆。
2. 锅置旺火上，倒入米浆烧沸，转小火边烧边搅。
3. 当米浆半熟，即挑起时呈浓稠状时，边搅边加入石灰水，加完后继续搅至挑起米浆时呈薄片状流下时，立即改用微火保温。
4. 此时继续搅动 20 ~ 30 分钟再起锅，盛入盆内，晾凉成米凉粉。
5. 将凉粉盆翻扣在案板上，如凉吃，即按定量切成片或条、块盛入碗内，加适量白酱油、红酱油、醋、蒜泥、红油辣椒、花椒粉、芹菜粒、葱花即可。
6. 如热吃，则将凉粉切成约 1.5 厘米见方的块，在沸水锅中煮烫，盛入碗内加入白酱油、红油辣椒、豆豉酱、芽菜粒、芹菜粒、蒜泥即成。

[大师诀窍]

1. 米浆一定要磨细，凉粉口感才细腻爽口。
2. 搅粉时控制好火力，要不断搅动，不能停顿，否则极易煳锅。千万不能煳锅，一煳锅整锅都有焦味，加上散布的焦煳硬块影响口感、外观与滋味。
3. 豆豉酱是热吃米凉粉的必备复制调味料，滋味、特色全靠它，自己制作才能突显差异性。

不论市区或乡坝头都可听到的熟悉声音，叮叮——当，就是穿街走巷的叮叮糖贩子

 48

果酱白蜂糕

风味 · 特点 | 色白松软，果味浓郁，香甜可口

原料：（5 人份）

大米（籼米）750 克，大米饭 150 克，清水 2000 克，老酵浆 75 克，蜂蜜 250 克，草莓果酱 125 克，蜜冬瓜条 50 克，蜜玫瑰 5 克，糖渍红樱桃 50 克，酥核桃仁 50 克，猪板油 50 克，小苏打 15 克

做法：

1. 大米淘洗净，用清水泡约 9 小时，捞起沥干水分，加米饭和匀，加清水磨成米浆。
2. 在米浆内加入老酵浆搅匀后，静置约 2 小时使其充分发酵。
3. 待发酵后放入小苏打、蜂蜜搅匀即成米发浆。
4. 将草莓果酱与蜜玫瑰调匀成玫瑰草莓酱。蜜冬瓜条、核桃仁、糖渍红樱桃、猪板油均切成豌豆大的粒。
5. 蒸笼置火上，笼里放方形木框架，铺上细纱布，水沸后将一半米发浆倒入框内，用旺火蒸约 20 分钟，揭开蒸笼盖，均匀抹上一层玫瑰草莓酱，再轻轻倒入剩余米发浆。
6. 接着均匀地撒上板油粒、瓜条粒、桃仁粒和樱桃粒。再用旺火蒸 20 分钟至熟取出，晾凉后切成菱形块即成。

[大师诀窍]

1. 米一定要泡涨透才能磨浆，要磨细腻才有细致口感。
2. 加入酵母浆一定要等发酵后，才能蒸制；发酵时间应配合环境温度灵活掌握，夏季短一些，冬季长一些。
3. 若米发浆酸味过浓，可适当加大小苏打的用量，以中和其酸度。一般来说，小苏打加少了成品味道带酸，多了成品发黄。
4. 蒸制必须用旺火，中途不可断火，否则夹生或粘牙。

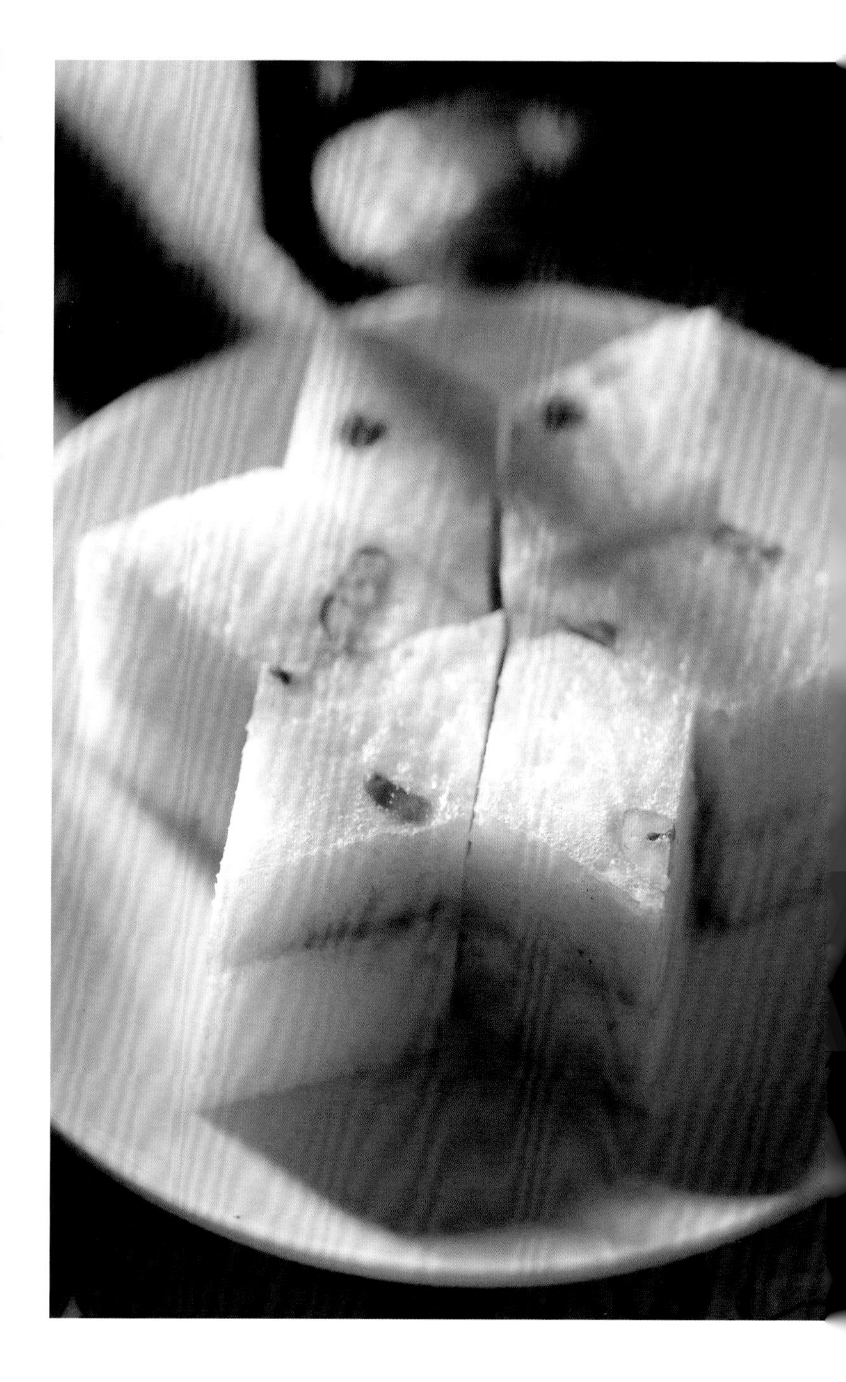

49 老成都梆梆糕

风味·特点 | 色白疏松，软和滋糯，香甜适口

以小摊摊形式遵循古法制作的梆梆糕已经快绝迹了，甜香松糯的滋味值得等待！老成都梆梆糕又名蒸蒸糕

原料：（15 人份）

大米 500 克，糯米 50 克，豆沙 50 克，白糖 50 克，红糖 150 克，化猪油 30 克

做法：

1. 将大米、糯米用清水淘洗净，加清水泡约 60 分钟，然后沥干水分，用石碓窝舂成细粉，也可用机器磨制。
2. 取净锅，倒入磨好的粉，用小火将粉炒至半熟，过筛放凉即成糕粉。
3. 把豆沙、红糖、化猪油下入锅内，用小火炒成豆沙馅。
4. 将白糖和 650 克做法 2 糕粉拌匀成糖米粉。
5. 用特制铜罐置旺火上，加清水烧沸，在铜罐顶部每个气眼上垫一个用白布叠成、中间挖空的圆垫，然后再将木制模具及上盖放置在铜罐气眼上。
6. 待冒出蒸汽后，取下模具，舀入糕粉（约占模具的一半），再加馅心。上面再用糕粉填满模具，最后在面上撒一层糖粉，盖上盖子，放在铜罐上蒸约 3 分钟至熟，取下盖子，放在木板上，使用盖子上部的凸出部位顶出糕体，盛入盘内即成。

[大师诀窍]

1. 泡米的时间不能太长，磨粉及炒制过程会变糊。
2. 炒粉不可炒得过熟或太生。一定要成半熟状，成品口感才滋润有层次。
3. 炒豆沙馅的火力过大容易焦煳而不香，应以小火耐心炒制。
4. 蒸糕的时间不能太长，掌握好蒸制时间，成品才能形整而入口松软带糯。

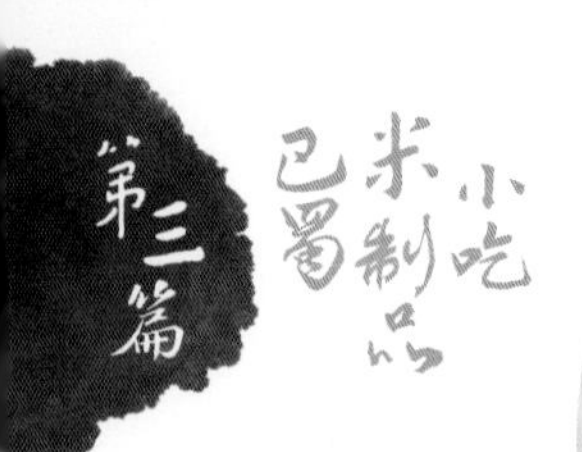

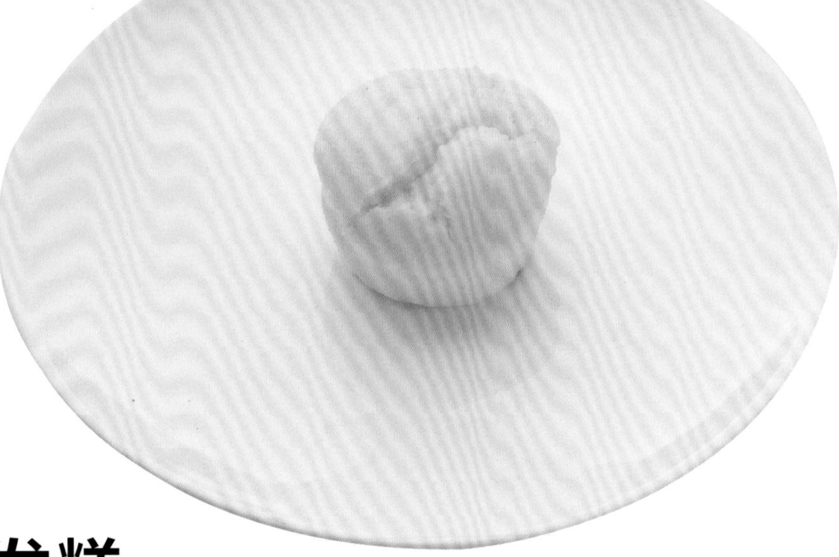

50

白糖发糕

风味 · 特点 |

色泽白净，质地细嫩，松泡滋润，香甜可口

原料：（20 人份）

大米 1350 克，老酵米发浆 150 克（见 56 页），清水 1200 克，白糖 500 克，化猪油 50 克，小苏打 3 克

做法：

1. 大米淘洗净，取 350 克下入沸水中煮约 5 分钟后捞起沥水成夹生米饭，备用。另 1000 克用清水浸泡涨。
2. 将泡涨的大米沥水，再加入夹生米饭和匀，加清水 1200 克磨成米浆。
3. 在磨好的米浆中加入老酵米浆搅匀成发浆，静置约 2 小时，发酵充足后加白糖、化猪油调和均匀。
4. 小苏打分 3 ~ 4 次加入搅匀，每加一次就确认一下酸味，当酸味不明显就不要再加，此时的酸碱度刚好，待用。
5. 蒸笼内摆上特制的竹圆圈或其他材质的圆圈模子（直径约 6.5 厘米），铺上细湿纱布在每个竹圆圈内，将米浆舀入竹圈内，不要超过七分满，用沸水旺火蒸约 8 分钟至熟，趁热从竹圈内倒出白糕即成。

[大师诀窍]

1. 大米要浸泡 12 小时以上为宜，中途最少换水一次。
2. 掌握好发浆的浓稠度，适当的稠度应是挑起时呈滑稠状，过稀成品烂软不成形，太干成品质地偏硬，口感发干。
3. 掌握好小苏打的使用量，酸碱度刚好的状态应没什么酸味，多了成品会发黄。
4. 蒸熟后的白糕若等凉了才取出竹圈，纱布会粘在白糕上，破坏白糕外形。

51

双色发糕

风味 · 特点 |

双色分明，松泡绵韧，香甜可口

原料：（20 人份）

籼米 1000 克，籼米饭 250 克，老酵浆 100 克（见 56 页），清水 1000 克，白糖 750 克，小苏打 8 克，食用红色素少许

做法：

1. 米淘洗净，用清水浸泡涨后，沥干水分与大米饭和匀，加清水磨成米浆。

2. 于米浆中加入老酵浆搅匀，静置约 2 小时至发酵足够后，加小苏打、白糖和匀即成发浆。
3. 蒸笼内放入大方木框，铺上湿纱布，将发浆倒入 4/5，加盖先蒸约 25 分钟。
4. 余下的发浆加食用红色素调匀，搅成粉红色发浆，倒入木框中已蒸定形的米糕上面，加盖继续蒸约 8 分钟至熟透。出笼晾凉切成方形块或菱形块即成。

[大师诀窍]

1. 米要浸泡 12 小时以上，冬天要 24 小时以上，中途换水 2～3 次。
2. 磨浆时加的清水不可过多，水量应分次加入，恰好的米浆浓度挑起时呈稠状。
3. 发酵充分的发浆应呈糊状，浓稠度会影响成品的外观是否松泡及口感的好坏。
4. 小苏打用量应掌握准确，过少成品发酸、松泡度不足，过多则会有苦涩味，也可能膨胀过度。
5. 蒸制时全程用旺火，中途不能断气、断火才不会粘牙。

52

五仁青苹果

风味 · 特点 | 造型美观逼真，馅酥皮软糯，香甜爽口

原料：（10 人份）

大米吊浆粉 500 克（见 52 页），菠菜汁 75 克（见 146 页），五仁甜馅 400 克（见 58 页），化猪油 15 克，白糖 20 克，糖渍红樱桃蒂头 20 只，香油 2 克

做法：

1. 大米吊浆粉加入菠菜汁揉成淡绿色粉团，入蒸笼以旺火蒸 8 分钟至熟。
2. 将蒸熟粉团取出，加入化猪油、白糖揉和成滋润的粉团，分成 20 个剂子。
3. 五仁甜馅分成 20 个小剂并搓成圆球形。
4. 取绿色粉团剂子分别包入馅心，搓捏成苹果形状，插上糖渍红樱桃蒂头，入笼以旺火蒸约 2 分钟至熟即取出，刷上香油即成。

[大师诀窍]

1. 吊浆粉要吊干一点，当加入菠菜汁后仍偏硬，可以加水调整，过软就不好调整。
2. 需用旺火将粉团蒸制熟透，并趁热加入适量的化猪油、白糖揉匀，成品质感应是光亮、滋润不粘手。
3. 包捏的收口应向下，捏紧，确保美观及避免漏馅。

53

熊猫粑

风味·特点 | 成形美观逼真，营养丰富，具四川特色

原料：（15 人份）

干糯米粉 200 克，澄粉 50 克，牛奶 100 克，清水 200 克，椭圆巧克力片 100 克，土豆泥 400 克，熟咸鸭蛋黄 100 克，川盐 2 克，白糖 2 克

做法：

1. 先将糯米粉、澄粉放盆内加入牛奶、清水调成浓浆状，倒入方盘后上蒸笼旺火蒸约 5 分钟至熟，晾凉。
2. 将蒸熟晾凉的牛奶粉皮搓条，扯成 15 个剂子，擀制成圆皮待用。
3. 把咸鸭蛋黄压成蓉，与土豆泥、川盐、白糖搅和均匀成土豆泥馅料，待用。
4. 把制好的皮，包上土豆泥馅料，收口成圆形，再插上椭圆巧克力片当耳朵，用土豆泥粘上椭圆巧克力片做成眼睛、嘴即成。

[大师诀窍]

1. 牛奶粉皮必须蒸熟不能有夹生，搓条时要搓至紧实才便于擀制。
2. 擀皮厚薄要均匀，包捏成形要浑圆光滑，不可有凸凹状，才能体现熊猫的讨喜形象。
3. 巧克力要安插在相应的位置，眼睛须呈八字形。

54

玫瑰红柿

风味 · 特点 | 色泽金红，软糯香甜，造型逼真

原料：（5 人份）

大米吊浆粉 250 克（见 52 页），熟鸭蛋黄 5 个约 150 克、胡萝卜 250 克，可可粉 2 克，核桃仁 50 克，蜜冬瓜条 50 克，蜜玫瑰 50 克，化猪油 50 克，白糖 50 克，熟面粉 25 克（见 59 页），香油 2 克

做法：

1. 将胡萝卜洗净，用榨汁机取汁后，将胡萝卜汁 150 克与大米吊浆粉和匀，入笼旺火蒸约 8 分钟成为熟粉团。
2. 核桃仁去皮炸酥，剁成小颗粒；蜜冬瓜条切粒后同核桃粒、蜜玫瑰、白糖、化猪油、熟面粉一并揉和成甜馅，分成小圆球馅心 20 个。
3. 取 35 克粉团加入可可粉成咖啡色粉团。其余粉团加入熟鸭蛋黄揉成金红色粉团。
4. 将金红色粉团分成均匀的小剂子 20 个，按扁再包入馅心，捏成柿子形状，用咖啡色粉团做成柿蒂，插在柿子中间部位，上笼中火蒸约 2 分钟至热透，刷上香油即成。

[大师诀窍]

1. 大米吊浆粉要吊干一点，萝卜汁要榨浓一些为宜，若不够滋润再加水调整。
2. 蒸成熟粉团后要趁热加入熟鸭蛋黄，一定要揉和均匀，达到滋润不粘手的状态。
3. 包馅后，收口一定要捏紧，并将封口朝下放置，确保美观及避免漏馅。
4. 蒸柿子坯时火候不宜太大，否则容易走样，时间也不可过久，皮会太软。

55

八宝寿桃

风味 · 特点 |

形态逼真，美观大方，皮软糯，馅香甜微咸

原料：（10 人份）

大米吊浆粉 400 克（见 52 页），清水 35 克，八宝甜馅 300 克（见 59 页），菠菜汁 35 克（见 146 页），红曲汁 50 克，香油 2 克

做法：

1. 取大米吊浆粉约 225 克加清水揉匀即成白色粉团，取约 75 克白色粉团加入菠菜汁揉匀上色，成绿色粉团；再取约 100 克白色粉团加入红曲汁揉匀上色，成红色粉团。
2. 把白色、绿色、红色粉团一起入蒸笼旺火蒸约 8 分钟至熟取出，再取出分别揉擂成三种颜色的滋润粉团，将白色粉团分成 20 个剂子。
3. 八宝甜馅分成 20 个小剂，搓成小圆球状，备用。
4. 取一白色粉团按扁，放入一小块红色粉团在中央，再放上馅心，将压扁的绿色粉剂盖在馅心上，再收口整形、捏成桃子形状。用木梳压上纹路。
5. 其他粉剂子，分别按此法制作成仙桃和桃叶并组合后放入蒸笼，上笼旺火蒸约 2 分钟至熟，刷油装盘即成。

[大师诀窍]

1. 粉团的色泽一定要掌握好尺度，用色要自然。
2. 红色粉团压入白色粉团中揉制，较好做出自然协调的色调，红色粉团也需揉制在桃尖部位才自然。若采红粉团包白粉团的做法，两色无法相融合色泽太生硬。
3. 收口一定要捏紧收牢，封口朝下，确保美观及避免漏馅。

海参玉芙蓉

风味 · 特点 |

外形美观别致，皮软馅鲜香、微辣

原料：（5 人份）

大米吊浆粉 400 克（见 52 页），清水 20 克，水发海参 200 克，猪五花肉 100 克，细葱花 25 克，冬笋 30 克，化猪油 75 克，郫县豆瓣 20 克，绍兴酒 2 克，酱油 10 克，川盐 2 克，水淀粉 15 克，鲜汤 450 克（见 149 页），食用红色素及食用黄色素少许

做法：

1. 水发海参切成小颗粒，加入热鲜汤 200 克，小火煨 5 分钟；猪五花肉剁碎；郫县豆瓣剁细；冬笋切成小颗粒。
2. 锅内下化猪油，再下肉末用中小火煵炒散籽，放入郫县豆瓣炒出红色，加入鲜汤 250 克，下海参、冬笋、绍兴酒、酱油、川盐，转小火烧约 1 分钟至入味。
3. 入味后，下细葱花，勾水淀粉收浓芡汁成海参馅。放凉备用。
4. 大米吊浆粉分次加入清水揉和成团，入锅内煮熟后捞出，揉擂成黏性适度、软硬一致的熟粉团。
5. 将粉团分成 21 个小剂，取一小剂粉团，1/3 揉入食用红色素成粉红色，2/3 揉入食用黄色素成黄色粉团。
6. 将粉团剂子按扁，包入馅心，封口捏牢向下按成圆饼形，在圆饼周边用手捏 5 ～ 6 个花瓣形，用木梳压上花纹，中间嵌上红、黄两色粉团做的花蕊。全部做好后，入笼大火蒸约 2 分钟即成。

[大师诀窍]

1. 海参务必用水涨发透。
2. 郫县豆瓣炒香后，加汤烧制时，火候不可过大。
3. 馅汁必须收浓稠，进冰箱冷藏 2 ～ 3 小时后更便于操作，绝对不能热时包制，会破裂。
4. 包捏时必须将口封严，避免漏馅漏汁。
5. 不方便自制大米吊浆粉时，可用市售的干籼米粉或粳米粉加水揉成的粉团替代。
6. 大米吊浆粉经典比例：8 份籼米加 2 份圆糯米。

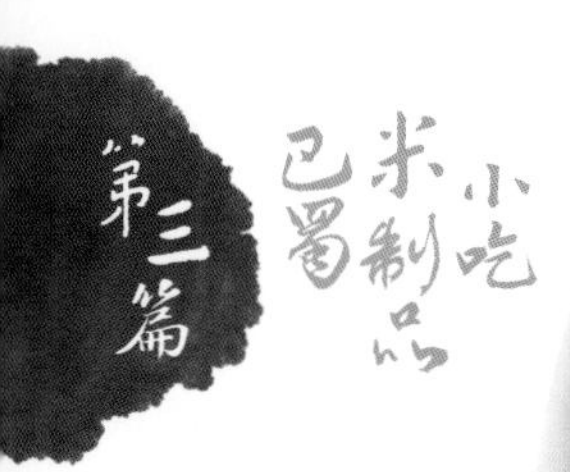

57

梅花大米饼

风味 · 特点 | 造型美观，软糯香甜，别具一格

原料：（10 人份）

大米吊浆粉 400 克（见 52 页），清水 30 克，熟咸鸭蛋黄 150 克，白糖 150 克，红樱桃 10 颗，化猪油 50 克

做法：

1. 将大米吊浆粉加清水揉匀，上蒸笼以旺火蒸制约 8 分钟至熟。
2. 取出蒸熟的粉团，在抹了油的案板上揉擂成光滑的粉团，搓条后分成大小均匀的剂子 20 个。
3. 咸鸭蛋黄压成蓉，加入白糖、化猪油揉匀成蛋黄馅，分成大小适当的小剂 20 个。
4. 将粉团剂子按扁，分别包入蛋黄馅心，用专用梅花钳夹出花瓣成梅花饼生坯，一一放入蒸笼，以旺火蒸约 2 分钟，蒸热即可取出。
5. 在每个蒸热的梅花饼中间嵌上半边红樱桃即成。

[大师诀窍]

1. 蒸大米吊浆粉要用旺火蒸熟，不可夹生，发现夹生再回蒸，容易粘牙。
2. 揉粉团必须趁热揉制，才好揉制。油不能抹得太多，不好包制也发腻。
3. 梅花形花瓣大小要匀称、一致，才能美观。

水晶玉鸟

风味 · 特点 |

造型生动，色白如玉，香甜可口

原料：（ 10 人份）

大米吊浆粉 250 克（见 52 页），清水 10 克，蜜冬瓜糖 50 克，熟白芝麻粉 35 克，化猪油 25 克，红曲汁少许，黑芝麻 20 粒，香油 2 克

做法：

1. 蜜冬瓜糖切成小粒，同熟白芝麻粉、化猪油揉匀成馅料，分别搓成 10 个大小均匀的圆球。
2. 大米吊浆粉分次加清水揉匀，入笼蒸约 8 分钟至熟后揉成滋润的粉团，取 30 克粉团揉入红曲汁成红色粉团，备用。
3. 将滋润粉团分成 10 个剂子包入馅料，捏整成小鸟形状，用黑芝麻按成眼睛，取适量红色粉团点缀成小鸟嘴尖，即成水晶玉鸟生坯。
4. 将生坯入蒸笼，刷上香油，大火蒸约 2 分钟即可出笼装盘。

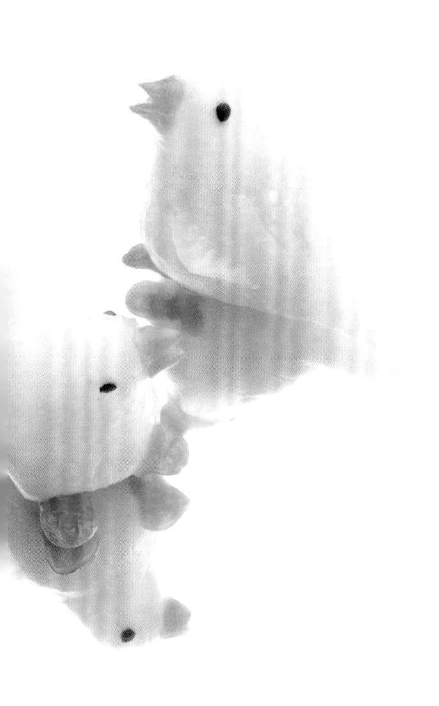

[大师诀窍]

1. 粉团要趁热揉匀，可酌情加点猪油，质感更加细致滋润。
2. 不可久蒸，以免外皮过于烂软而变形。
3. 如选用咸味馅料，必须凉透后再用手捏成小圆球，接着放入冰箱冷藏至充分凝结，才便于包制。
4. 此小吃吊浆粉经典比例：8 份籼米、2 份圆糯米。

59

碧波天鹅

风味 · 特点 | 生动活泼，造型美观，甜糯可口

原料：（10 人份）

大米吊浆粉 400 克（见 52 页），清水 30 克，莲蓉馅 200 克（见 58 页），红心鸭蛋黄 1 个，琼脂（洋菜）25 克，黄瓜汁 400 克，黑芝麻 20 粒

做法：

1. 大米吊浆粉分次加入清水揉和至滋润光滑，入笼以旺火蒸约 10 分钟至熟。取出后趁热揉擂成滋润熟粉团。
2. 取约 30 克揉好的熟粉团，揉进红心鸭蛋黄，成金黄色熟粉团。
3. 将莲蓉馅分成 10 个小剂，分别搓成圆球，备用。
4. 将熟粉团分成 10 个小剂子，分别包入莲蓉馅心，再揉捏塑成小白鹅；取一小块金黄色粉团，捏塑成鹅嘴、脚部，再用黑芝麻按成眼睛，即成。照此方法逐个制作而成。
5. 琼脂洗净，加黄瓜汁熬制成绿色汁液，灌入盘内待其凝结成冻后，分别将白鹅摆放在绿色菜汁冻上即成。

[大师诀窍]

1. 白鹅的捏制要注意掌握各种姿态，鹅颈要有不同方向的变化。
2. 清波玉鹅若要热食，上笼以中火蒸 1 ~ 2 分钟，热透即可，不能久蒸。

大米雏鸡

风味·特点 | 形态生动，甜香软糯

原料：（10 人份）

大米吊浆粉 350 克（见 52 页），清水 20 克，熟鸭蛋黄 100 克，橘饼 150 克，冰糖 50 克，白糖 100 克，熟面粉 50 克（见 59 页），化猪油 150 克，黑芝麻 20 粒，香油 2 克

做法：

1. 将橘饼切成细粒，冰糖压碎成细末，加入白糖、熟面粉、化猪油拌匀成冰橘馅心。分成 10 小块，分别搓成小圆球形馅心。
2. 将大米吊浆粉团加清水揉匀，入笼以旺火蒸制约 8 分钟至熟，趁热揉擂成熟粉团。
3. 熟粉团中加入熟鸭蛋黄，揉匀成淡黄色粉团，分成 10 个小剂，分别包入馅心，捏制成小鸡形状，用黑芝麻按成眼睛，上笼蒸约 2 分钟至热透，取出后刷上香油即成。

[大师诀窍]

1. 冰糖要研成细粒，不能过大，确保口感有层次但不顶牙。
2. 拌馅要拌和均匀，必须要将馅搓成圆形才便于包捏收口。
3. 粉团中加入蛋黄后，一定要揉擂均匀，风味、颜色才能确保均匀。

61

蝴蝶米饺

风味·特点 |

形如蝴蝶，做工精细，皮软糯，馅香甜

原料：（10 人份）

大米吊浆粉 500 克（见 52 页），蜜红枣 250 克，化猪油 50 克，蜜冬瓜条 25 克，熟花生仁 50 克，白糖 50 克，鸡皮丝、胡萝卜丝、黄瓜皮丝、黑芝麻各适量

做法：

1. 将蜜红枣去核后剁成细蓉，蜜冬瓜条切成细颗粒，熟花生仁去外皮后压碎，加入白糖、化猪油揉制成馅心，并分成 20 小团。
2. 大米吊浆粉剥成小块状，入笼蒸约 8 分钟至熟，取出加水揉成滋润米粉团，搓成粗条后扯成 20 个小剂子，分别擀成圆皮。
3. 取圆皮，放上馅心，将圆皮对叠成半圆形，用面点梳挤压成蝴蝶形坯，再用鸡皮丝、胡萝卜丝、黄瓜皮丝做成花纹和触须，黑芝麻嵌作眼睛，一一入笼码齐，大火蒸约 2 分钟即成。

[大师诀窍]

1. 蜜红枣须剁成蓉泥状，馅料口感才细腻。
2. 化猪油虽可让馅料更滑口滋润，但不可加得过多，多了就发腻。
3. 米粉团蒸熟后，一定要揉均匀，揉至不粘手和案板。
4. 皮、馅都是熟的，因此蒸制时间不宜过长，以免造成外皮过于软烂而影响形状。
5. 此小吃吊浆粉经典比例：7 份籼米、3 份圆糯米。

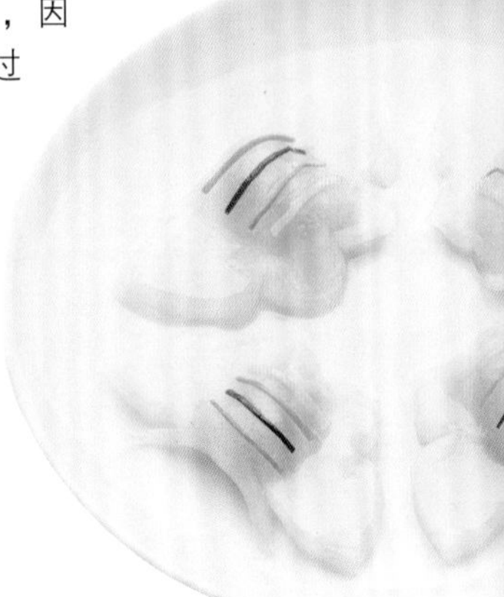

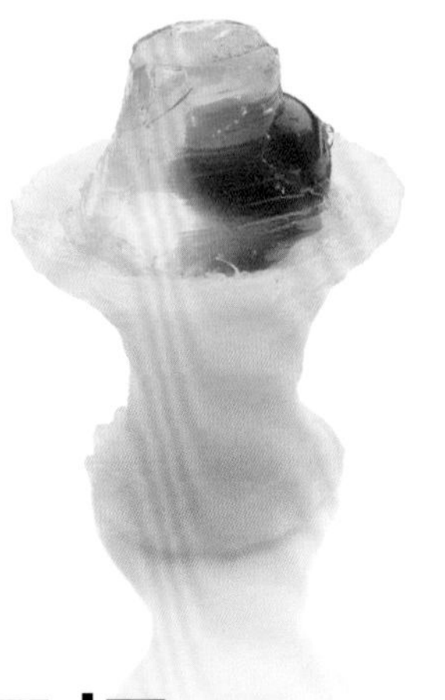

62

龙眼玉杯

风味·特点 | 造型美观别致，色彩分明，软糯凉爽

原料：（10 人份）

大米吊浆粉 400 克（见 52 页），琼脂 15 克（洋菜），明胶粉（吉利丁粉）5 克，清水 400 克，白糖 100 克，糖渍红樱桃 20 颗，小酒杯 20 只

做法：

1. 樱桃逐一放入小酒杯中。琼脂、明胶粉放入锅中加清水 300 克浸泡至软透后入笼蒸化，加白糖 60 克调匀，平均倒入装有糖渍红樱桃的酒杯内，冻成龙眼果冻。
2. 锅内下清水 100 克烧开，化入白糖 40 克成糖水，晾凉备用。
3. 大米吊浆粉剥成小块入笼蒸制约 8 分钟至成熟，趁热揉擂成滋润、软硬适度的熟粉团。
4. 将熟粉团分成重 20 克的小剂子 20 个，用手捏制成高脚杯形，锁好花边即成玉杯。
5. 将龙眼果冻轻轻扣入玉杯内，灌入做法 2 的糖水即成。

[大师诀窍]

1. 掌握好琼脂、明胶粉和水的比例，这直接影响果冻的老嫩程度，太老口感差，过嫩易碎。
2. 制作龙眼果冻的酒杯大小应考量捏制的粉团玉杯大小，互相配合。
3. 该小吃属凉食小吃，切勿再蒸制，否则果冻会化掉。
4. 此小吃吊浆粉团的经典比例：2 份长糯米、8 份籼米。

63

鱼香白兔饺

风味·特点 |

造型美观生动，质地软糯，馅鲜香浓郁

原料：（10 人份）

大米吊浆粉 400 克（见 52 页），清水 20 克，去皮猪肥瘦肉 250 克，冬笋 50 克，姜末 15 克，蒜末 25 克，葱末 20 克，白糖 35 克，酱油 15 克，醋 30 克，川盐 2 克，泡辣椒末 35 克，水淀粉 20 克，鲜汤 25 克（见 149 页），料酒 10 克，化猪油 100 克，红曲汁 2 克，熟黑芝麻粒 40 粒

做法：

1. 将去皮猪肥瘦肉、冬笋切成绿豆大的粒。
2. 将猪肉粒码上料酒、酱油、川盐；取一小碗把水淀粉、鲜汤、白糖、醋、酱油兑成滋汁。
3. 化猪油入锅用中火烧热，下码好味的猪肉粒炒散籽，放泡辣椒末、冬笋粒炒上色，加入姜蒜末炒香，烹入滋汁，撒上葱末拌匀晾凉即成馅心。
4. 大米吊浆粉加清水揉匀，上笼蒸约 8 分钟至熟取出，趁热揉擂成团，取 10 克粉团加红曲汁揉成粉红色粉团，其他粉团分成大小均匀的剂子 20 个，擀成圆皮，舀入馅心包捏成兔子形状，将粉红粉团分成 40 小粒，搓圆压扁，中间压上一黑芝麻，点缀成兔眼，上笼以大火蒸 2 分钟至热透，即可取出装盘。

 64

翡翠虾仁玉杯

风味 · 特点 | 造型美观，绿白相衬，馅鲜嫩爽口，别具一格

原料：（10 人份）

大米吊浆粉 400 克（见 52 页），鲜河虾仁 150 克，鲜豌豆 200 克，蛋清淀粉糊 35 克（见 60 页），化猪油 100 克，川盐 2 克，料酒 5 克，胡椒粉 2 克，鲜汤 150 克（见 149 页），水淀粉 50 克（见 59 页）

做法：

1. 河虾仁洗净，用刀从其背部划一刀，去掉虾线，用料酒、胡椒粉、蛋清淀粉糊码匀，入四成热的化猪油锅以中小火滑炒熟后捞出。
2. 锅内留余油，下入鲜豌豆，加入鲜汤、川盐，倒入做法 1 河虾仁烧热，勾入水淀粉成浓芡状，待用。
3. 大米吊浆粉入笼蒸约 8 分钟至熟，揉擂成团，分成 20 个剂子，将剂子分别捏成高脚杯形状，上下边缘用手锁上花边，然后装入馅心，入笼蒸约 2 分钟至热透即成。

[大师诀窍]

1. 必须选用剥去皮的鲜豌豆，鲜蚕豆米也可以。
2. 炒馅时，注意滑炒虾仁的油温不能过高。
3. 捏制时，要掌握杯的形状应大小一致，造型要稳。
4. 不能蒸制过久，避免玉杯过软而垮塌，也避免馅料的虾仁过老、豌豆仁颜色不鲜绿。
5. 此小吃吊浆粉经典比例：2 份长糯米，8 份籼米。

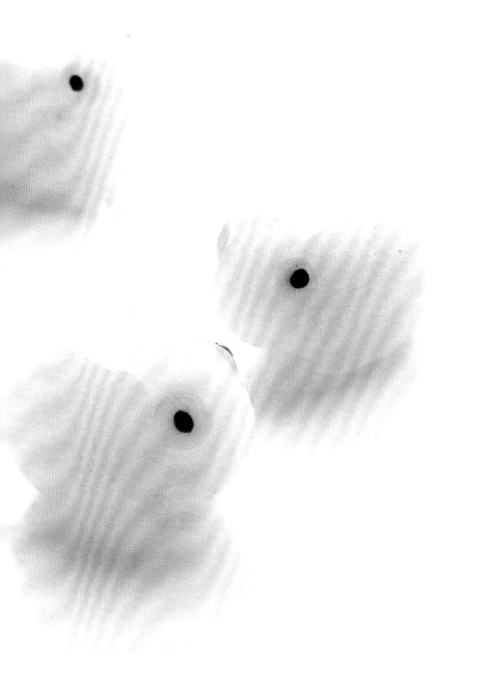

[大师诀窍]

1. 馅料不可切得太大而影响包制与口感。兑滋汁时味不能过咸，确保爽口。
2. 炒肉馅的火候应掌握好，不能用猛火炒制。成品芡汁应略浓而少。
3. 此馅必须要晾凉透后才能包制，可进冰箱冷藏使其凝结，更好包制。
4. 包捏时应注意饺皮边不能沾油汁，封口才能紧实。

第四篇

天府面制的小吃

川味面点小吃制作技术（俗称白案技术）主要包括和面、揉面、搓条、下剂、制皮和包馅六道操作过程（也称工艺流程），通过和面和揉面工序，就可制作出各种类型、均匀柔软、光滑、滋润适度的面团，再经过搓条、下剂、制皮、包馅的工序，加上制熟的工艺，就可完成一道道美味的面点、小吃。

第一章

认识面粉与常用原材料

面粉可说是多数地区制作小吃最主要的原料，四川也不例外，面粉制品小吃在川味小吃所有种类中占绝大多数。因为面粉的质地会因麦子品种加工方式而有差异，这差异对各种小吃的成品效果有较大的影响。因此，选择和了解面粉的质地，可说是学做小吃的重要基础，进而根据所制作小吃的不同要求，选择适当的面粉种类，才能保证小吃的风味品质。

一、关于面粉

面粉在传统上分特制粉和标准粉、普通粉三种，而因应西式点心的普及化，面粉的分类也开始多元化，但主要的分类指标还是筋性，其次才是加工精致度的差异，因此特制粉相当于高筋面粉，标准粉相当于中筋面粉，普通粉相当于低筋面粉，彼此之间可以互相替代使用。

由左至右，高筋面粉、中筋面粉、低筋面粉、澄粉

同类面粉中，小麦品种不同及生长地区的气候条件、光照长短、土壤性质、栽培方法等不同，直接影响到面粉的面筋含量。总的来说，北方小麦含蛋白质多（麦胶蛋白和麦麸蛋白），筋力强；而南方小麦含淀粉质多，筋力较弱。四川小麦就属后一种。

特制粉：特制粉颜色白皙，质感细滑，面筋含量较高，麦麸含量少，粉体本身吸水量较大、筋力强。一般用于制作色泽要求高、发酵力强、口感筋道或较精细的小吃。俗称富强粉，简称特粉，相当于高筋面粉，又称面包粉。因筋性强，多用来做面包、面条等。

标准粉：标准粉颜色白中带微黄，颗粒细而不滑，面筋质含量低于特制粉，麦麸含量较多，筋力中等，多用于普通大众面点小吃。相当于中筋面粉。通常用来做馒头、包子、面条、点心等。

普通粉：色泽灰白，手感不细滑，筋力低，粗纤维、植酸和灰分含量较多。相当于低筋面粉。通常用来做口感酥松的点心，西式点心如蛋糕、饼干等也是用这种粉，因此又被称作蛋糕粉。

澄粉：又称无筋面粉、澄面，面粉的一种。澄粉主要用于广式点心，近年逐渐为四川小吃广泛使用。澄粉是将面粉加清水成粉浆经加工去除面筋后，让淀粉浆沉淀，滤去水分，再将沉淀的粉质烘干、研细，筛去杂质便成了澄粉。用澄粉制作的面团（必须用沸水烫制而成）白净纯滑，透明度较高，可塑性较强，特别适合制作各种象形点心及筵席高级点心。

二、常用原材料

油：在四川小吃中常用的油有菜籽油、化猪油与精炼油，一般来说有明确的分工，化猪油用于成品起酥、增香，馅心的增香、滋润，成品用低油温化猪油炸制可获得极为洁净的色泽。菜籽油用于多数成品的炸制，特点是成品会染上菜籽油的颜色而呈金黄，并增添浓郁的菜籽油香。而精炼油，在四川泛指经过去色除味的植物油脂，最常见的就是色拉油，多用于炸制成熟，特点是不带其他杂味，对于要本味的小吃品种是必要的。

糖：在四川面点中，常用的有白糖、红糖与冰糖。白糖甜香味足，应用范围广，从制面团到馅心、沾裹都能用。红糖甜度相对低一些，但本身的甜香风味浓郁而鲜明，虽属调味原料，但更接近风味食材，多能独立使用，自成一格。冰糖是经过再结晶的糖，甜香味特色属于醇厚风格，用来制作馅心或调味可得到相对不腻的甜香味，此外因为结晶颗粒一般较粗，加工成适当粗细就能为馅心带来额外的甜脆口感。

醪糟：醪糟本身味道很甜，含有一定浓度的酒精，以及大量的活性酵母菌，因此在面点中多利用醪糟所含的活性酵母菌制作老酵面，加上本身具有浓郁风味，能使发面团的风味更加丰富。但一般只使用醪糟汁，里面的酒米不用。

酵母粉：酵母粉普遍呈棕黄色粉状，一般都可以直接混合在面粉中，加水揉团后进行发酵。若用水搅匀后，静放数分钟，待水面有往外冒的气泡时，再加入面粉揉团，可促进面团的发酵，增加松软度。

因此一般情况下酵母粉加入面粉前，建议用酵母的4～5倍水量，水温41～43℃，来溶解酵母粉，放置5～10分钟后，酵母菌就能恢复原来状态的活力，确保发酵效果稳定。而酵母粉制成的发面，在正常的发酵状态下不需要另外放碱。

川点中也用酵母粉来搭配醪糟制作发面用的老酵面，所需的制作时间相对较短，也较稳定。

泡打粉：泡打粉的成分是由小苏打、酸性物质及所谓的干性介质组合而成，其中干性介质的使用日的是让泡打粉维持丁燥。因本身同时含有酸、碱成分，条件适当时就能自行产生化学反应、产生气体而使面团膨胀。在川点中，若是使用酵母粉发面，一般要加些泡打粉来作为辅助的膨松剂。

扑粉：扑粉并非特指哪一种面粉，而是指在面点的制作过程中，为了避免面团在揉擂擀制、堆叠时粘黏而扑撒在面剂上的粉。一般来说，扑粉用的面粉与制作面

团用的面粉是一样的，但制作一些特定品种面点时，因工艺上的需求而使用如淀粉、土豆粉、玉米淀粉等不同性质的淀粉，川点中称这类淀粉为细淀粉。

建议将扑粉装在适当大小的棉布袋中，使用上更方便、更均匀。

小苏打：小苏打(baking soda)也称为食用碱，多为粉状，在川点中多用于中和老酵面发制面团中的多余酸性，此工艺称之为扎碱。碱的用量要适当，过少则面死萎缩且发酸，过多会开花且颜色发黄。

呈弱碱性的小苏打，扎碱时用量的些微误差一般不会对成品产生大的影响，经过加热后又能释放气体，有利于发酵面团成品的效果，因此在使用发面的面点中使用较多。

小苏打还有一个作用就是对多数食材有酥松组织的效果，因此在制作豆类制品时，常会加少许以加速松软，但会破坏食材中的部分营养素，不可多用。

食用碱粉：食用碱粉多用于制作面条，可收敛面筋组织，让成品具有良好的弹性、韧性和爽滑感，下水煮时不易浑汤。另一方面，食用碱粉还会使面条呈淡淡的粉黄色，可算是增加卖相，但碱粉会破坏面粉中的部分营养素，要避免使用过量。食用碱粉也可以用于发面扎碱，但因属强碱性，微小的用量差异就可能造成扎碱失败，因此一般制作量不是很大时，较少使用。

第二章

面点基本工艺与操作

川味面点小吃制作技术（俗称白案技术）主要包括和面、揉面、搓条、下剂、制皮和包馅六道操作过程（也称工艺流程），通过和面和揉面工序，就可制作出各种类型、均匀柔软、光滑、滋润适度的面团，再经过搓条、下剂、制皮、包馅的工序，就可完成制品成形的工艺流程。每一道工序的操作方法，必须要均匀，其手法（俗称手风）要干净、利索，不拖泥带水。

一、和面

和面是面点小吃制作的第一个环节，也是非常重要的一道工序。和面的好坏，会直接影响产品的品质。和面是将面粉与水（不同温度）或蛋、油、糖等和在一起成适宜的面团。

抄拌法：把面粉倒入盆内（或者案板上），中间刨一个凹洞（窝），将水（或蛋、油、菜汁等）倒入窝内双手从外向内，由下向上慢慢抄拌，抄拌时用力要均匀，手尽量不沾水，以面粉来推水，使面粉与水结合后，用双手抄拌，直至揉成面团状。

调和法：这种手法与抄拌法相似，把面粉置于案板上，将面

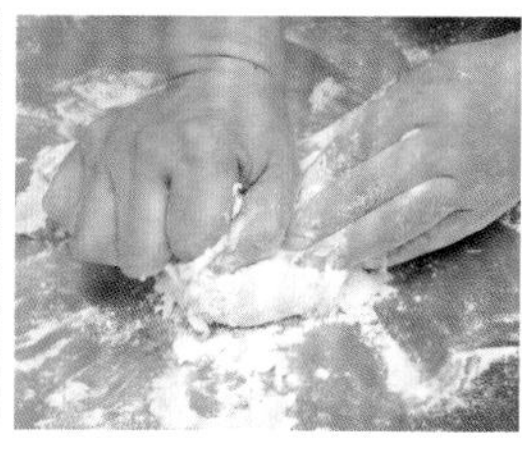

粉中间刨一个窝，加入水后（或油、蛋）用双手五指伸开，从外向内慢慢进行调和，待面粉粘连成片状后，再加水直至合适后揉成面团。这种方法主要是在案板上和面，多用于子面、三生面、油水面和油酥面的调制。

搅和法：将面粉倒入盆内（或锅内），左手加水，右手持小面杖搅和，边加水边搅和，搅匀成团。此方法适合川味小吃中烫面、三生面和蛋液面团的调制。

二、揉面

揉面是面点小吃制作的第二道工序，是将和好的面团，进一步通过揉面，使面团中淀粉膨胀糊化，蛋白质接触水分，产生弹性，形成面筋的一个主要环节。揉面很讲究手法，身体不靠住案板，两脚要自然分开，双手用力揉面时，案板不能摇动，粉团不能落地，双手推开、卷拢，五指并用，用力均匀，手腕着力。揉至面团三光（面团光亮、手光、案板光）即可。

揉面也有四种手法：根据不同面性制品要求，采用捣、揣、摔、擦等四种常用手法。通过这些手法才能使面团增劲、柔润、光滑或酥软。

捣：俗话说要使面团好，拳头捣千次，捣是双手握紧拳头，用力由上向下捣压面团，反复多次捣压，主要用于手工面的制作手法，如擀制青菠面、手工抄手皮、金丝面等。

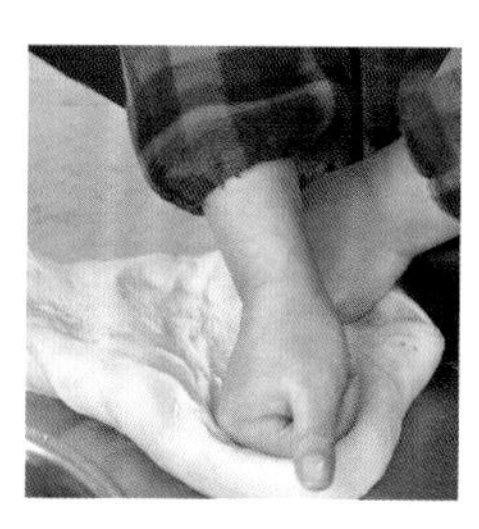

揣：用双手握紧拳头、交叉在面团上揣压。边揣，边压，边推，把面团向外揣开，再卷拢再揣，揣用劲比揉大，较大的面团，都需要用揣的手法，如手工揉制传统发面。

摔：有两种手法。一种是将稀软面团用手拿起，脱手摔在盆内，反复摔制，一直摔至面团均匀筋力强，如制作春卷面团。另一种是用两手拿着面团的两端，举起来手不离面团，摔在案板上，摔匀为止。

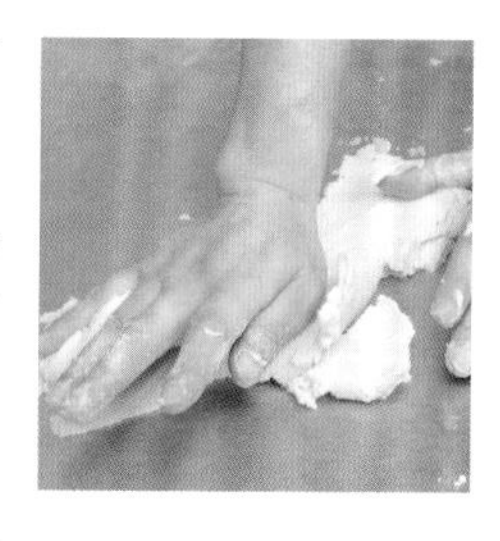

擦：制作油酥类面团及一些米粉面团常用的揉面手法，由于此类面团不加清水，而加油，面团疏松，形不成筋，因此用擦的方法最佳，用双手手掌将面团一层一层地向前边擦边推，反复多次后，使油脂和面粉紧密结合，增强黏性，便于酥点小吃制作。

三、搓条

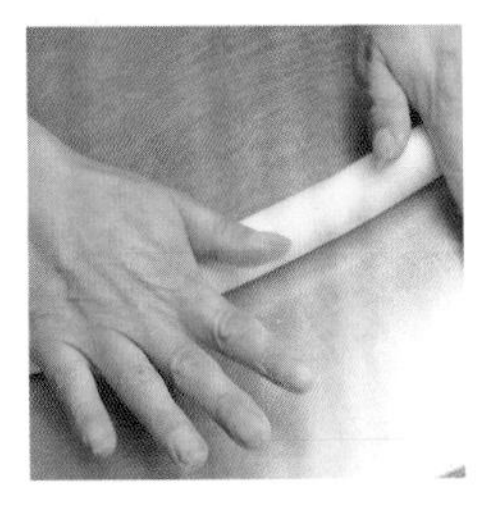

将揉好的面团搓成长条形，这种手法叫搓条。搓条讲究双手用力均匀，手掌在面团条上来回推搓，边推边搓，使面条团向两边伸长，成为粗细均匀光滑的圆条形。大部分面点小吃制作中都必须有这道工序。各种面团条的粗细程度，要根据具体品种要求而定，如做大包子，面团条需粗些，做小包子面团条搓细一些，无论面团条粗与细，均要求光洁、均匀一致。

四、下剂

下剂是行业中的专业术语，也可称为下剂子、分剂子，指将面团搓成条后，分成适当分量的面团。下剂有：揪剂、切剂、剁剂等常用手法。

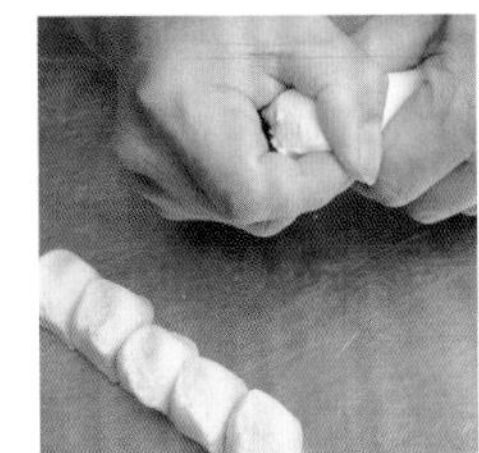

揪剂：揪剂又称扯剂，搓成条形后，左手握住面条，剂条从右手虎口中露出来，坯子需要多长，就揪出多长的面剂子，用右手大拇指和食指捏住，顺着剂条向下一揪（扯）即成一个面剂子立放于案板上。揪面剂时，右手要顺势用力，握面剂的右手不能把剂子握紧，以免粘住手掌。此属于白案专业技巧，可用剁剂法替代，只是剂子小于一手可掌握的大小时，揪剂法效率最高，但须一定时间的技术经验累积。一般烹饪爱好可用剁剂法替代。

切剂：有些面团要求很柔软，无法搓条、揪剂，如油条类面团，就可采取将面团摊在案板上，拉伸成扁条形，再用刀切成均匀适宜的剂子。

剁剂：面团搓成条后，用面刀按成品规格大小，一刀一刀地剁成剂子，俗称砍剂子，适合如馒头、面块类小吃的制作。

五、制皮

制皮是面点小吃中基本操作技术之一。鉴于小吃制皮品类繁多，有大小厚薄之分，因此操作手法各不相同，一般常用的制皮方法有以下三种。

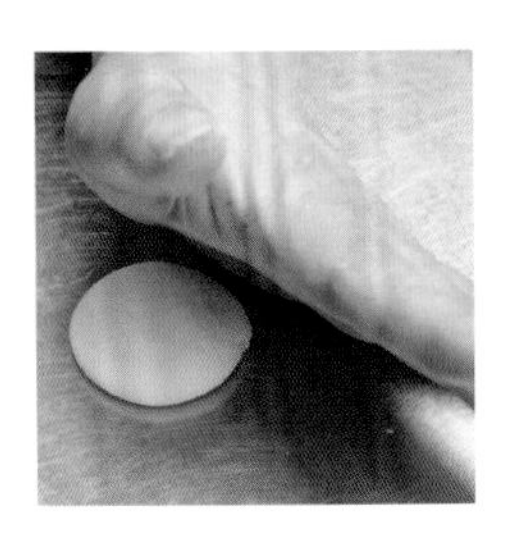

按皮：将下好后的面剂子，用手掌直接按成四周薄，中间微厚的圆皮状，这种手法的制皮适合于制作各种包子。常用于各式发面。

位于南充市的阆中古城

捏皮：主要用于米粉面团类的制皮手法，如汤圆、珍珠丸子、麻圆、叶儿粑等小吃，手法是先将米粉团揉匀搓圆，再用右手拇指将圆剂按成凹形，加入馅心封口，捏成圆形。

擀皮：是行业中运用最普遍的一种制皮方法，专业技术性较强，其擀法也多式多样。擀面棍的形状也各不相同，有青果形、长条椭圆形，有单擀面棍、双擀面棍。擀皮的手法又有以下几种。

单擀面棍擀法：将面剂用手掌按扁后，左手指捏住面皮边缘，右手持面棍从剂子的1/3处，向剂子的中心部位擀制，右手擀，左手捏皮要同时转动，擀转一圈后即可成为中间稍厚，边缘微薄的面皮坯子，用于蒸饺、汤包、小笼包子等。

双面棍擀法：用双手同时使用两根小擀杖擀皮。手法是把面剂子按扁、两根小擀杖并排放在面剂边上，同时用双手向前后推擀，也要从左边到右边来回擀动，两手用力要均匀，操作时两根小擀杖一定要平行靠近，不可分开，掌握擀杖的着力点，速度要快，擀出的面皮厚薄均匀成圆形，这种擀法主要用于擀水饺皮等。

青果杖擀法：青果杖是一种两头略尖、中间粗，呈青果形的小擀面棍，操作时，用双手擀皮，面棍的着力点应放在边上，边擀边转动面皮，向一个方向转动，擀制成波浪纹的荷叶边形的圆皮，主要用于烧卖皮坯。另外还有一种擀烧卖皮的擀法，用通心槌擀制。

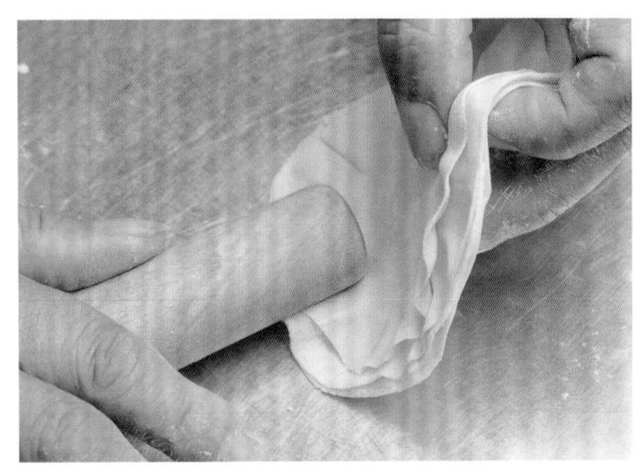

擀烧卖皮

以上的擀皮方法在面点小吃的操作手法中都属于小擀皮方法，还有一种擀皮的方法，叫大擀皮，选用大一点，长一点的擀面杖，擀制大宗的面条及抄手皮、水饺皮，另有一种大擀皮选用轴心滚筒擀制，这种轴心滚筒擀制皮料，多用于大开酥手法，制品为酥点的小吃品种。

六、包馅

包馅又称上馅料。由于小吃的品种较多，馅心料也各不相同，有肉馅、素馅、糖馅、豆沙馅、荤素馅等。馅心品种不同，包馅的方法也不同。包馅方法多用于包子、点心、饺子，各种饼、米团类。所采用包馅手

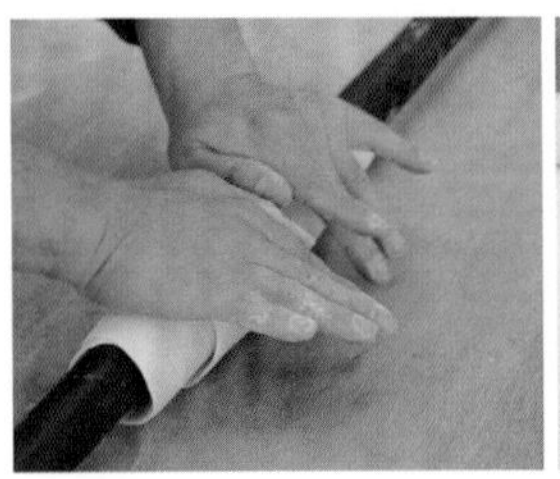

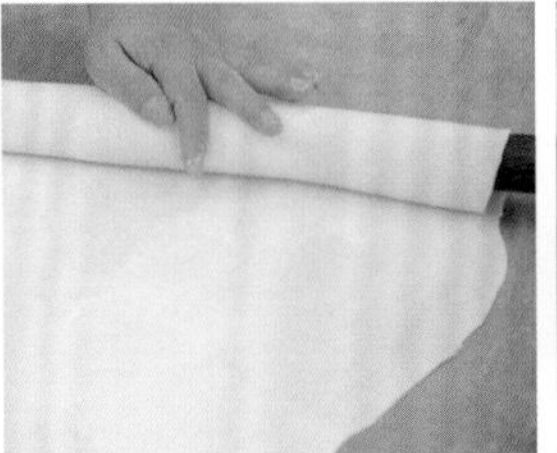

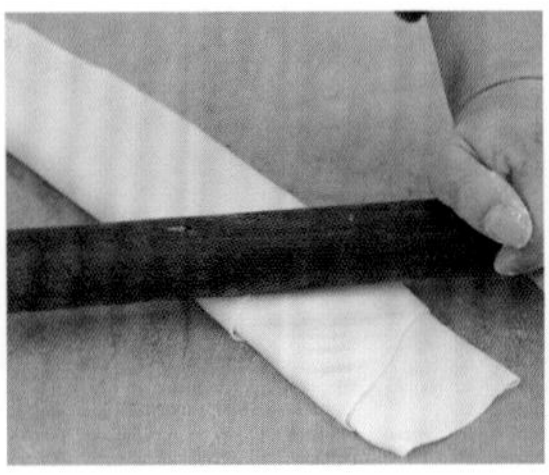

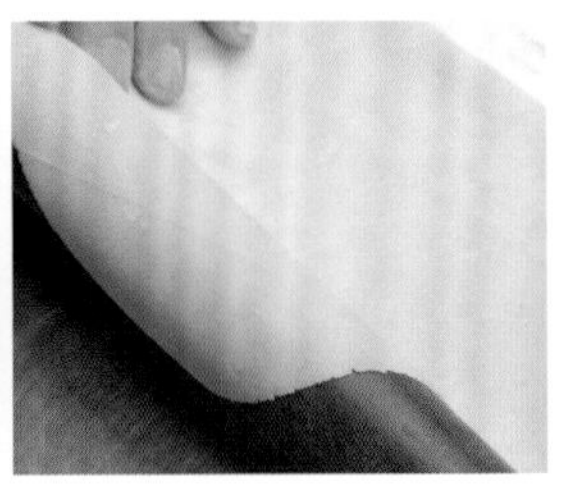

大擀皮工艺

包馅成品，由左至右无缝包馅法及三种捏边包馅法

法可分以下几种。

无缝包馅法：主要用于制作糖包子、豆沙包子、富油包子之类。手法是将馅心放在皮坯中间，用手包好封牢口，不能有缝而造成漏馅，收口应放在下面，表面光滑。

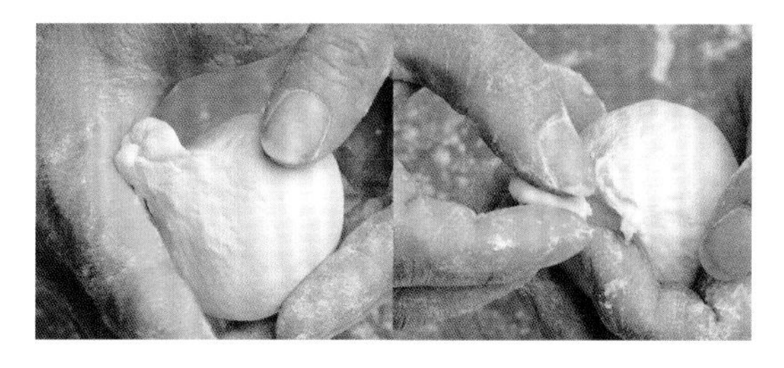

捏边包馅法：这种手法是把馅心放于面皮稍偏一些的位置，然后对折面皮，盖上馅心合拢捏紧。有的品种需要用手捏上花边纹，如花边饺，不捏花边的主要是水饺类品种。

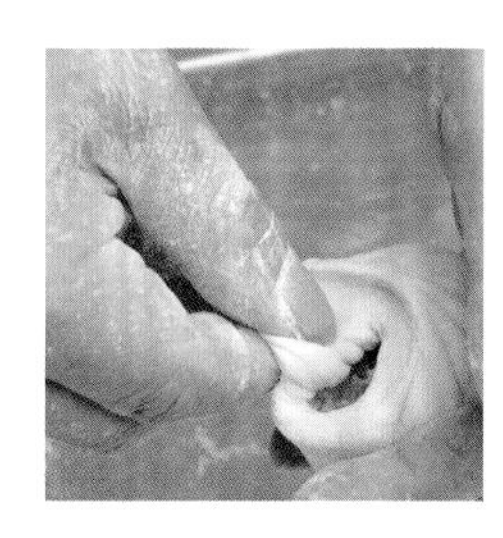

提摺包馅法：主要用于一些馅心比较多，成品较大的小吃品种，为显示成品馅料饱满，就采用此提摺手法，如包制各种肉包子，用提摺层次较多，成形大方美观精致。

轻捏包馅法：此法多用于皮较薄，馅心较多的小吃，如烧卖类。手法是将馅心放入面皮内，用手在馅心上端部位轻轻捏拢成刷把状，不封口。

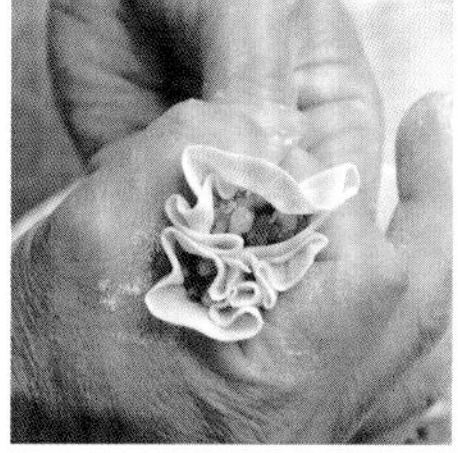

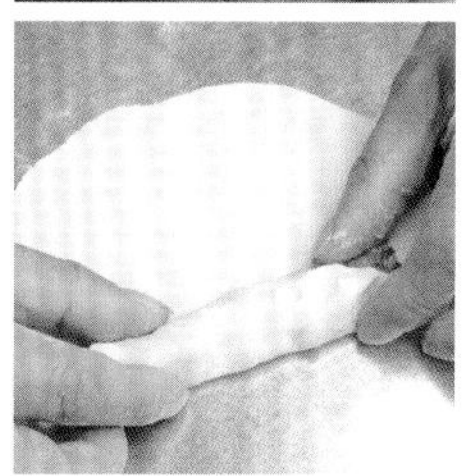

卷包馅法：是把面皮放上馅料（各种不同形状的馅，如蓉泥、细粒等），再卷成圆筒形，经熟制后，有的需切成短段，如豆沙卷、枣泥卷，有时不切，如炸蛋卷、香蕉吐司卷等。

夹馅法：常用于制作一些糕类小吃品种。手法是将一层馅心料，用一层面皮盖住成夹心状，也有用馅料夹两三层的如年糕、夹心白糕等。

滚馅法：主要是制作一种滚馅汤圆的特殊手法，把馅心切成小块，沾湿，放入米粉摇动簸箕裹上干粉而成。这种手法在四川小吃制作中极少使用。

第三章

六大基础面团特性

不同的面团有不同的面性，面性的掌握在小吃制作中，是一项十分重要的工作，直接影响面点小吃的品质。因此，初学者必须尽快掌握各种面性知识，才能更好地制作出合格的面点小吃。

川味面点小吃常用面性有以下几种：子面、发面、油水面、油酥面、三生面、烫面等六大面性。

一、子面

子面又称冷水面、呆面、死面，四川行业中称为子面，属水调面团类的一种面性，是用冷水直接与面粉调拌均匀，揉搓成的，大多使用中筋面粉，此面团质地坚实，组织结构死板紧密，所制成的小吃，有劲、有韧性、爽口、利落。

子面根据其含水量的多少分为：硬子面、软子面、粑子面三种。

硬子面：和面时水的重量为面粉的35%，可依实际需求做微调。硬子面主要用于手工面条类，及抄手皮、烧卖皮等的制作。

软子面：也简称子面，水的重量为面粉重量的50%，实际操作时应依小吃品种需要的效果做微调。主要用于手工四川水饺、甜水面等的制作。

粑子面：又称之为稀子面，水的重量为面粉重量的70%。用于春卷皮等品种的制作。

子面在制作上不复杂，调制上经过下粉、加水、拌和、揉搓四个过程，子面团品质好坏的关键是水要一次性加够，要充分而均匀的反复揉搓，揉搓越到位，面团越光滑。因此判断子面是否完成，就是看是否已达到三光的状态，即手光，手上光净无粘黏

日常最熟悉的子面食制品就属面条

的面团渣；面光，面团表面光滑；板光，即揉面案板也光净且无粘黏的面团渣。

揉好后须用湿纱布盖上饧20～30分钟，让面性稳定，不易回缩或破裂，利于后续加工。此外，子面还能加入鸡蛋和菜汁和成。分别称全蛋子面、蛋水子面和菜汁子面。

二、发面

发面即发酵面团，是用面粉和水，加入适量的老发面（或酵母粉等），调和成的面团。这类面性是面点小吃制作普遍使用的一种。

发面根据其发酵程度又分为老发面、子发面、中发面三种。

老发面：又称老酵面或老面，也称面肥、酵种，也是指发酵发过头的发面。一般指用来作引子的酵种面，就是在调制发面时需加的老发面。在传统发面制作时，每一次留下一些发面作为下一次混合揉制发面团时加入的酵种。

老发面也可单独制作一些小吃品种，如传统面点小吃白结子、开花馒头、笑果子等，就是将发面发酵至较老时才能制作。老发面酸味浓，用手抓一把没什么筋力。

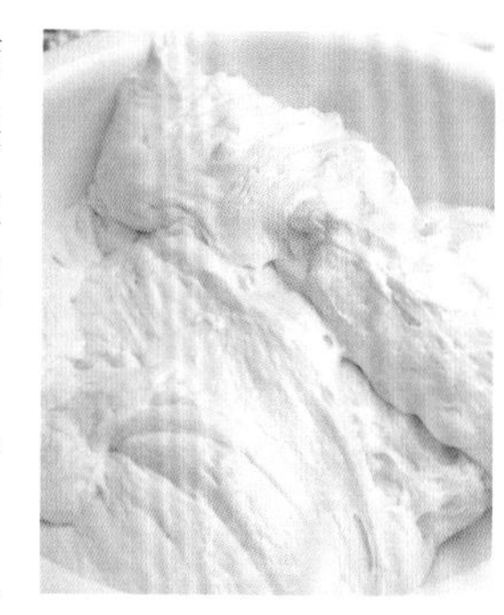

子发面：子发面也称嫩发面、嫩酵面，指没有发足的发面。它的组织结构紧密，没什么蜂窝眼（用刀切开面团鉴别），韧性较强，筋力较好。在小吃制作中，主要适合制作皮薄馅汁多的品种，如小笼包子、汤包之类，也适宜制作川味小吃锅盔之类品种。子发面的制作发酵时间较短。子发面类还有一种做法，叫呛发面，就是直接在适量的发面中，呛入（即均匀铺撒的意思）一定比例的干面粉后揉匀，一般呛入的干面粉重量为发面的40%，即500克发面团呛入200克的干面粉，揉制好，饧好就能使用，几乎不需要发酵时间。可做呛面类小吃，如子面馒头、高桩馒头等。

中发面：中发面也称登发面，就是面粉加清水再加入老发面（或干湿酵母之类的发酵剂）揉制成面团后，让面团发足的膨松面团。它的特点是性质松软，形状饱满。所制作的品种，营养丰富，易于消化。适合制作各种包子、花卷、馒头，中发面是发面中使用最多的一种膨松面团。

中发面按比例揉匀至面团表面光滑后，用湿纱布盖上发酵约2小时，如春季须室内温度不低于26℃，冬天发面（俗称接面）的调制需用不超过50℃的热水，才能使面团达到发酵膨松的程度。

发酵时间若想短，就需要加入超出常规比例的老发面，以缩短发酵时间，除非急用，一般用这种加大老发面的做法来缩短

发酵时间的方式，对成品品质都有一定的影响。

发酵时间的长短对发面的品质影响很大。如时间过长，发酵过头，面团品质差，酸味太重，制作成品时，会影响操作，而蒸制出来的成品形状不好。发酵时间若短了，发酵不足制作出的成品也不松泡，均达不到色、香、味、形的要求。因此必须学会掌握好正确的发酵时间，以及温度和老发面、扎碱的用量，才算真正掌握了发面的性能。

另外，还有一种叫烫发面，这种面性用途较少，一般很少列入发面类型。这种面团是采用烫面加入发面调和而成，主要用于制作一些烤制的小吃，如四川锅盔的一些品类就会选用烫子发面团来制作。成品口感松软或酥软。

关于扎碱：传统老发面发酵的面团（即发面），在操作时，都需要扎碱的工序。由于用老发面发酵时，会引入不少杂菌（如醋酸菌等），在合适温度下（一般30℃左右），杂菌会大量繁殖和分解成一种氧化酶的物质，把酵母菌发酵生成的乙醇（酒精），分解为醋酸和水，使面团产生酸味而且变软塌。因此需要在面团中加入小苏打并揉匀，来中和掉其酸味，这一工序即称之为扎碱。在中和过程中，会产生二氧化碳气体，使面团松泡（膨胀松软），受热后体积变大，算是扎碱的另一作用。如蒸包子、花卷之类。

扎碱的掌握是一项十分重要的专业技术，因发面团是活的，因此必须通过长期不断的累积与总结经验，方可正确地掌握扎碱的量与手法。这也是面点小吃制作中最复杂和最不容易掌握的一门技术。

三、油水面

用化猪油或菜籽油加清水与面粉揉制而成的面团称为油水面，面粉的使用也以中筋面粉为主，部分使用低筋面粉。油水面必须同另一种面性——油酥面配合使用来完成酥点类小吃的制作。油水面有的地方又叫水油酥、水油面。面性滋润松软，和油酥面包酥制成的品种具有酥松、脆香爽口的特点。四川酥点小吃中，如鲜花饼、龙眼酥、眉毛酥、海参酥等，都是选用油水面搭配油酥面两种面性制成的。

如用菜籽油制成油水面，其油酥面也同样用菜籽油所制，主要用于川味小吃牛肉焦饼之类，在少数品种中使用，绝大多数油水面都选用化猪油同清水、面粉揉制。

揉制油水面除基本配方外，还应根据熟成方法、气温、季节变化来掌握油和水的用量比例。用于炸制的品种，油的用量要少些，而烤制的品种，油的用量就要多些。夏天气温高，用油量应少些，冬天气温低，用油量相对要多一点；面粉若吸水量强的，加水比例相应多些，反之则要少些。而油水面的软硬，主要是根据酥面的软硬来确定，两种面性应要求软硬一致，以制作出优质的成品。

四、油酥面

又可称酥面或油面、油酥等。是用化猪油（也有个别产品需用菜籽油）同低筋面粉制成。不能加一点水，因此有的地方又叫干油酥。油酥面团不能以常用的揉搓手法制作，需采擦酥的手法，即用手掌来擦油、粉成团，这样的油酥面团面性才疏松滋润，完全无筋力，一般在制作中同其他面团配合使用，可同油水面、子面、发面、三生面、烫面配合使用，制成各种类型的点心小吃。酥面在其中主要起到酥香起层，便于造型的作用。

五、三生面

川味面点小吃制作中常常用一种叫三生面的面团来制作各种小吃，所谓三生面又称半烫面，是指用沸水在案板上或盆内冲烫面粉调制而成。由于整个面团中有三成没烫全熟，故名三生面，三生面面性介于烫面和子面之间，适合制作四川锅贴饺、蒸饺等众多小吃。

六、烫面

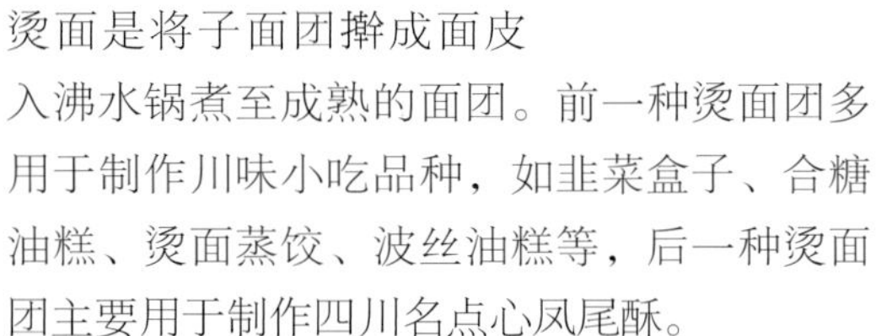

烫面也可称沸水面团，是将面粉加入沸水锅中搅至成熟成团的面团。另一种烫面是将子面团擀成面皮入沸水锅煮至成熟的面团。前一种烫面团多用于制作川味小吃品种，如韭菜盒子、合糖油糕、烫面蒸饺、波丝油糕等，后一种烫面团主要用于制作四川名点心凤尾酥。

烫面面性，由于面粉经过高温沸水烫制后，面粉性质发生化学、物理的变化，产生较强的黏稠度，质地柔软，可塑性增强，便于制作出各种造型的面点小吃，如用澄粉烫制成澄粉烫面团可捏制众多象形小吃。

第四章

面点小吃基本工艺与常用配方

子面

（冷水面、呆面、死面）

原料：

硬子面：面粉500克，清水180克

软子面：面粉500克，清水250克

粑子面：面粉500克，清水350克（又称稀子面）

做法：

1. 把面粉倒于案板上，理出一个圈状，将水加入面粉圈中。
2. 将面粉慢慢拌入水中，直到面粉将全部水吸收，接着开始揉搓。
3. 反复揉搓，揉搓到面团软硬均匀表面光滑。此时应呈手光、面光、板光的三光状态，即手及案板都光净，没有粘黏的面团，面团本身表面也光滑。
4. 揉好后用湿纱布盖上饧20～30分钟，让面性稳定好加工即成。

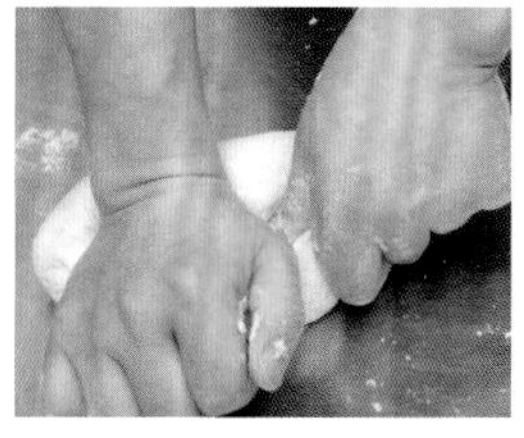
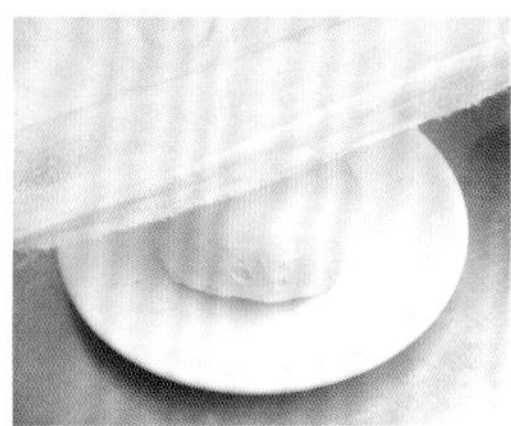

[大师秘诀]

1. 应按小吃品种的需求选用中筋或高筋面粉。
2. 将部分或全部清水换成鸡蛋或菜汁和成，就成了全蛋子面、蛋水子面和菜汁子面。
3. 在此配方基础上，可按需求加入适量食盐，食盐可收敛面团中的面筋，使面筋的弹性和延伸性得到强化。其次加食盐还可以抑制杂菌和霉菌的生长，延缓面团在热天变酸的速度。一般添加量为面粉总重的1%～3%。
4. 若是对成品口感做变化，还可加少许食用碱粉，目的也是收敛面筋组织，使成品具有良好的弹性、韧性和爽滑感，下水煮时不易浑汤。另一方面，食用碱粉还会使面条呈淡淡的黄色，可算是增加卖相，但碱粉会破坏面粉中的营养素。食用碱粉的添加量一般是面粉重量的0.3%～0.6%。

老发面

（老酵面、老面、面肥、酵种）

原料：中筋面粉100克，清水100克（水温介于25～35℃），干酵母粉2克，醪糟汁50克

做法：

1. 取10克清水将干酵母粉调散，静置5～10分钟，待其发泡。
2. 把面粉倒在盆中，中间刨一个窝，将90克清水、醪糟汁及调散酵母水倒入窝中。

3. 由内往外将水状材料与面粉混和在一起，再搓揉至面体质地均匀，表面光滑。
4. 将面团连盆用保鲜膜盖着，一起静置于干净阴凉处 2 ～ 3 天。也可置于冰箱冷藏室中，时间就需 3 ～ 5 天，好处是发酵环境相对稳定。
5. 发酵过程为先完全涨发后消涨且变成炽软状态，此时即成老发面。

[大师秘诀]

1. 干酵母粉用水调散后静置待其发涨起泡的目的是让酵母恢复活性，若没起泡则说明粉中的酵母菌都已死亡，无法进行后续的发酵程序。
2. 老发面特点为酵母酸香及酒味浓郁，面体炽软，用手抓一把没什么筋力。若是浓浓的酸败味道就是老面发酵过程中被杂菌污染了，不能使用。
3. 经常制作，可将当次制作发好的面团留下适当的量，一般是成品面团的 1/5。静置于干净阴凉处 1 ～ 2 天，或是冰箱冷藏室中 3 ～ 5 天，使酵母菌再次充分发酵，即成老发面。

具有活性的酵母粉用水化开后，静置会就可见到表面整个涨起

发酵好的中发面会有明显的气孔，俗称蜂窝眼

中发面 / 登发面

原料： 中筋面粉 1000 克，清水 400 克，40℃温水 100 克，老发面 50 克

做法：

1. 把面粉倒于案板上，中间刨一个窝，接着将老发面用 40℃温水调散，再加入面粉窝中。
2. 逐步加水调匀，揉匀至面团表面光滑且不粘手、不粘案版后，整成光滑圆团状。
3. 用湿纱布盖在圆团状面团上，静置发酵约 2 小时，面团变成原本的 1.5 ～ 2 倍大，呈现性质松软、形状饱满的状态即成。

[大师秘诀]

1. 发酵过程中须注意室温，夏季以外的季节，室内温度不能低于 25℃，酵母活力不足，会影响发酵效果与发酵时间。因此室温低于 25℃时应设法升温。若是经常性制作，建议使用恒温发酵箱进行发酵，可使每一次的发酵效果相对稳定。
2. 冬天时，调制面团的清水，需改用 40 ～ 50℃的温水，以确保面团温度达到酵母最佳活性的温度，才能准确获得应有的发酵膨松程度。
3. 川式面点多数不在发面团中加食盐，因食盐具有抑制发酵的作用，可用来调整发酵时间。虽然没加盐的面团发酵较快，发酵情形却可能不稳定。特别是天气炎热时，容易发生发酵过度的情形。在发酵过程中加的食盐量一般不超过面粉重量的 1%。加盐还有另一好处，就是强化面筋并让成品色泽更洁白。

酵母面团

（酵面）

原料： 中筋面粉 500 克，清水 250 克（水温介于 25 ～ 35℃），白糖 50 克，干酵母粉 5 克，泡打粉 3 克

做法：

1. 取 20 克清水将干酵母粉调散，静置 5 ～ 10 分钟，待其发泡。

2. 把面粉倒在盆中，中间刨一个窝，将 230 克清水、白糖、泡打粉及调散酵母水倒入窝中。
3. 先将窝中的清水等原料搅匀，再由内往外将水状材料与面粉混和在一起，当全部面粉都吸收到水分后揉合成团，再搓揉至面体质地均匀，表面光滑且不粘手、不粘案版后，整成光滑圆团状。
4. 用湿纱布盖在圆团状面团上，静置发酵约 2 小时，面团变成原本的 1.5 ~ 2 倍大，呈现性质松软、形状饱满的状态即成。

[大师秘诀]

1. 干酵母粉用水调散后静置待其发泡的目的是让酵母恢复活性，若没起泡则说明粉中的酵母菌都已死亡，无法进行后续的发酵程序。
2. 发酵过程中须注意室温，夏季以外的季节，室内温度不能低于 25℃，否则酵母活力不足，影响发酵效果与发酵时间。
3. 冬天时，调制面团的清水，需改用 40 ~ 50℃的温水，以确保面团温度达到酵母最佳活性的温度，才能准确获得应有的发酵膨松程度。

子发面

（嫩发面、嫩酵面）

原料：中筋面粉 1000 克，清水 400 克，老发面 100 克

做法：

1. 用清水 400 克将老发面调开成浆。
2. 面粉置案板上，中间刨一个窝，加入老发面浆调匀揉成发面团，静置发酵约 1 小时。
3. 依发酵程度扎碱后揉匀，静置饧 15 分钟即成。

[大师秘诀]

1. 这里的发酵时间应根据小吃品种的需求差异而调整，发酵时间最短约 15 分钟，最长达 2 小时。
2. 轻度发酵的子发面扎碱时多使用碱性较弱的小苏打。用量一般是面粉量的 6% ~ 8%。

3. 子发面的组织结构紧密，用刀切开面团可发现切口没什么蜂窝眼，韧性较强，筋力较好。

扎碱方法与技巧

原料：小苏打粉，用量一般为面粉重量的 0.5%（冬天）~ 1%（夏天），或面团重量的 0.3%（冬天）~ 0.6%（夏天）

方法一

1. 将发好的发面团揣开成厚片状。
2. 取小苏打粉，先取一部分，比预计使用的量少一些，均匀撒在面团表面，接着以边包边揉的方式将发面揉擂成团。
3. 持续以揣开、包揉的方式，加进剩余小苏打，揉擂至面团弹性变好、表面光滑、有些顶手时，就表示扎碱恰当，行业术语叫正碱。
4. 若面团揉擂感觉与没扎碱之前差不多，则重复做法 2、3。注意！要避免小苏打粉使用过量。

方法二

1. 从要加入面粉的清水中取约 50 克，将小苏打粉化开成小苏打水，备用。
2. 发面团发好后，加入小苏打水揉匀即成。

方法三

发面团发好后，将小苏打粉和要揉进发面团的原料一起均匀揉进面团，饧发好即成。

[大师秘诀]

1. 使用酵母粉发制的面团一般不会有过多的酸性物质，因此不需要扎碱。
2. 食用碱粉也可以用于扎碱，但因属强碱性，微小的用量差异就可能扎碱失败，因此一般较少使用。而小苏打粉为弱碱性，用量的些微误差不太容易对成品产生大的影响，经过加热后又能释放气体，有利于发酵面团，因此使用得较多。
3. 发现碱粉放得稍多时，可将面团静置一段时间来补救，相当于再延长发酵时间，让发酵的酵素和乳酸反过来中和掉多余的食用碱粉。若是时间不足，可把静置环境的温度提高到 28℃左右，加速发酵。
4. 冬季时，发酵较为缓和，扎碱时建议使用量应减为一半，避免扎碱过量。
5. 扎碱的掌握是川式面点一项十分重要的专业技术，正确地扎碱要根据发面团大小、老嫩、气温高低、发酵时间长短、老发面使用量多少及制品的要求灵活掌握，扎碱扎得刚好，业内术语叫正碱。

   面团的发酵状态，受季节的环境温度影响很大。夏天发酵快又充分，冬天则慢而不易发透。扎碱后面团状态还在持续变化，以业内说法就是“热天跑碱快，冷天走碱慢”。以下乃归纳多年经验，用于判断是否为正碱的基本方式。

A. **蒸面丸：**取一块 5 ~ 10 克发面入蒸笼蒸熟，若是色白、松泡有弹性就是正碱；若是色暗、起皱是缺碱；颜色发黄就是碱太重了。四川行业俗称蒸弹子。

B. **闻面团：**有酸味，碱少了；有碱味，碱多了；单纯面香就是正碱。

C. **看切口：**用面刀切开面团，切口内的气孔如绿豆大小且均匀，正碱。气孔大而不均匀，碱少了。气孔小而长，碱多了。

D. **拍面团：**用手拍打发面团，若是“呼呼”脆响就是正碱。若是“啪啪”的声音，碱多了。产生“噗噗”的闷声，碱少了。

E. **烤面团：**取一小块扎好碱的面团，放于炉边烤熟，剥开来看看内层，色泽洁白有面香为正碱。色泽发黄带碱味，碱下多了。颜色若是灰暗还带酸味，肯定是碱不足。

F. **尝面团：**有酸味，碱少了。有碱味，碱多了。单纯面香就是正碱。

最容易见到扎碱工艺的小吃就属锅盔

油水面

原料：中筋面粉 500 克，清水 200 克，化猪油 75 克（此油量适用于炸制的小吃，若是烤制的应增为 100 克）

做法：

1. 将面粉倒在案板或盆中，中间刨一个窝，加入清水和化猪油。
2. 用手在窝中将水和油、部分面粉搅和在一起。
3. 达到水、油、面粉混和均匀后，再由内往外拌入全部的面粉，接着反复揉搓至表面光滑，盖上湿布饧 15 分钟即成。

[大师秘诀]

油水面团的制作必须油水一起加入面粉中搅和，不论先加油揉成团再加水，或先加水揉成团再加油，都不容易揉制均匀。

油酥面

原料：中筋面粉 300 克，化猪油 150 克

做法：

1. 面粉加入化猪油，用面刀以边拌边切的方式让油与面粉充分混和。
2. 用面刀和手将不成团的油酥面收拢，再以擦酥的手法，即用手掌握擦油、粉至不粘手、不粘案板，酥松滋润时，揉和成团，即成油酥面团。

三生面

原料：中筋面粉 500 克，90 ~ 95℃热水 250 克

做法：

1. 将面粉置于盆中，冲入热水，快速搅拌，让大部分面粉吸收到热水。
2. 趁热揉搓成团，再将面团切成小块晾凉，再次揉擂成质地均匀的面团。

[大师秘诀]

1. 一般烫三生面所需热水的温度大约是水滚沸后离火 1 ~ 2 分钟的温度。
2. 冲入滚沸热水后，若发现面团过硬，可在揉成团前加入少量温开水调整。
3. 趁热揉团后，若没有马上切成小块状晾凉，余热会使面团变软、变稀或粘手。

面粉烫面

原料：中筋面粉 500 克，清水 400 克（基本配方，可按成品需求调整比例）

做法：

1. 将清水倒入盆中，中火煮至滚沸时将面粉慢慢倒入，期间用小擀面棍快速搅拌，使全部面粉烫熟。

2. 将盆中的熟面倒在案板上，趁热揉搓成团，再将面团切成小块晾凉。
3. 面团晾凉后，再次揉擂成质地均匀的面团。

[大师秘诀]

1. 搅拌过程中若觉得干硬，成团后可能有太硬的问题，可在还没揉成团前加入少量常温开水再揉擂，以调整软硬度。
2. 当揉擂成团后很难再调整面团柔软度，因揉擂后的熟面团吸水性变差，而使得加水调整效果不佳。
3. 趁热揉团后，若没有马上切成小块状晾凉，余热会使面团变软、变稀或粘手。

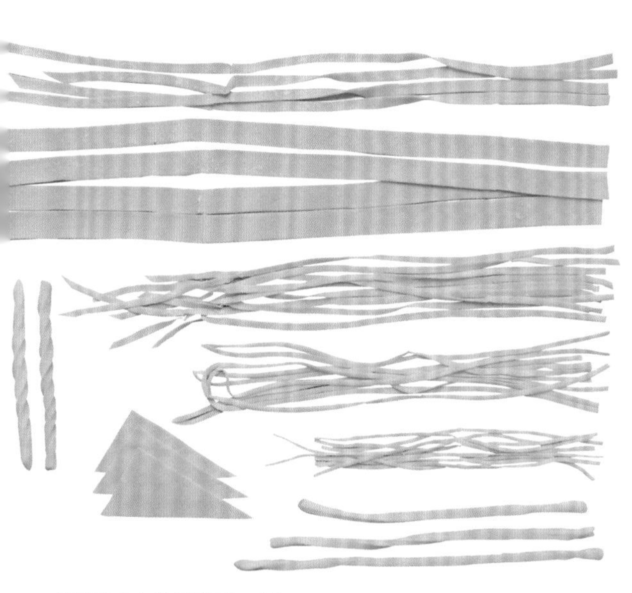

四川面点中常见的面条形式

澄粉烫面

原料：澄粉 500 克，沸水 350 克（基本配方，可按成品需求调整比例）

做法：

1. 将澄粉置于盆中，冲入滚沸热水，快速搅拌使所有澄粉皆接触到热水。
2. 趁热揉擂成质地均匀的面团即成。

[大师秘诀]

若要调整澄粉烫面的质地与特性，可通过加少许淀粉来调整。

面条

（碱水面、鲜面条、湿面条）

原料：高筋面粉 500 克，清水 180 克，食用碱粉 3 克，扑粉适量（高筋面粉）

做法：

1. 取净碗倒入清水调入食用碱粉，调匀成碱水。
2. 在案板上或面盆里倒入面粉，中间刨一个窝，将碱水倒入。
3. 由内而外以画圆的方式将水与粉充分混和成面渣状后开始揉擂成团。
4. 揉擂面团至呈三光状态即可，面团盖上湿纱布巾饧 30 分钟。
5. 取饧好的面团用擀面杖擀成宽长形、0.1 ~ 0.2 厘米、厚薄均匀的面片。

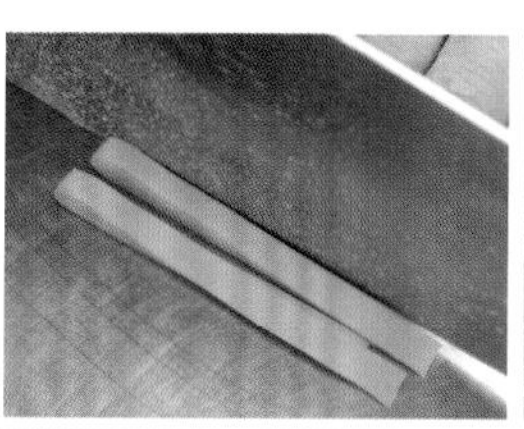

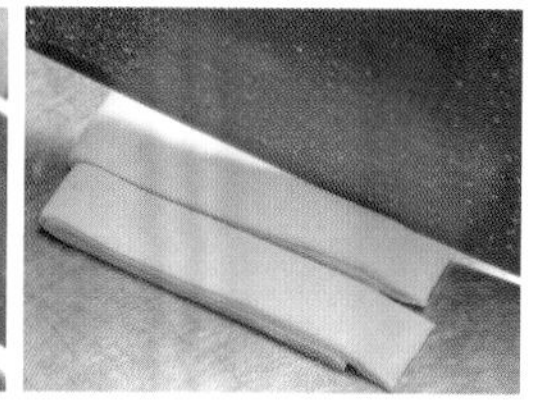

擀好的面皮，通过不同的切法，即能获得各种类型的面条。通过机器压擀切制的面条俗称机制面条

6. 把擀好的面片扑上一层扑粉后折叠成 10 ~ 12 厘米宽的长条状。
7. 接着用切面刀直切成面条，宽窄依需求而定。最后往切好的面条上撒上扑粉，再揪着面条的一端将面条抖散、抖掉多余的扑粉再码好即成。

[大师秘诀]

1. 将清水换成菠菜汁即为清菠面，其他蔬菜面以此类推。
2. 短时间内会煮制，可盖上干纱布巾，维持面条湿度。
3. 制作好后无法一次食用完，可将面条分成适当的分量后装入干净塑料袋中冷冻。煮制时无须解冻，从冷冻库取出后直接下开水锅煮。
4. 手工面条最好是随做随吃，晾干的面条比湿面条或冷冻面条口感差。
5. 手工面条因为是湿面，煮时锅里的水量要宽些、多些，减少浑汤情况。
6. 四川人常说的机制面条就是指鲜面条或湿面条，即是在此手工面条基础上做配方与工艺流程的微调，以适合规模化加上机械半自动化生产需求做成的面条。在市场或其周边可见的切面店面条都属于机制面条，都是当天现做现卖。基本上与相同类型的手工面条特性是一致的。

银丝面

原料：精白高筋面粉 500 克，鸡蛋清 300 克（约 10 个鸡蛋的蛋清），扑粉适量（淀粉）

做法：

1. 鸡蛋清入盆搅散，加入面粉后揉和成团，持续揉至不粘手、不粘盆、面团表面光滑。
2. 将揉好的面团取出，在案板上反复揉擂压，使蛋清充分与面粉融合后整成光滑圆团状，用湿纱布盖住饧 10 分钟左右成蛋清面团。
3. 将饧好的蛋清面团用擀面杖先从中间向两边按压，使之延伸，再反复擀压几次成面皮后撒上淀粉，将面皮裹在擀面杖上，推擀成极薄的面皮。
4. 边擀边撒淀粉，擀至面皮能透字时，将面皮多层折叠为宽 7 ~ 8 厘米的条，用长形切面刀切成极细的面丝，即成银丝面。

细如棉线的金丝面，面条本身含水量极少，甚至是一点火就能燃起来

金丝面

原料：精白高筋面粉 500 克，不带壳全鸡蛋 250 克（约 5 个鸡蛋），扑粉适量（淀粉）

做法：

1. 将面粉倒在案板上，中间出一凹洞。将全鸡蛋充分搅散，倒入面粉中间的凹洞中，由内而外的将面粉与蛋液搅拌在一起成雪花片状。
2. 接着揉和均匀成团，

再擂、搓、揉成光滑的全蛋面团，用湿纱布盖住饧 10 分钟左右。

3. 然后双手拳头握紧，擂压饧好的全蛋面团，使面团成长方形时，再扑上淀粉，用擀面杖推、擀、压，反复几次后成面皮。

4. 将面皮扑上淀粉再卷在擀面杖上压擀成约 0.5 毫米厚、可透字的极薄面皮。之后展开面皮，折叠成几层，用专用大面刀切成棉丝粗细的面丝，即成金丝面。

抄手皮

原料：高筋面粉 500 克，鸡蛋 1 个，清水 130 克

做法：

1. 面粉中加入鸡蛋、清水和匀，用手揉搓至表面光滑。

2. 再用拳头反覆擂压成质地均匀的硬子面，用湿纱布盖上静置饧 15 分钟。

3. 用擀面杖推擀扑上干面粉的面团，反复推压几遍后，擀成极薄的面皮。

4. 擀好的面皮扑上干面粉，折叠几次成宽 8 ~ 9 厘米的长方片，用刀切成约 7.5 厘米见方的面皮，即为抄手皮。

水饺皮

原料：中筋面粉 500 克，清水 250 克，扑粉适量（中筋面粉）

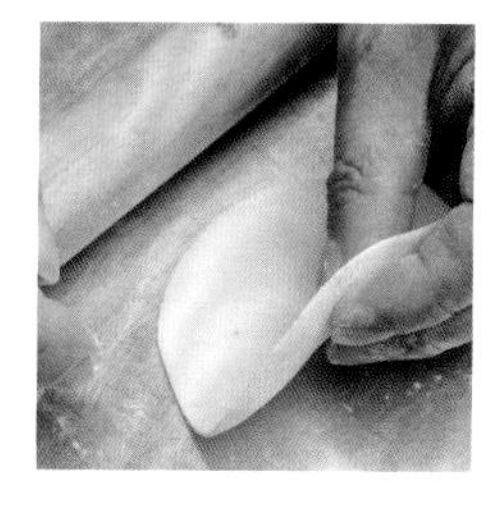

做法：

1. 面粉中加入清水和匀，揉成软子面，静置饧 10 分钟。

2. 饧好的面团搓成长条，分成约 100 个剂子。

3. 扑上少量的扑粉，一一用小擀面杖擀成中间稍厚，直径约 7 厘米的小圆皮即成。

[大师秘诀]

1. 和面要注意掌握吃水量，先加入大部分水，揉制过程中依柔软度决定再加多少水。

2. 面团不可过硬或太软，过硬在包制时容易破，过软容易走样，口感也不佳。

切面店的水饺皮多是用不锈钢圆模压切出来的

烧卖皮

原料： 高筋面粉 500 克，鸡蛋 1 个，清水 150 克

做法：

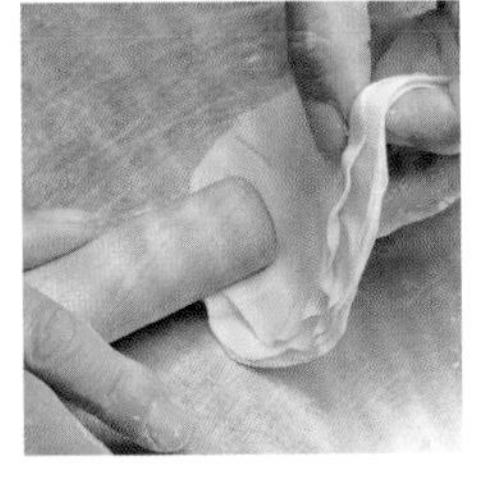

1. 将鸡蛋的蛋黄与蛋清分离，蛋黄另做他用。
2. 面粉中加鸡蛋清、清水揉和成硬子面。用湿纱布盖上静置饧 15 分钟。
3. 取饧好的硬子面团搓成细条，扯成小剂子。
4. 小剂子撒上淀粉后，滚圆再压扁，接着用小擀面杖擀成薄圆皮，边呈荷叶边即成。

菠菜汁

原料： 菠菜 100 克（也可使用其他绿色蔬菜），水 50 克

做法：

1. 菠菜洗净后切成段。
2. 放入果汁机，加入清水搅成蓉泥状。
3. 用细网筛滤渣取汁即成。

［大师秘诀］

1. 选用其他颜色的蔬菜即可取得不同的天然色料。如胡萝卜的红橙色，黄糯玉米的黄色等。
2. 生取菜汁颜色要浓些，也可将菠菜入沸水中加小苏打烫熟再取汁，颜色更鲜亮些。

红油辣椒

原料： 二荆条辣椒粉 1000 克，生菜籽油 2200 克

做法：

1. 汤锅倒入生菜籽油，大火烧至八成热，约 250℃，冒大量白烟时转中火继续烧约 3 分钟至几乎没有白烟后关火，即成熟菜籽油。
2. 将辣椒粉置于汤桶内，备用。
3. 待熟菜籽油油温降至五成热，约 150℃时，将热油冲入装有辣椒粉的汤桶中。
4. 用汤勺充分搅匀后放凉，再盖上锅盖静置 24 小时即可使用。

［大师秘诀］

1. 使用红油辣椒时，只用油的部分，不带辣椒渣则称之为辣椒油或红油辣椒油。
2. 若购买的菜籽油外包装没有标明是“生”菜籽油时，一般为厂家炼制好的熟菜籽油。此时就不用做法 1 的炼油过程，只需将凉的熟菜籽油加热到 150℃再进行后续程序即可。
3. 建议使用生菜籽油来制作红油辣椒，因厂家炼制好的熟菜籽油多经过提纯的程序，菜籽油的特有风味不够丰富。

现代风貌下的成都人对传统小吃美食有着无法言喻的迷恋

复制红油

原料：辣椒粉 300 克，熟菜籽油 240 克，生姜 200 克，连壳干核桃 100 克，花椒 3 克，白芝麻油 40 克，化猪油 200 克

做法：

1. 将净汤锅置中火上，倒入熟菜籽油烧至七成热，约 210℃，放入拍破的生姜、连壳干核桃和花椒。
2. 待香味溢出后，将油锅端离火口，捞去拍破的生姜、连壳干核桃和花椒。
3. 当油温降至五成热，约 150℃时，倒入装有辣椒粉的汤锅内。
4. 接着加入化猪油和白芝麻油，晾凉后密封静置 24 小时即成复制红油。

豆豉酱

原料：豆豉 1000 克，菜籽油 200 克，郫县豆瓣酱 100 克，酱油 1000 克，胡椒粉 10 克，水淀粉 150 克

做法：

1. 将豆豉剁细，再将郫县豆瓣酱剁细，备用。
2. 锅内下菜籽油烧至六成热，加入剁细的豆豉炒匀，接着加入剁细郫县豆瓣酱炒香。
3. 再加酱油、胡椒粉搅匀，加热至微沸时，用水淀粉勾芡，收成浓稠状即成。

复制甜酱油

（又名复制酱油，复制红酱油）

原料：酱油（红酱油）1000克，红糖225克，八角15克，山柰15克，草果15克，桂皮10克，姜25克，葱50克

做法：

1. 将八角、山柰、草果、桂皮放入纱布袋中，绑紧袋口成香料袋。生姜拍破，葱挽成结状。
2. 取净汤锅，下入酱油、红糖、香料包、姜、葱，中火煮开后转小火熬制约45分钟。
3. 静置冷却后捞去香料包、姜、葱即成。

清汤

（鸡汤、鸡高汤、老母鸡汤）

材料：治净老母鸡一只（约1200克），清水5升

制法：

1. 炒锅中加入清水至七分满，旺火烧开，将治净后的老母鸡入开水锅中氽烫10～20秒后出锅，洗净备用。
2. 将氽过水的老母鸡放入紫砂锅内灌入水，先旺火烧开，再转至微火，加盖炖4～6小时，过滤即成清汤。

鸡汁

原料：治净老母鸡1只（约1200克），清水5升，生姜块100克，料酒25克

做法：

1. 老母鸡用沸水烫去血水，洗净后放入汤桶。
2. 加入清水、拍破的生姜块、料酒，用大火煮沸后除尽浮沫。
3. 再改用中小火熬制4小时，取出生姜块，鸡肉另作他用，过滤即成鸡汁。

原汤

原料：净老母鸡半只（约1000克），肘子750克，猪棒子骨200克，猪蹄500克，清水15升，生姜50克，葱结50克

做法：

1. 将净老母鸡、肘子、猪棒子骨、猪蹄清洗净后，入沸水中烫出浮沫，将烫好的原料捞出后用水冲净血泡污沫。
2. 将烫过、冲净的老母鸡、肘子、猪棒子骨、猪蹄放入大汤锅内加清水，旺火烧沸后再次撇去浮沫。
3. 接着加拍破的生姜、葱结，先用旺火烧制2小时，后改用小火炖2小时，过滤即成色白味浓的原汤。

鲜汤

（汤、高汤、鲜高汤）

原料： 猪筒骨（猪大骨）5千克，猪排骨1500克，老母鸡1只，老鸭1只，清水35升，姜块250克，大葱250克，料酒200克

做法：

1. 将猪筒骨、猪排骨、老母鸡、老鸭斩成大件后，入开水锅中汆水烫过，出锅用清水洗净。
2. 将清水、姜块、大葱、料酒加入大汤锅后，下汆好的猪筒骨、排骨、老母鸡、老鸭，大火烧沸熬2小时，期间产生的杂质需捞除干净。
3. 再转中小火保持微沸熬2～3小时，滤除料渣即成鲜汤。

高级清汤

（特制清汤）

原料： 鲜汤5升，猪里脊肉蓉1000克，鸡脯肉蓉2000克，清水3升，川盐约8克，料酒20毫升

做法：

1. 取熬好的高汤以小火保持微沸，用猪里脊肉蓉加清水1升、川盐约3克、料酒10毫升稀释、搅匀后冲入汤中，以汤勺搅拌。
2. 汤勺扫5分钟后，以细网漏勺捞出已凝结的猪肉蓉饼备用。
3. 再用鸡脯肉蓉加清水2升、川盐5克、料酒10毫升稀释、搅匀成浆状冲入汤中，以汤勺搅拌。
4. 汤勺扫10分钟后，以细网漏勺捞出已凝结的鸡肉蓉饼。
5. 接着将鸡肉蓉饼和猪肉蓉饼一起装入纱布袋，绑住封口后，放回汤中，以小火保持微沸继续吊汤至汤清澈见底时即成。

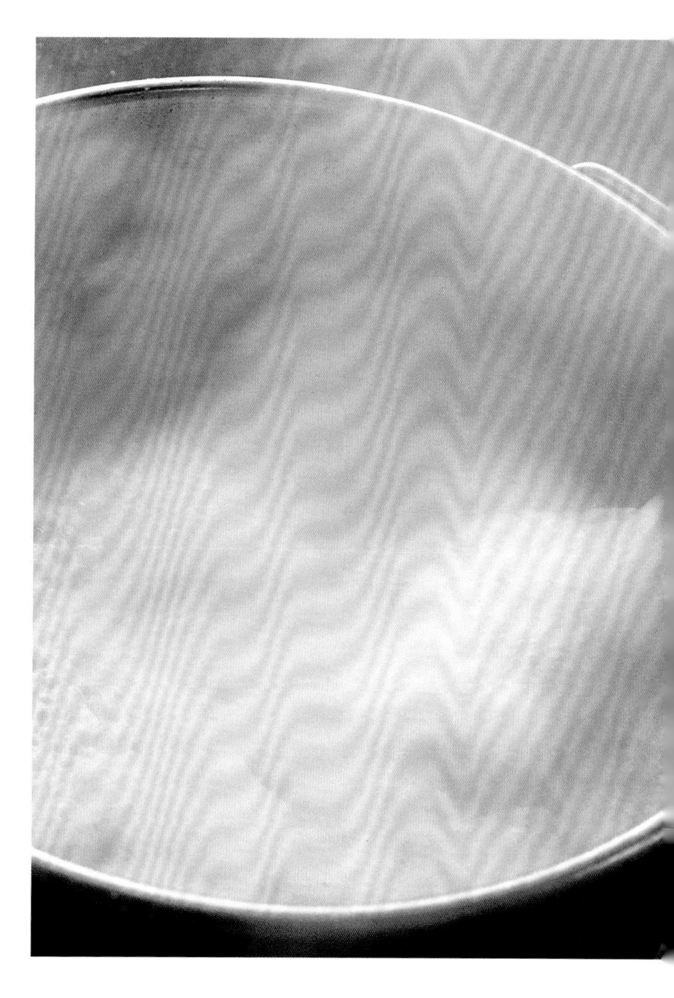

奶汤

原料： 理净老母鸡1只（约1200克），猪肚1个（约500克），猪蹄1只（约500克），猪肘1只（约300克），猪棒子骨2根（约1500克），生姜100克，大葱100克，清水40升

做法：

1. 猪肚、猪蹄、猪肘整理后洗净，与理净老母鸡一同放入汤锅中焯去血水捞出。
2. 将棒子骨垫入大汤锅底部，放入焯去血水的猪肚、猪蹄、猪肘和老母鸡，加入清水烧沸。
3. 扫去汤面上的浮沫，放入拍破的生姜、挽成结的大葱，用旺火滚熬约6小时，将熬汤的鸡、猪蹄、猪肘及其他料渣捞出过滤后即成奶汤。

牛肉汤

原料：牛骨 500 克，牛肉 250 克，清水 5 升，生姜 25 克，料酒 20 克，花椒 5 克，八角 3 克，桂皮 3 克，大葱 20 克

做法：

1. 将牛骨、牛肉洗净入沸水锅烫去血水后洗净，放入汤锅中加入清水。
2. 花椒、八角、桂皮装入纱布袋中，袋口绑紧放入汤锅，下入大葱、拍碎的生姜。
3. 大火煮沸除去浮沫，加入料酒，转中火慢慢熬 2 个小时过滤即成。

烂豌豆

原料：干豌豆 300 克，清水 1 升，小苏打 3 克

做法：

1. 干豌豆淘净后用水泡 15 ~ 16 小时至涨透。
2. 将涨透的豌豆沥干水分，倒进锅中，放入小苏打拌匀，静置 10 分钟。
3. 于豌豆锅中加入清水，以大火烧开，转中小火熬煮约 2 小时至烂烂、翻沙，沥去多余水分。
4. 取干净篦子放盆上，上垫双层纱布，将煮好的烂豌豆连汤汁舀入纱布上沥水。
5. 静置 2 ~ 3 小时至水分完全沥干即成。

水晶甜肉

原料：肥猪肉 300 克，白砂糖 50 克

做法：

采用熟猪肥膘肉切成小丁，加入白糖拌匀，放入冰箱冷藏蜜制 20 ~ 30 天即成透明油亮的甜肉丁。

金黄诱人的烂豌豆浇在面上，滋味更是诱人

猪肉抄手馅心

原料：猪腿瘦肉 500 克，清水 420 克，鸡蛋清 1 个，川盐 12 克，姜汁 25 克，胡椒粉 2 克，料酒 5 克

做法：

1. 将猪腿瘦肉洗净后，用绞肉机绞成细蓉状（传统是用刀背捶蓉）入盆内。
2. 加入川盐、胡椒粉及 1/4 ~ 1/3 的水，水必须分多次加入，边搅边加，用力顺着一个方向搅拌到见不到汁水，才能再加水。
3. 当全部清水都搅入后，将鸡蛋清倒入，再加入姜汁、料酒，继续拌至呈饱和的浆糊状即成馅心。

冰橘甜馅

原料：橘饼 150 克，冰糖 50 克，白糖 100 克，熟面粉 50 克（见 59 页），化猪油 150 克

做法：

1. 将橘饼切成细粒，冰糖压碎成细末，加入白糖、熟面粉拌匀。
2. 再下入化猪油反覆揉擦均匀，揉合成团即成。

玫瑰甜馅

原料：蜜玫瑰 25 克，白糖 200 克，熟面粉 75 克（见 59 页），化猪油 80 克

做法：

1. 将蜜玫瑰用刀切细放入盆中，加入白糖、熟面粉搅拌均匀。
2. 再下入化猪油反覆揉擦均匀，揉合成团即成。

成都市花椒海椒与香料的综合批发市场

糖色

原料：白糖（或冰糖）500 克，色拉油 50 克，水 300 克

做法：

将白糖（或冰糖）、色拉油入锅小火慢慢炒至糖溶化，糖液的色泽由白变成红亮的糖液，且糖液开始冒大气泡时，加入水熬化即成糖色。

[大师秘诀]

炒糖色要炒出香气，但颜色要嫩点，嫩一点的糖色可让成菜红亮回甜；糖色炒老了，颜色太深且容易发苦，影响成菜的口感。

姜汁（葱汁）

原料：生姜 10 克（葱 10 克），水 50 克

做法：

1. 用刀背把生姜（葱）拍破，置于碗中。
2. 将水倒入，浸泡约 10 分钟即成。

生姜汁

原料：生姜 50 克

做法：

1. 生姜切小块，再以刀背剁蓉。
2. 将生姜蓉装入棉布袋中挤取汁即成。

花椒水

原料：红花椒 3 克，沸水 60 克

做法：

1. 红花椒用清水洗净后，沥干置于碗中。
2. 将沸水倒入碗中，浸泡约 5 分钟，用漏勺捞去花椒即成。

动手做
天府
面制品
小吃

成都担担面

风味 · 特点 | 面条滑爽无汤，麻辣味鲜

道教圣地青城山的山门

 65

原料：（10 人份）

鲜面条 500 克（见 143 页），去皮猪肉 250 克，宜宾芽菜末 75 克，红油辣椒 30 克，酱油 80 克，葱花 35 克，川盐 2 克，料酒 15 克，保宁醋 15 克，鲜汤 400 克（见 149 页），化猪油 100 克

做法：

1. 将猪肉洗净，剁成绿豆大的粒。入炒锅中，开中火，加化猪油、料酒、川盐、酱油煵炒至酥香、色黄，起锅成面臊。
2. 先将酱油、芽菜末、葱花、红油辣椒、鲜汤、保宁醋等均分放入 10 个面碗中。
3. 锅中加清水烧沸，下入面条煮至成熟，分别捞入碗内，浇上肉臊即成。

[大师诀窍]

1. 掌握好各调味料的用量，根据个人喜好，可放红酱油等调味料，也可加大个别调味料的用量，如红油辣椒、花椒粉。
2. 煮面条，必须火大水沸之后面才下锅，水量应宽多，煮出来的面条才不会黏糊，才爽口。煮制期间根据火力酌情加些清水控制沸而不腾，煮至面条刚熟即可，煮得太软就没口感。
3. 此面条不需加汤或面汤，属干捞面类。

66

邛崃奶汤面

风味 · 特点 | 汤色乳白鲜美，面条滑爽不腻

原料：（10 人份）

鲜面条 500 克，胡椒粉 5 克，川盐 25 克，葱花 15 克，鲜青辣椒 120 克，理净老母鸡 1 只（约 1200 克），猪肚 1 个（约 500 克），猪蹄 1 只（约 500 克），猪肘 1 只（约 300 克），猪棒子骨 2 根（约 1500 克），生姜 100 克，大葱 100 克，清水 40 升

做法：

1. 猪肚、猪蹄、猪肘整理后洗净，与理净老母鸡一同放入汤锅中焯去血水捞出。
2. 将棒子骨垫入大汤锅底部，放入焯去血水的猪肚、猪蹄、猪肘和老母鸡，加入清水烧沸。
3. 扫去汤面上的浮沫，放入拍破的生姜、挽成结的大葱，用旺火滚熬约 6 小时成奶汤。
4. 将熬汤的鸡、猪蹄、猪肘捞出去骨，将肉切成小条，猪骨、鸡骨重新放入汤中继续用小火慢煨。猪肚另作他用。
5. 青辣椒洗净切细，加入川盐 15 克拌匀，分成 10 份即是青椒味碟，待用。
6. 面条入沸水中煮熟，捞入分别盛有胡椒粉 0.5 克、盐 1 克及奶汤 150 克的碗内，面上放鸡肉条、猪蹄、猪肘肉条，撒上葱花，与青椒味碟一起上桌食用。

[大师诀窍]

1. 熬汤用的鸡一定要选老母鸡熬制才有香气，熬汤、吊汤之前必须要除净血污水，以减少腥异味。
2. 熬奶汤需用旺火、中火轮番熬制，促使水溶性蛋白质与脂肪大量溶化释出，并在滚沸间相互作用而使汤色呈乳白色。
3. 面条上也可不加鸡肉、猪蹄，另作他用。

成都甜水面

风味 · 特点 | 滑中带韧，咸甜香辣

67

原料：（10 人份）

高筋面粉 500 克，水 250 克，川盐 10 克，复制甜酱油 100 克（见 148 页），红油辣椒 200 克（见 146 页），蒜泥 30 克，白芝麻油 35 克，菜籽油 25 克，酥花生碎 50 克

做法：

1. 面粉倒案板上，中间刨个窝，加清水、川盐和匀，揉成子面团，用湿纱布搭盖，饧 20 分钟左右。
2. 饧好的子面团再次揉制成圆团，压成饼状，两面抹上菜籽油，擀成 5 毫米厚的面皮，再切成 5 毫米宽的条，即成筷子粗面条。
3. 将面条入沸水中，煮至熟后分别捞入 10 个碗内，放入复制甜红酱油、红油辣椒、芝麻油、蒜泥、酥花生碎即成。

[大师诀窍]

1. 面团不可和得太软或过硬，如太软时加面粉调节，太硬加清水调整。
2. 复制甜酱油是此面条滋味的特色关键之一，建议自行熬制。
3. 有些地方，甜水面调味加芝麻酱或花椒粉等，属于地方口味。

68

宜宾燃面

风味 · 特点 | 色泽红亮，味鲜美香辣，面条爽口

原料：（10 人份）

鲜面条（细）500 克（见 143 页），复制红油 120 克（见 147 页），叙府芽菜 50 克，葱花 50 克，酱油 50 克，熟白芝麻粉 30 克，油酥花生 30 克，熟菜籽油 10 克

做法：

1. 将油酥花生剁成细粒。
2. 芽菜洗净切细，下锅用熟菜籽油炒香。
3. 用沸水旺火将面条煮熟，用漏瓢捞起，用力甩干水分，分装在 10 个碗内。
4. 每碗加入复制红油 12 克后尽快将面条抖散，直到均匀巴上红油并红亮，再加入酱油、芽菜、熟白芝麻粉、油酥花生粒和葱花即成。

[大师诀窍]

1. 面条质地要干，煮面的水要宽，火要旺，面下锅断生即捞出。久煮后拌制容易粘连，也不爽口。
2. 若时间许可，建议一碗碗煮制，而煮好的面条必须甩干水分，才能确保面条爽口。
3. 用油量可稍多一些，但不能放过多酱油之类带汁水的调料。
4. 若不吃辣，可将复制红油换成熟烫的化猪油或其他植物油拌制，即成白油燃面。

川味凉面

风味 · 特点 | 酸香麻辣回甜，味浓厚爽口

69

原料：（5 人份）

鲜面条（细圆）500 克（见 143 页），绿豆芽 150 克，复制甜酱油 100 克（见 148 页），酱油 80 克，白芝麻油 20 克，蒜泥 50 克，花椒粉 5 克，保宁醋 50 克，葱花 15 克，熟菜籽油 50 克

做法：

1. 将面条入沸水锅中，煮至断生后捞起，沥干水分，倒于大平盘上摊开，浇上熟菜籽油抖散、晾凉成凉面。
2. 绿豆芽洗净，在沸水中焯一水，捞出晾凉，放入面碗内，凉面放于豆芽上，然后将酱油、芝麻油、蒜泥、保宁醋依次浇在凉面上，最后撒上花椒粉并放葱花即成。

[大师诀窍]

1. 煮面条时要用旺火，水要宽敞而多，煮好的面条才净爽。
2. 成为凉面前还有晾凉的过程，因此煮至面条断生后立即捞出，不可久煮，做成的凉面才不会烂软不爽口。
3. 为确保凉面爽口，一般选用圆条细面为宜。
4. 浇油时，面条一定要抖散以利尽快凉透并均匀沾裹上油，避免粘连，如量大可用电风扇吹晾。
5. 调味上可任意改变添加其他调味料，也可用各种臊子，如熟鸡丝、熟肉丝，即成鸡丝凉面、肉丝凉面等品种。

70

麻辣小面

风味 · 特点 | 麻辣鲜香，爽滑利口

原料：（5 人份）

鲜面条 500 克（见 143 页），冬菜 30 克，酱油 80 克，葱花 30 克，红油辣椒 100 克（见 146 页），芝麻酱 25 克，蒜泥 20 克，花椒粉 10 克，白芝麻油 20 克，鲜汤 250 克（见 149 页）

做法：

1. 冬菜洗净，切成细末。
2. 面碗内放酱油、芝麻酱、芝麻油、红油辣椒、花椒粉、蒜泥及鲜汤。
3. 面条用沸水煮熟，捞入碗中，撒上冬菜末、葱花即成。

[大师诀窍]

1. 冬菜必须洗净泥沙，也可选用宜宾叙府芽菜。
2. 调味注意掌握咸淡，不能太淡或过咸，也可酌情添加红酱油或白糖、香醋。
3. 要重用红油辣椒，面碗中汤汁不可过多，滋味才浓郁。

麻辣豆花面

风味 · 特点 | 麻辣酥香脆嫩，味浓厚面条爽口

原料：（10 人份）

鲜面条 500 克（见 143 页），嫩豆花 500 克（见 256 页），馓子段 25 克，油酥黄豆 25 克，盐大头菜粒 25 克，芝麻酱 50 克，红油辣椒 50 克（见 146 页），酱油 150 克，花椒粉 3 克，葱花 25 克，甘薯粉 15 克，清水 300 克

做法：

1. 将甘薯粉用清水 50 克泡透、搅散成甘薯粉浆，锅中加清水 250 克左右烧沸，倒入甘薯粉浆搅成芡汁，把豆花舀入芡汁中，用微火保温。
2. 将红油辣椒、芝麻酱、酱油、花椒粉均分放入 10 个碗内，将煮熟的面条捞入调料碗内，然后舀入豆花，撒上馓子段、油酥黄豆、大头菜粒、葱花即成。

[大师诀窍]

1. 甘薯粉（红苕粉）一定要先浸泡透，搅散搅匀，才能倒入沸水锅中搅成熟芡，避免颗粒不散，造成夹生。
2. 芡汁一定要浓稠，才能巴味保温。
3. 面条不要煮得太软，否则口感糊成一团。
4. 不宜额外加汤在碗中，会破坏芡汁稠度，不能让滋味巴在面条上。

原料：（10 人份）

鲜面条（细）500 克（见 143 页），鲜鲤鱼 1 尾（约 400 克），水发玉兰片 35 克，水发金钩 25 克，水发香菇 25 克，鸡蛋清 1 个，芽菜末 15 克，葱 35 克，生姜 15 克，郫县豆瓣 25 克，川盐 7 克，料酒 10 克，胡椒粉 0.5 克，酱油 50 克，水淀粉 15 克，淀粉 15 克，保宁醋 8 克，花椒油 15 克，熟菜籽油 50 克，化猪油 250 克，红油辣椒 25 克（见 146 页），鲜汤 250 克（见 149 页），蒜末 15 克

做法：

1. 将鲤鱼去鳞理净，取下净鱼肉，切成指甲片，加入料酒、蛋清、淀粉、川盐 3 克拌匀。
2. 豆瓣剁细，取 25 克葱挽成结，剩余的葱切成细葱花。生姜拍破，金钩切细，香菇、玉兰片分别切成指甲片。
3. 炒锅置中火上，放入化猪油 200 克烧至四成热，放入鱼片滑炒至散籽捞出。
4. 将锅中化猪油倒出另做他用，下入熟菜籽油以中火烧至四成热，把豆瓣煵香，放入鲜汤熬出味后，捞去豆瓣渣，放入鱼骨，做法 2 的生姜、葱结，熬出鲜味，捞出鱼骨、姜葱。
5. 下入做法 2 金钩、芽菜末、玉兰片、香菇稍熬煮约 1 分钟，然后放川盐 4 克、鱼片、蒜末、保宁醋，勾入水淀粉，加入花椒油，成鱼羹臊子。
6. 取 10 个面碗，将酱油、胡椒粉、化猪油 5 克、红油辣椒均分放入碗中，将煮熟的面条捞入，浇上鱼羹臊子，撒上葱花即成。

[大师诀窍]

1. 鱼必须选用活鱼制作，也可用鲶鱼或鲫鱼、草鱼制作。
2. 滑鱼片时要注意油温不宜过高，锅要事先炙好以避免粘锅。
3. 熬鱼汤后必须要捞尽渣料，以免影响成品该有的细致感。
4. 勾芡不能太干，稀糊状即可，方便搅匀。
5. 芽菜末也可不在煮制鱼羹臊子时加入，而是捞入煮熟面条前放入碗内。

宋嫂面

风味 · 特点 | 鲜香浓厚，入口爽滑，微带麻辣

重庆市著名的解放碑广场

 73

红汤炉桥面

风味 · 特点 | 面条绵韧滑爽，味香麻辣咸鲜

原料：（8 人份）

高筋面粉 500 克，鸡蛋 2 个，清水 120 克，红油辣椒 100 克（见 146 页），花椒粉 8 克，酱油 75 克，红酱油 50 克，芽菜末 25 克，葱花 15 克，香油 5 克，鲜汤 250 克（见 149 页），扑粉适量（高筋面粉）

做法：

1. 面粉倒盆内，加入鸡蛋液、清水和成子面团，用湿纱布盖上饧约 25 分钟。
2. 将饧好的面团搓成直径 5 厘米的粗长条，扯成每个约 100 克的剂子，然后压扁，均匀扑上些许面粉，擀成厚约 2 毫米的圆面皮。
3. 再将圆面皮对叠成半圆形，用刀在半圆形的直边上切成面条状，但圆弧边留约 1 厘米不切断，展开圆皮成炉桥形面皮。
4. 将炉桥形面皮入沸水锅煮熟，每张面皮一份，分别捞入面盘内，加入适量的红油辣椒、酱油、红酱油、花椒粉、芽菜末、葱花、香油、鲜汤即成。

[大师诀窍]

1. 和面不要太硬或过软，太硬不好擀制，过软不易成形。
2. 擀面厚度要均匀，撒上面粉的目的是避免粘黏，使用要适量。
3. 煮面用大火，水要宽，煮好的面皮口感才筋爽。

74

豆汤手扯面

风味·特点|

面皮滑软，味道清香，咸鲜适口

原料：（10人份）

高筋面粉500克，清水8.25升，炽豌豆500克（见150页），熟猪大肠150克，猪骨400克，生姜50克，胡椒粉10克，川盐15克，酱油25克，葱花25克，鸡精5克，熟菜籽油2克

做法：

1. 猪骨洗净入锅，加清水8升烧沸后打尽浮沫，加入胡椒粉和拍松的生姜，以旺火熬约4小时至汤色呈乳白。熟猪大肠切薄片。
2. 面粉中加入川盐2克、清水250毫米揉成均匀的软子面团，静置饧20分钟以上，再搓好条盘成圈，备用。
3. 煮面前扯成重约10克的剂子，一碗面需8～10个剂子，每个抹少许熟菜籽油，依次用擀面杖擀成长方形面皮，再用手扯细拉薄成鸡肠状的面条。
4. 取小汤锅，舀入做法1的乳汤，加切成薄片的熟猪人肠20克和炽豌豆100克煮滚，再加入做法3扯好的面条煮熟，舀入放有适量川盐、酱油、鸡精、葱花的碗内即成。

[大师诀窍]

1. 熬制乳汤时务必保持滚沸状态，水要一次加足，汤才浓香。
2. 以加了猪大肠和炽豌豆的滚沸乳汤煮面条，面条才入味，才有浓郁的鲜香味。
3. 面团揉制时间要足，一定要揉至均匀，筋力佳才易于扯制成面条，口感也好。
4. 用手扯面，要用力均匀，避免扯破或扯断。

75

豌豆杂酱铺盖面

风味·特点| 面皮劲道滑爽，汤味鲜，臊子香

原料：（6人份）

高筋面粉500克，清水250克，炽豌豆200克（见150页），去皮猪肥瘦肉200克，酱油25克，甜面酱25克，川盐5克，葱花15克，原汤1500克（见148页），化猪油50克

做法：

1. 面粉中加川盐、清水揉和成软子面团，静置饧15分钟。
2. 锅内放化猪油烧热，下炽豌豆炒香至翻沙，加入原汤，放盐熬成豆汤。
3. 另将猪肥瘦肉剁碎，入锅加化猪油、甜面酱、酱油炒香成杂酱臊子。
4. 将饧好的面团扯下一小团，用力拉扯成一张厚薄均匀的面皮，入沸水锅煮熟捞入碗中，舀入豌豆汤，再浇上杂酱臊子，撒上葱花即成。

[大师诀窍]

1. 和面一定要将筋力揉摔到位。不停地反复揉摔至面筋力强为准。
2. 拉扯面皮时，不可拉扯穿面皮，一定要拉扯成极薄的大张面皮，一般两张面皮可盛一碗。
3. 可搭配多种面臊。

76

青菠檐檐面

风味 · 特点 | 色泽碧绿，面条爽滑，麻辣鲜香

原料：（10 人份）

手工青菠面 500 克（见 143 页），净猪肥瘦肉 300 克，芽菜 30 克，红油辣椒 100 克（见 146 页），花椒油 30 克，芝麻酱 30 克，蒜泥 25 克，葱花 35 克，料酒 15 克，酱油 80 克，化猪油 100 克

做法：

1. 猪肉剁成绿豆般大小的粒，加化猪油入锅中火炒制，加料酒、酱油 30 克炒至酥香成酥臊子。
2. 将酱油、红油辣椒、蒜泥、花椒油、芽菜、葱花、芝麻酱分别放入小碗内。
3. 锅内清水烧沸后，放入青菠面条煮熟，捞入碗中，舀入酥臊子即成。

［大师诀窍］

1. 肉臊一定要煵炒至酥，吃面时肉香味才浓而突出。
2. 碗内可放点煮面汤，以方便将面与调料拌匀，但不宜过多，多了滋味就会变淡。

77

新都金丝面

风味 · 特点 | 色泽金黄，细如丝线，咸鲜爽口，久置不糊

原料：（10 人份）

高筋面粉 500 克，鸡蛋 5 个，高级清汤 1500 克（见 149 页），鲜嫩小白菜叶 10 片，川盐 15 克，香油 25 克，扑粉（淀粉）300 克（实耗约 30 克）

做法：

1. 将面粉倒在案板上，中间刨个窝。将鸡蛋打入碗内搅散，倒入面粉中间的窝中，由内而外的将面粉与蛋液搅拌在一起成雪花片状，接着揉和均匀成团，再揉擂搓成光滑的全蛋面团，用湿纱布盖住饧 10 分钟左右。
2. 然后用双手握紧拳头擂压饧好的全蛋面团，使面团成长方形时，再扑上淀粉，用擀面杖推、擀、压，反复几次后成面皮。
3. 将面皮扑上淀粉再卷在擀面杖上压擀成约 0.5 毫米厚、可透字的极薄面皮。之后展开面皮，叠成几层，用专用切面刀切成棉丝粗细的面丝。
4. 将川盐、香油分别放入小碗内，加入高级清汤；小白菜叶烫熟捞起沥干水分，待用。
5. 锅中加入清水，烧沸后下入面条，待面条浮于水面，即可捞入面碗内，放上小白菜叶即成。

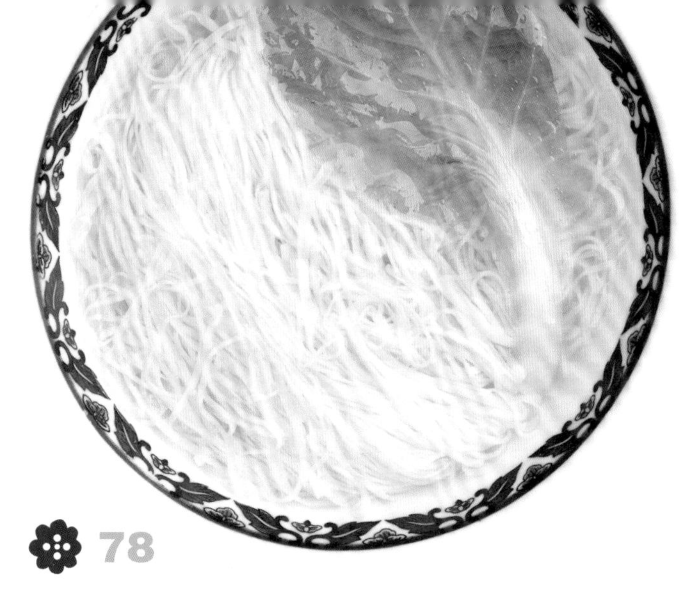

78

新繁银丝面

风味·特点 | 色泽银白，细如棉线，滑爽味美

原料：（10 人份）

精白面粉 500 克，鸡蛋清 10 个，高级清汤 1500 克（见 149 页），扑粉淀粉 300 克（实耗约 30 克），鲜嫩小白菜叶 10 片，川盐 15 克

做法：

1. 鸡蛋清入盆搅散，加入面粉揉和均匀，不粘手、不粘盆、面团表面光滑后取出，在案板上反复揉擂压，使蛋清充分与面粉融合，用湿纱布盖住饧 10 分钟左右成蛋清面团。
2. 将饧好的蛋清面团用擀面杖先从中间向两边按压，使之延伸，再反复擀压几次成面皮后撒上淀粉，将面皮裹在擀面杖上，推擀成极薄的面皮。
3. 边擀边撒淀粉，擀至面皮能透字时，将面皮多层折叠为宽约 7 ~ 8 厘米的条，用长形切面刀切成极细的面丝，即成银丝面。
4. 锅中加清水，烧沸后下入银丝面，浮起即捞入面碗。碗内加盐后倒入清汤，把小白菜叶汤熟，放在面上即成。

[大师诀窍]

1. 蛋清必须要搅散才能和面，才容易和均匀。
2. 揉面要注意掌握面团的软硬度，过软会粘黏，太硬容易断。
3. 合理使用淀粉擀制，每次擀压推后都应扑上淀粉，避免面皮粘连。
4. 此面条可使用各种面臊，如鸡丝、火腿、海参等。

[大师诀窍]

1. 搅蛋一定要尽量搅散，没完全搅散时可能产生面团颜色、质地不均匀的情况。
2. 揉和蛋液、面粉要抓拌至呈雪花片状时，才能将面团揉擂成团，揉得越匀越好。
3. 每擀压一次，均需扑淀粉，避免面皮粘连，掌握好淀粉用量，过多使用会造成面皮过硬。
4. 面条不能久煮，否则会影响清爽的质地和口感。

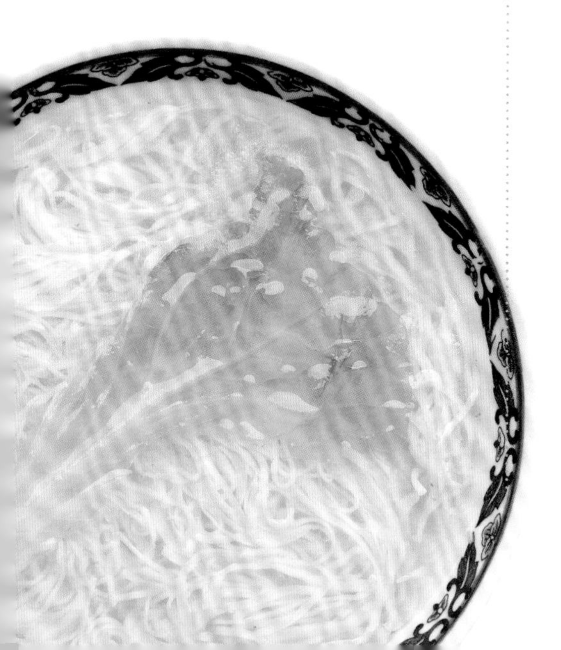

 79

清菠柳叶面

风味 · 特点 | 面色碧绿清秀，咸鲜味美形如柳叶

原料：（6 人份）

高筋面粉 500 克，菠菜汁 120 克（见 146 页），鸡蛋清 2 个，川盐 10 克，熟冕宁火腿丝 50 克，熟鸡丝 50 克，水发香菇丝 50 克，胡椒粉 3 克，化猪油 50 克，鲜汤 800 克（见 149 页），扑粉适量（淀粉）

做法：

1. 将菠菜汁、鸡蛋清与高筋面粉揉和成绿色面团，静置饧约 10 分钟。
2. 将饧好的绿色面团擀成薄面片，斜切成柳叶形的面条，扑粉待用。
3. 炒锅内放化猪油以中火烧至四成热，下熟火腿丝、熟鸡丝、香菇丝略炒，加入鲜汤，放川盐、胡椒粉烧入味成汤臊。
4. 将适量的柳叶形面条入沸水锅中煮熟，捞入碗内，舀入汤臊即成。

[大师诀窍]

1. 面团不可揉得太软，要揉成硬子面状态为宜。
2. 切柳叶形面条，应先将面皮整齐折叠成几层，用刀斜切。
3. 煮制时，也可先将面条略煮，再与汤臊一起煮制。柳叶面食法多样，一般多以汤臊为主。

 80

原料：（10 人份）

中筋面粉 500 克，鸡蛋清 2 个、胡萝卜 250 克，清水 50 克，川盐 5 克，芝麻酱 25 克，花生酱 25 克，复制甜酱油 35 克（见 148 页），复制红油 50 克（见 147 页），葱花 15 克，白芝麻油 15 克，蒜泥 20 克，香油 15 克

做法：

1. 胡萝卜洗净后榨汁。将胡萝卜汁 150 克同面粉、鸡蛋清、川盐和清水揉匀成软子面，用湿纱布盖上饧 15 分钟。
2. 将面团分成 10 个剂子（1 个剂子为一碗的量）搓成长条，双手捏住两头，拉扯搓圆成筷子粗的面条，入沸水锅中煮熟，捞入碗内。搭配用芝麻酱、花生酱、复制甜酱油、香油、蒜泥、红油、葱花对成的调味汁一起上桌，食用时再将调味汁淋入。

[大师诀窍]

1. 胡萝卜取汁要去尽渣料。使用渣汁分离的榨汁机较为方便。
2. 和面团不能太硬，揉软揉均匀，质地口感才爽滑绵软。
3. 面条不要拉扯断，一根面根据碗尺寸来拉，每根必须够装一碗。

体验四川最好的方式就是走进茶铺子

养生长寿面

风味 · 特点 | 面条细长滑爽，味香辣甜咸鲜，面长意义深远

81

三鲜支耳面

风味·特点 | 汤臊鲜美，口感爽滑，韧劲十足，形似猫耳

原料：（10 人份）

中筋面粉 300 克，清水 120 克，熟鸡脯肉 50 克，熟冕宁火腿 50 克，冬笋 50 克，化猪油 35 克，川盐 10 克，胡椒粉 2 克，鸡精 2 克，鲜汤 2000 克（见 149 页），姜片 15 克，葱白段 15 克，蘑菇 50 克，扑粉适量（中筋面粉）

做法：

1. 面粉中加清水揉成软子面团，静置饧 15 分钟。
2. 将熟鸡肉、熟火腿、葱花、冬笋分别切成指甲片。将炒锅内放化猪油烧热，下姜葱炒香，加入鲜汤烧沸后，捞去姜葱，加入鸡肉、火腿、冬笋、蘑菇，再加胡椒粉、鸡精、川盐烧好后，置于微火上保温，成三鲜汤臊。
3. 将饧好的子面团搓成直径约 1 厘米长条，用面刀切成 1 厘米长的小剂子。
4. 案板撒上少许扑粉，取一小剂子放上，用拇指按住，用力在案板上推擦成猫耳朵形面块。依此方法将全部小剂子推擦好。
5. 将猫耳朵面块入沸水中煮熟后，捞入三鲜汤臊锅中，略煮再分装入碗内即成。

［大师诀窍］

1. 面团要多揉制，使其均匀有劲，并以多次加水的方式控制软硬度。
2. 用大拇指揉面块，用力要均匀，顺势而成自然卷曲状。
3. 面团太硬，推擦时易断裂，过软则会不成形。
4. 面块也可先煮制成熟后捞起，用清水漂凉，食用时再加入汤臊中煮热。

82

香菇海螺面

风味·特点 |

咸鲜味美，面形似海螺，绵韧可口

原料：（10 人份）

中筋面粉 500 克，清水 220 克，猪肉 200 克，水发香菇 25 克，午餐肉 35 克，水发玉兰片 100 克，胡椒粉 5 克，酱油 40 克，姜末 25 克，川盐 10 克，化猪油 100 克，鲜汤 1000 克（见 149 页）

做法：

1. 中筋面粉置于案板上，加入清水，揉制成软子面团，盖上湿纱布静置饧 15 分钟。
2. 将饧好的软子面团搓成 1 厘米粗的条，再切成 1 厘米长的小剂，将每个小剂压在干净木梳上，压上梳齿状纹，再扭成海螺形成海螺面。
3. 起沸水锅，下入海螺面煮熟后捞起，倒入清水中漂凉。
4. 猪肉洗净，切成指甲片状，午餐肉、水发玉兰片、香菇也分别切成指甲片。
5. 锅内下化猪油以中火烧至四成热，放入肉片炒散，加川盐、姜末、酱油炒上色，下入午餐肉、香菇、玉兰片、鲜汤烧沸入味后，再将做法 3 漂凉的海螺面沥干，下入锅内煮热，盛入碗内加适量胡椒粉即成。

［大师诀窍］

1. 和面的用水量要掌握准确，不能太硬或过软，确保造型不走样。
2. 面团要反复揉制 3 分钟以上，成品口感才绵韧。

3. 用手指按压梳齿状纹时，用力要均匀，成形一致才显精致。
4. 煮烩时汤量要恰当，调辅料不能过多，否则过咸而没了鲜香味。

83

旗花面

风味 · 特点 | 颜色鲜艳，味咸鲜爽口

原料：（10 人份）

中筋面粉 400 克，胡萝卜 500 克，蘑菇 50 克，午餐肉 50 克，去皮青笋 100 克，化猪油 50 克，水发黑木耳 50 克，川盐 10 克，胡椒粉 3 克，鲜汤 1500 克（见 149 页）

做法：

1. 胡萝卜洗净后用榨汁机榨汁，将 180 克胡萝卜汁与面粉和成红色面团，揉匀后静置饧 15 分钟。
2. 用擀面杖将饧好的红色面团擀压成薄面皮，切成三角旗子形面块。
3. 蘑菇、午餐肉、去皮青笋分别切成片，木耳撕成小块。
4. 炒锅内放化猪油以中火烧至四成热，下入青笋、蘑菇片炒熟，加入鲜汤，放入午餐肉片、木耳、川盐、胡椒粉，然后将面块放入一并烩煮成熟即成。

[大师诀窍]

1. 和面时可加少许盐，菜汁颜色可随意加减，不足的水用清水补足，但避免水分过多。
2. 面团要反复揉制 3 ~ 4 分钟，成品口感才绵韧。
3. 也可先把面块煮熟，再加入汤臊中一并烩制。
4. 旗子形为 3 厘米宽，约 9 厘米长的三角形，称为旗子或旗花。

84

素椒麻花面

风味 · 特点 | 咸甜香辣，绵韧爽口，风味尤佳

原料：（10 人份）

中筋面粉 400 克，淀粉 50 克，鸡蛋清 1 个，川盐 5 克，清水 135 克，红油辣椒 100 克（见 146 页），酱油 35 克，复制甜酱油 50 克（见 148 页），蒜泥 50 克，芝麻酱 35 克，白芝麻油 5 克，花椒油 3 克，油酥花生仁 35 克（见 256 页），葱花 15 克

做法：

1. 面粉与淀粉混合均匀，加川盐、鸡蛋清和清水揉和成硬子面团，静置饧约 15 分钟。
2. 将饧好的面团擀制成宽 10 厘米、厚 2 毫米的面皮，再切成约 2 毫米粗的面条。
3. 然后将 3 根面条为一组，用手将面条扭成麻花形状，成麻花面生坯。
4. 锅内烧沸水，下麻花面生坯煮至熟透，捞入碗内，加入酱油、复制甜酱油、红油辣椒、蒜泥、芝麻酱、白芝麻油、油酥花生仁、花椒油、葱花即成。

[大师诀窍]

1. 麻花面团软硬度应恰当，不能过软或太硬，才好操作，成形漂亮。
2. 面团必须多揉制，口感较佳，静置时间不能过长，以避免变质。
3. 扭面条的技巧为两手捏面条两端时要一手的手背向内、一手的手背向外捏住，再往相反方向一扭就成麻花形。

85

番茄虾仁面

风味·特点｜鲜嫩爽滑，咸鲜适口

原料：（6 人份）

中筋面粉 500 克，鲜虾仁 200 克，番茄 150 克，鸡蛋清 3 个、清水 120 克，姜末 5 克，川盐 16 克，胡椒粉 5 克，化猪油 100 克，奶汤 700 克（见 149 页），豌豆尖 100 克，葱花 15 克，淀粉 5 克，扑粉适量（淀粉）

做法：

1. 面粉中加 2 个鸡蛋清、川盐 3 克、清水揉和成硬子面。用湿纱布搭盖静置饧 15 分钟，用擀面杖擀制成 1 ~ 2 毫米厚的薄面皮，切成条状的面条。
2. 虾仁去净沙线洗净，切成小颗粒，用淀粉、蛋清 1 个、川盐 2 克上浆；番茄撕去皮，切成小丁；豌豆苗洗净。
3. 炒锅内加化猪油 70 克烧热，转中小火，下虾仁滑炒散籽，加姜末、番茄丁、胡椒粉、川盐 5 克炒匀，加奶汤 100 克略烧入味成虾仁面臊。
4. 每一面碗内放川盐 1 克、化猪油 5 克、奶汤 100 克及葱花、胡椒粉，把面条入沸水锅中煮熟捞入碗中，浇入面臊，豌豆尖汆熟放在面臊上即成。

[大师诀窍]

1. 虾仁上浆不能太厚，下油锅的温度不宜过高，确保颜色洁净。
2. 虾仁臊的汤汁不可过多，适量即可。
3. 面条也可用机器压成面皮，再用刀切成面条。

86

奶汤海参面

风味·特点｜汤臊鲜美，清淡可口

原料：（10 人份）

鲜面条 500 克（见 143 页），水发海参 150 克，熟鸡肉 50 克，口蘑（蘑菇）50 克，熟火腿 55 克，姜片 20 克，葱段 30 克，川盐 10 克，胡椒粉 5 克，化猪油 50 克，奶汤 1200 克（见 149 页）

做法：

1. 将水发海参、熟鸡肉、口蘑、熟火腿分别切成指甲片状。
2. 炒锅内放化猪油中火烧热，下姜葱炒香，加入奶汤 200 克，捞出姜葱不用，放入海参、鸡肉、火腿、口蘑、胡椒粉、川盐，转小火慢煨至入味，起锅成汤臊。
3. 面条入沸水锅内煮熟，捞入有奶汤 100 克的碗内，舀入海参汤臊即成。

[大师诀窍]

1. 制作汤臊时，不可急火煮，因海参须在高汤中小火慢煨才能入味。
2. 面臊味不可过咸，宜淡雅才能体现精致鲜美。
3. 面条可换成银丝面，整体风格更加精致。

红烧排骨面

风味 · 特点 | 颜色红亮，排骨酥软，味道鲜美

原料：（5 人份）

鲜面条 500 克（见 143 页），猪排骨 400 克，剁细郫县豆瓣 50 克，料酒 20 克，拍破姜块 20 克，葱结 35 克，川盐 5 克，酱油 75 克，红酱油 25 克，白糖 10 克，熟菜籽油 150 克，化猪油 50 克，葱花 20 克，鲜汤 1000 克（见 149 页），胡椒粉 3 克，花椒 0.5 克，八角 0.5 克，山柰 0.5 克

做法：

1. 猪排骨洗净，斩成短段。锅内加熟菜籽油，下排骨煸炒至水分干，下入料酒、豆瓣、姜、葱结、花椒，炒上色后加入鲜汤 200 克，放八角、山柰、酱油、红酱油、白糖、川盐烧至入味汁浓，去尽香料、姜葱起锅成排骨臊子。
2. 碗内放酱油、胡椒粉、化猪油、葱花和热鲜汤，把煮熟的面条捞入碗内，舀入排骨臊子即成。

[大师诀窍]

1. 选用纯肋排，斩成约 2.5 厘米长的段即可。
2. 排骨一定要烧至肉能离骨，汤汁要浓稠。
3. 碗底调料味不可过咸。可酌情加红油辣椒。

88

牛肉罐罐面

风味 · 特点 | 汤浓肉香，面条滚烫，咸鲜味美

原料：（5 人份）

鲜面条 500 克（见 143 页），黄牛肉 400 克，水发干笋 300 克，生姜 20 克，葱段 35 克，花椒 0.5 克，八角 2 克，山柰 2 克，草果 2 克，桂皮 2 克，料酒 20 克，糖色 50 克（见 152 页），川盐 8 克，酱油 50 克，胡椒粉 5 克，香菜 50 克，熟菜籽油 100 克，牛肉汤 1500 克（见 150 页）

做法：

1. 牛肉洗净，切成小块，水发干笋切成斜短段，入沸水中汆一水捞出。
2. 炒锅中放熟菜籽油烧热，下入牛肉块煸炒干水分，放第 4 ～ 11 种调料继续炒香，再把糖色、酱油、川盐、胡椒粉入锅煸炒后加入牛肉汤烧沸，转小火烧制。
3. 待牛肉熟后，加入干笋段继续烧至入味肉糯后，拣去姜葱及香料，分别舀入小砂锅罐内，再灌入适量牛肉汤。
4. 将面条入沸水锅中煮熟，捞入小砂锅罐内，再将砂锅罐放在火眼上煨煮，当面条软且入味后离火，撒上香菜即成。

[大师诀窍]

1. 牛肉应选用牛肋条部位，熟制后滋糯可口。
2. 烧牛肉先用大火烧沸，后用小火慢烧，一定要烧至软糯。
3. 牛肉臊也可调制成家常味或麻辣味等风味。
4. 砂锅罐内加汤一定要掌握好，过少过多都会影响口味品质。
5. 烧牛肉臊时，香料、花椒可用一纱布包裹后再放入烧制，便于捞出。

农贸市场中的米花糖摊摊

89

碎肉豇豆面

风味·特点 | 麻辣鲜香，爽滑，臊酥嫩脆，诱人食欲

原料：（5人份）

鲜面条500克（见143页），去皮猪肥瘦肉100克，鲜豇豆200克，辣椒粉20克，料酒5克，酱油50克，白芝麻油10克，红油辣椒50克（见146页），花椒油5克，葱花35克，川盐10克，泡菜盐水150克，色拉油50克

做法：

1. 鲜豇豆洗净后切成细粒，用川盐、泡菜盐水拌匀入味。
2. 猪肉洗净剁碎，入锅加色拉油炒散籽，烹入料酒、酱油煵炒至肉末酥香，加入豇豆末炒匀再加入辣椒粉炒制，即成豇豆肉末臊子。
3. 面碗中放入酱油、红油辣椒、花椒油、芝麻油、葱花，捞入煮熟的面条，浇上豇豆肉末臊子即成。

[大师诀窍]

1. 豇豆须切细，用盐要合适，炒制前须将豇豆水分挤干。
2. 肉末应将水分炒干后，再加入料酒、酱油煵炒上色。
3. 豇豆末下锅后，不宜久炒，确保爽脆口感。
4. 面碗中底味的调味不能过咸。

成都的深秋一片金黄

90 崇州渣渣面

风味 · 特点 |

面条滑爽适口，臊子酥香化渣，味浓厚

原料：（5 人份）

鲜面条（细）500 克（见 143 页），全瘦猪肉 200 克，川盐 20 克，酱油 50 克，红油辣椒 100 克（见 146 页），白芝麻油 5 克，花椒粉 5 克，细葱花 25 克，保宁醋 10 克，化猪油 35 克

做法：

1. 猪瘦肉切成条，入锅内略煮至熟，捞出沥水后用刀剁成肉末。
2. 锅置中火上，将肉末入锅煸炒至呈干肉末状，加川盐炒匀成渣渣状面臊。
3. 碗内放入酱油、红油辣椒、白芝麻油、化猪油、花椒粉、保宁醋、葱花，捞入煮熟的面条，舀上臊子即成。

[大师诀窍]

1. 猪肉条不可煮得过久，避免肉味过度流失，影响面臊风味。
2. 肉末剁得越细越好，近似肉渣渣。
3. 面条的调味可酌情添加，也可不放花椒油，或不放醋，还可调成清汤咸鲜味的渣渣面。

91 荷包蛋番茄面

风味 · 特点 | 汤味鲜美，蛋香酥软，面条爽口

原料：（5 人份）

鲜面条 500 克（见 143 页），鸡蛋 10 个，番茄 200 克，胡椒粉 3 克，川盐 5 克，葱花 25 克，鲜菜 250 克，化猪油 150 克，鲜汤 1500 克（见 149 页）

做法：

1. 10 个鸡蛋依序磕破，入锅用化猪油一一煎成荷包蛋。
2. 番茄洗净，去皮切成小丁，入锅加化猪油 50 克炒香，加入鲜汤，放川盐、胡椒粉，大火熬制成番茄汤。
3. 面条入沸水锅中煮熟，捞入 10 个面碗中，将菜叶汆熟放在面条上，舀入番茄汤，再放上一个煎荷包蛋，撒上葱花即成。

[大师诀窍]

1. 熬番茄汤要用大火熬才会浓，也可将煎蛋一同放汤内熬制，别有风味。
2. 也可将 10 个鸡蛋磕入碗中搅散，加入川盐 3 克搅匀，再入锅用化猪油 150 克分别煎成两面酥香金黄色的蛋饼 10 个，即是番茄煎蛋面。
3. 面条如选用挂面，即为荷包蛋挂面。

92

烫面油糕

风味·特点 | 色泽金黄，外酥内嫩，香甜爽口

原料：（20 人份）

中筋面粉 500 克，清水 600 克，红糖 200 克，熟面粉 75 克（见 59 页），小苏打 3 克，熟菜籽油 2500 克（实耗 250 克）

做法：

1. 锅中加入清水烧沸后，将面粉倒入锅中烫熟，边倒边搅至不粘锅时取出，放在案板上摊开晾凉，然后加入小苏打揉匀。
2. 红糖切细后，加熟面粉揉匀成馅心，分成 20 份待用。
3. 将烫面分成 20 个小面剂，分别擀成长方形面片，包入馅心，压成宽 4 厘米、长 6.5 厘米、厚 0.8 厘米的长椭圆状糕坯。
4. 炒锅置中火上，放熟菜籽油烧至六成热，一一下入糕坯炸制。
5. 至两面呈米黄色时捞起沥油静置约 3 分钟后，再次下六成热油锅炸至色金黄而皮脆，馅心呈半流体状即成。

[大师诀窍]

1. 揉红糖馅时可适当加少许油脂和核桃仁、蜜玫瑰等。
2. 烫面一定要烫至全熟，因此增加水量烫制。
3. 面剂子应抹少许熟菜籽油在表面以方便擀制。
4. 油糕的坯形呈两头稍厚一点，中间稍微薄些。
5. 油温应控制好，炸制的油温不宜过低。要通过两次炸制的方式才能炸出表面金黄而脆，馅心呈半流体状的效果。
6. 刚炸好的烫面油糕馅心温度极高，要小心食用。

原料：（20 人份）

高筋面粉 500 克，清水 200 克，川盐 20 克，白糖 10 克，豆沙馅 150 克（见 57 页），化猪油 2000 克（实耗 500 克）

做法：

1. 先把面粉放入盆中，加入清水、川盐、白糖，搅拌均匀揉合成团后，上压面机，压成长面片，再把面片用切面机切成 0.3 厘米的粗面条待用。
2. 把化猪油 500 克烧至三成热，倒入圆盘内，把面条放进油里浸约 30 分钟至透，把浸过油的面条，盘在另一个圆盘内。豆沙馅分成 20 份备用。
3. 10 分钟后将盘在圆盘中的全部面条拿起，均匀的拉长、拉细，盘入另一圆盘中。每 10 分钟拉一次，拉至面条呈细如发丝的面丝。
4. 将面丝整束拉出后放在面板上，用手把面丝压扁，包上豆沙馅收口，稍压一下成饼，放入冰柜冻 15 分钟使其定形，待用。
5. 平底煎锅中下入能够淹过饼坯一半的猪油，文火烧至四成热，把冻好的饼坯放入，煎至起酥，两面浅黄色，起锅即成。

[大师诀窍]

1. 面条只留用厚薄粗细一致的泡入油中，油的温度不能高或低，温油把面条浸透，才能改变面性而有极佳的延展性。
2. 拉面时手上用力要均匀，使面粗细均匀，避免断掉。
3. 包馅收口需压实稳，以免煎好的饼变型、漏馅。
4. 入冰柜冻具有定形的效果，因化猪油在低温下会凝结，便于下锅。

93 银丝饼

风味 · 特点 | 入口酥化，细如发丝，皮酥馅香

94

老成都玫瑰鲜花饼

风味 · 特点 | 色白酥香，香甜化渣，爽口不腻

原料：（20 人份）

精白中筋面粉 500 克，清水 140 克，鲜玫瑰花 20 克，白糖 200 克，化猪油 2000 克（约耗 250 克），熟面粉 75 克（见 59 页）

做法：

1. 面粉 350 克中加入化猪油 50 克、清水揉匀成油水面，用湿纱布盖上静置饧面。
2. 另 150 克面粉加入化猪油 75 克制成油酥面，分成 20 份待用。
3. 玫瑰花瓣用清水洗净，沥干水分，晾干后与白糖 100 克揉搓，揉搓拌匀成蓉状，加入化猪油 80 克、白糖 100 克、熟面粉拌匀成玫瑰鲜花馅。
4. 将油水面搓条，扯成面剂，分别包入油酥面，按扁擀成牛舌形片，由外向内卷成筒，再按扁擀成圆面皮。
5. 取圆面皮包入馅心封口，按扁成圆饼形生坯，再于饼坯中心印一朵红色的小花。
6. 锅内放化猪油烧至三四成热，将饼坯放入锅中，用小火炸至饼面起酥，浮面后捞出即成。

[大师诀窍]

1. 玫瑰花只用花瓣，要使劲同白糖揉搓，让花香及特有滋味释出。
2. 油水面和油酥面要软硬一致，口感才能化渣。
3. 此酥饼的饼皮组成为油水面占 2/3，油酥面占 1/3。
4. 炸制时注意控制好油温，不可用大火。
5. 也可用鲜茉莉花、鲜菊花做成鲜花内馅。

95

重阳酥饼

风味 · 特点 | 皮酥化渣，甜香可口，两色分明

原料：（20 人份）

中筋面粉 500 克，清水 140 克，冰糖 50 克，橘饼 50 克，白糖 200 克，熟面粉 50 克（见 59 页），化猪油 2000 克（约耗 250 克），食用红色素少许

做法：

1. 面粉 350 克中加入化猪油 50 克、清水揉匀成油水面。将做好的油水面 250 克加食用红色素揉匀成粉红色面团待用。
2. 另 150 克面粉加入化猪油 75 克，揉擦均匀成油酥面。
3. 冰糖压成碎粒，橘饼切成细粒，与白糖、化猪油 120 克、熟面粉和匀制成冰橘馅，分成 40 份备用。
4. 将白色油水面分成 20 个小剂子，包入油酥面，擀成牛舌形面片，裹成筒状，按扁擀成圆面皮，包入馅心搓圆，再按扁成圆饼形生坯。
5. 粉红色的油水面，按做法 4 做成粉红色圆饼生坯，成品比白色圆饼略小。
6. 粉红色圆饼生坯的一面抹少许清水粘在白色饼坯上，入化猪油锅以三成热油温炸制成熟即可。

[大师诀窍]

1. 油水面中加油不宜过多，需要反复多揉制，要不粘手不粘板。
2. 粉红色油水面不宜染色过深。面团需用湿纱布盖上，以免风干。
3. 擀酥面要用力均匀、平稳，不可破酥。
4. 炸制时应用新油，油温不宜过高，用三成热油温炸制即可，确保颜色洁净。

96

红糖馅饼

风味 · 特点 | 色金黄，绵软甜香

原料：（10 人份）

中筋面粉 500 克，老发面 50 克（见 137 页），清水 200 克，切细红糖 250 克，蜜桂花 2 克，熟白芝麻 20 克，熟菜籽油 50 克，白糖 25 克，小苏打 4 克

做法：

1. 面粉中加入老发面、清水揉匀，静置发酵半小时成发面，加入小苏打、白糖揉匀成正碱发面，静置饧 20 分钟待用。
2. 熟白芝麻 15 克压碎成粉；将切细红糖、蜜桂花、芝麻粉拌匀成红糖馅。
3. 将发面搓条扯成 20 个面剂，分别包入红糖馅搓圆，沾少许白芝麻后按扁成圆饼生坯。
4. 平底锅置中小火上，烧至五成热，抹上熟菜籽油，放入饼坯，有芝麻的面朝下，用小火烙成黄色翻面。
5. 淋入少量水盖上锅盖至水分蒸发干，略烙至底部呈金黄色即成。

[大师诀窍]

1. 发面不能过老，宜用子发面，口感较扎实。
2. 饧面必须用湿纱布搭盖，以免表面风干。
3. 烙制饼时，火力要均匀，火候不宜过大，加清水后盖上锅盖可加速熟透且熟度均匀。

97

菠汁牛肉饼

风味·特点｜松泡酥软，馅鲜香，味醇厚

四川雅安汉原县九襄，清道光年间拔贡黄体诚为旌表其母节孝而请旨修建的石牌坊，其上刻有48部川剧戏曲，雕工极为精美

原料：（20人份）

中筋面粉500克，菠菜汁240克（见146页），酵母粉10克，泡打粉5克，白糖25克，牛肉400克，剁细郫县豆瓣20克，料酒10克，醪糟汁15克，川盐4克，胡椒粉2克，姜末20克，葱花50克，花椒油15克，熟菜籽油250克

做法：

1. 牛肉洗净去筋膜，用刀剁成碎米。锅中下入熟菜籽油中火烧至五成热，下入一半牛肉碎、剁细郫县豆瓣、料酒、醪糟汁、川盐1克、胡椒粉、姜末炒香成熟，盛入盆中。
2. 在炒制好的馅料中加入另一半生牛肉碎混合拌匀，加入川盐3克、葱花、花椒油拌匀成牛肉馅。
3. 将菠菜汁与面粉、酵母粉、泡打粉、白糖和匀，揉成绿色发酵面团，用湿纱布盖上静置发酵15分钟。
4. 将发面团搓条扯成20个面剂子，分别擀成面皮，包入馅心，做成圆饼状生坯，入笼内摆放整齐，饧发约25分钟。
5. 待饧发好后，用沸水旺火蒸约12分钟至熟。
6. 取出蒸熟的牛肉饼，放入平底锅中用少许熟菜籽油煎烙成两面微黄，底面酥香即成。

［大师诀窍］

1. 必须选用黄牛腿肉，口感、风味较足，去净筋膜确保口感。
2. 炒牛肉馅不能久炒，馅心必须晾凉后才能包制。
3. 和面时掌握好菠菜汁的量，面团不可太软或过硬。
4. 必须待制品饧发膨胀充分后，才能蒸制，否则可能产生回缩现象。
5. 煎烙时，不可过久煎制，使得饼皮发硬，表面微黄，底面酥香色黄即可。

98

三丝春卷

风味 · 特点 | 皮色米白有劲，馅鲜脆爽宜人

原料：（20 人份）

中筋面粉 500 克，清水 400 克，胡萝卜丝 200 克，三月瓜（西葫芦）丝 100 克，小黄瓜丝 300 克，川盐 2 克，酱油 15 克，保宁醋 5 克，红油辣椒 15 克（见 146 页），白糖 3 克

做法：

1. 面粉中加入川盐 2 克、清水和匀成粑子面，用手不断地搅动直至筋力增强，提起不粘在手上为止，静置饧约 20 分钟。
2. 用云板锅置小火上烧热，微微抹一点油，手提面坨摊在锅上抹一转，提起面坨，面皮烘干即成春卷面皮，直至全部摊完。
3. 将酱油、保宁醋、红油辣椒 15 克、白糖混和均匀成蘸水，备用。
4. 面皮 1/3 处放上适量胡萝卜丝、三月瓜丝、小黄瓜丝，由内向外卷裹成卷，即成春卷。
5. 食用时，蘸上做法 3 的蘸水食用。

[大师诀窍]

1. 子面要多搅拌，必须同方向才能把筋力搅提出来。
2. 摊皮的锅内不能留有油迹。
3. 摊春卷皮的火力需用小火，火候要均匀。

成都市金丝街的邱二哥是少数坚持手工制作老成都传统白面锅魁工艺及风味的师傅

遂宁著名的芥末春卷有着独特的风情，拿了就直接往嘴里塞，虽然“冲”的让人鼻涕眼泪直流，那独特滋味可是连小学生也抵挡不住

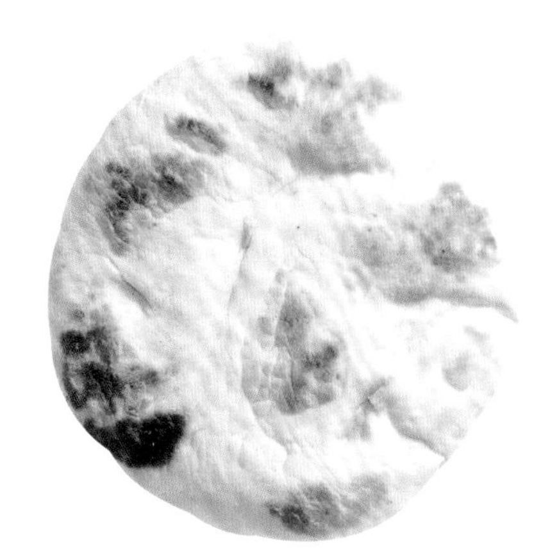

99

老成都白面锅盔

风味 · 特点 | 皮白松泡，清香回甜，绵韧嚼劲

原料：（10 人份）

中筋面粉 500 克，老发面 50 克（见 137 页），清水 200 克，化猪油 35 克，小苏打 4 克

做法：

1. 先用 20 克水溶化小苏打成小苏打水。面粉置案板上，中间刨一个窝，加入老发面、清水 180 克调匀揉成发面团，盖上湿纱布巾发酵约 2 小时。
2. 在案板上揣开发面，加入小苏打水揉匀成正碱发面，静置饧 15 分钟。
3. 取 70 克发面揉入化猪油成油酥面，分成 10 份备用。
4. 将发面搓条，扯成 10 个面剂，分别包入 1 份油酥面，用手压扁，擀成直径约 12 厘米、厚约 1 厘米的圆饼坯。
5. 将锅盔坯放在鏊子锅上烙至表面发白微黄，翻面再烙至饼坯发硬起芝麻点（也称锅巴点）能立起时，放入炉膛内烘烤，烘烤 1 ~ 2 分钟后翻面，当饼鼓胀、松泡取出即成。

[大师诀窍]

1. 此锅盔需用刚发酵的子发面制作，不能发得太涨，口感才绵韧有嚼劲。
2. 包油酥面不能包得太涨太多，宜少。
3. 烙饼的火力要均匀分散，避免焦煳。

100

彭州军屯锅盔

风味·特点 | 色泽金黄，外酥起层，咸鲜香麻，爽口宜人

原料：（10人份）

中筋面粉560克，老发面100克，清水200克，猪肉250克，鸡蛋清3个，化猪油135克，葱75克，生姜末35克，五香粉1.5克，胡椒粉3克，川盐6克，花椒粉5克，白芝麻3克，菜籽油125克，小苏打3克

做法：

1. 面粉500克加入清水与老发面揉匀成面团，静置发酵约30分钟后，加入小苏打揉匀成正碱发面，待用。
2. 将化猪油60克、鸡蛋清、面粉60克调匀制成油酥（俗称鸡蛋酥面团）。
3. 猪肉剁细加入切细的葱，与生姜末、五香粉、胡椒粉、川盐、花椒粉拌匀成馅。
4. 将发面揉光滑搓成条，扯成10个面剂，略擀成长形后用手与另一手的擀面棍配合，将面剂摔打成薄条状。
5. 在薄条状面剂上抹一层油酥及一层肉馅，由外而内裹成圆筒状，竖起后沾上白芝麻压扁，再擀成圆饼状即成饼坯。
6. 将锅盔饼坯放在鏊子上（铁制平底锅），放入菜籽油用中火煎烙至两面微黄，再夹入炉膛内烘烤约2分钟，至表面色呈金黄、酥脆后出炉即成。

[大师诀窍]

1. 此发面不宜发酵得过老，宜采用刚刚发酵有微酸味的子发面。
2. 油酥不能调得过干，不利于涂抹。
3. 裹卷圆筒沾芝麻后，应竖立按扁，成品的起酥面才会正确。
4. 煎烙的火力不宜过大，过大容易外焦内生，火力平稳均匀才能外酥内香。

军屯锅盔独特的甩面片功夫，加上发出的响亮的啪啪声，常引人驻足观看，看着看着嘴就馋了，忍不住买上一个吃吃

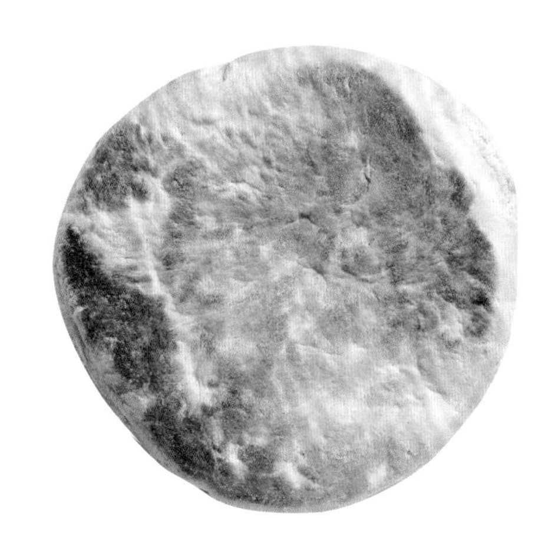

101

混糖锅盔

风味 · 特点 | 绵软适口，甜爽宜人，底色棕红

原料：（10 人份）

中筋面粉 500 克，老发面 100 克（见 137 页），清水 200 克，45℃温热水 150 克，剁细红糖 120 克，熟菜籽油 15 克，小苏打 4 克

做法：

1. 将面粉 300 克加入温热水，揉匀成子面；其余面粉加入老发面、清水揉匀成发面，发酵约 2 小时。
2. 将子面及发面加入切细红糖揉和在一起，再撒入小苏打反复揉匀成红糖子发面。
3. 将红糖子发面搓成条，扯成 10 个面剂，逐个将面剂反复揉匀揉光滑。
4. 再搓成圆砣，用手按扁，擀成直径约 12 厘米，厚 1 厘米的圆锅盔饼坯。
5. 鏊子锅烧热，刷少许熟菜籽油，放上锅盔饼坯，两面烙成三成熟，表面起锅巴点色黄时，放入炉膛内烘烤成熟即成。

[大师诀窍]

1. 子发面要用力反复揉制，越均匀口感越是宜人。
2. 红糖也可先用一部分放入要加入面粉的清水中溶化后再加入面团中。
3. 烙制的火候应分布均匀，不宜火力过猛，容易烧焦。

102

白面锅盔

风味·特点 |

色白柔软，空心起层，可夹各种凉拌菜、卤肉等食用

原料：（10人份）

中筋面粉500克，老发面50克（见137页），沸水60克，清水160克，小苏打2克

做法：

1. 取中筋面粉100克加入沸水烫成烫面，揉匀晾凉。
2. 另400克中筋面粉，加入老发面、清水和匀，揉制成发面。静置发酵30分钟后，加入烫面揉和均匀，再撒入小苏打反复揉匀成正碱面团，搓成长条，扯成10个面剂。
3. 将面剂用手反复揉制，搓成圆坨形按扁，用擀面杖从中间擀成四周略厚，中间略薄，直径约12厘米，厚度约1厘米的锅盔坯。
4. 将饼坯放入烧热的鏊子锅上烙至发白发硬，翻面再烙，然后夹入炉膛内烘烤成熟即成。

[大师诀窍]

1. 面粉烫制时不能过软。
2. 发面不宜过于膨胀，稍稍发酵即可扎碱。
3. 擀制饼坯时，擀面杖的一头不出饼边，即能擀成中间微薄四周略厚的饼形。

成都市著名老店盘飧市的卤肉夹锅盔是历久不衰的热卖小吃

创新自白面锅盔的全麦锅盔，麦香更浓，突出空心起层效果，包夹馅料更方便

103

馓子

风味·特点 |

色泽金黄，酥脆咸香，呈扁形丝状

原料：（10 人份）

中筋面粉 500 克，清水 300 克，川盐 5 克，白矾 10 克，小苏打 7 克，菜籽油 1500 克（约耗 100 克）

做法：

1. 将白矾、川盐、小苏打加清水溶化后，倒入面粉中和匀，反复揉成表面光洁的面团。
2. 将面团抹上油，搓成筷子粗的长条，盘入深盆内，静置饧 30 分钟。
3. 锅内放菜籽油烧至七成热，一手捏起面条头绕在手指上，边绕边拉至 8 ~ 10 圈时，掐断面条，捏实结头，另一手插入将其拉长。
4. 再用竹筷穿上两端拉长至 35 厘米左右，入油锅中先炸两头，炸中间时要迅速折叠，接着炸成均匀金黄色捞出即成。

[大师诀窍]

1. 和面的用水量要准确掌握。
2. 盐、碱、矾必须要溶化后，才能和入面粉中。
3. 面团要揉匀饧好，才不容易断裂。
4. 用手指拉长或筷子拉长炸制时，用力要均匀不能用力过猛。
5. 若是缠绕拉伸、炸制技巧不熟时，圈数可先绕少一些，如 5 ~ 6 圈。

104

麻花

风味·特点 | 色泽金黄，酥脆化渣

原料：（10 人份）

中筋面粉 500 克，清水 250 克，切细红糖 100 克，小苏打 4 克，熟菜籽油 2000 克（约耗 100 克）

做法：

1. 面粉入盆中加清水、小苏打、切细红糖、熟菜籽油 50 克和匀，反复揉成面团，静置饧 10 分钟。
2. 将面团分成 10 个面剂，抹上熟菜籽油，搓成长约 10 厘米的圆条，并排在案板上，盖上纱布静置 20 分钟。
3. 取面剂 1 根，案板上抹少许油，用双手将面剂搓成约 60 厘米长的面条，再将面条向相反方向搓条，合拢两头，用手拎起，使其自然绞成麻绳状，再用两手向相反方向搓长，两头往中间折叠，将两头插入两端孔中，再用两手一内一外轻搓使其扭转一圈，即成生坯。
4. 锅内放熟菜籽油烧至七成热时，放入麻花生坯炸至浮面，用筷子翻动炸至金黄色时捞出沥油即成。

[大师诀窍]

1. 面团不能过软，要反复揉匀。
2. 搓条要均匀，成品才匀称美观。
3. 炸制的油温不能过低，会产生浸油的状况。

105 油条

风味 · 特点 |

色泽金黄，皮酥脆，内空软松泡，爽口不腻

原料：（10 人份）

中筋面粉 500 克，清水 300 克，白矾 6.5 克，小苏打 7 克，川盐 9 克，熟菜籽油 2000 克（约耗 100 克），扑粉少量（中筋面粉）

做法：

1. 白矾碾细放入清水中，加入小苏打搅匀，再放入川盐搅匀，待水面起气泡时放入面粉和匀，反复揉至面团表面光洁，搓成粗条后用湿纱布盖上，静置饧 30 分钟。
2. 右手捏住饧好的面头，左手托住面条中部，双手配合，抖动伸拉，将面条拉成约 9 厘米宽，1.5 厘米厚的长条，置于案板上，撒上少量扑粉。
3. 用刀直切成 3 厘米宽，长约 9 厘米的条。再将两根面条剂子重叠，用竹筷顺长在面剂子中间按一下。
4. 锅置旺火上，放入熟菜籽油烧至七八成热时，两手捏住面条剂子两端伸拉至 35 ~ 40 厘米长，放入油锅中炸。
5. 待油条浮面，用竹筷拨动中部并夹直，炸至色金黄酥泡出锅，滴尽浮油即成。

[大师诀窍]

1. 面要充分揉制，要饧好，出条时扑粉不宜撒得过多。
2. 两手伸拉面条时，宽窄厚薄要一致。
3. 掌握好油温，大约在 220℃时下油条较为适宜。
4. 炸制时，要用竹筷不断地夹直，否则成品歪扭。持续拨动翻面，使其受热均匀颜色一致。

106 蛋酥穿卷

风味 · 特点 |

色泽金黄，香甜酥脆，爽口宜人

原料：（10 人份）

中筋面粉 500 克，清水 100 克，鸡蛋 3 个，白糖 150 克，化猪油 25 克，熟菜籽油 1500 克（约耗 100 克）

做法：

1. 将白糖下入鸡蛋液中溶化搅匀，面粉放在案板上，刨一个坑，放入搅匀的鸡蛋液和匀，再加入化猪油和清水揉成鸡蛋面团，静置饧 20 分钟。
2. 将静置饧好的面团擀成 0.3 厘米厚的长方形面片，用刀切成 2.5 厘米宽、10 厘米长的面条。
3. 用刀在每一面条中间划一刀，再将面条一端从中间划口穿过，整理成麻花状生坯条。
4. 锅内放熟菜籽油烧至六成热，放入生坯条炸至呈金黄色捞出沥油即成。

[大师诀窍]

1. 一定要先将鸡蛋液和白糖搅制溶化后，再和入面粉，面团质地才均匀。
2. 饧面需用湿纱布盖上，避免面团表面风干。
3. 穿面条应对称均匀，也可制成双层或双色，穿卷效果更佳。
4. 炸制的油温应控制好，不可过低或太高。

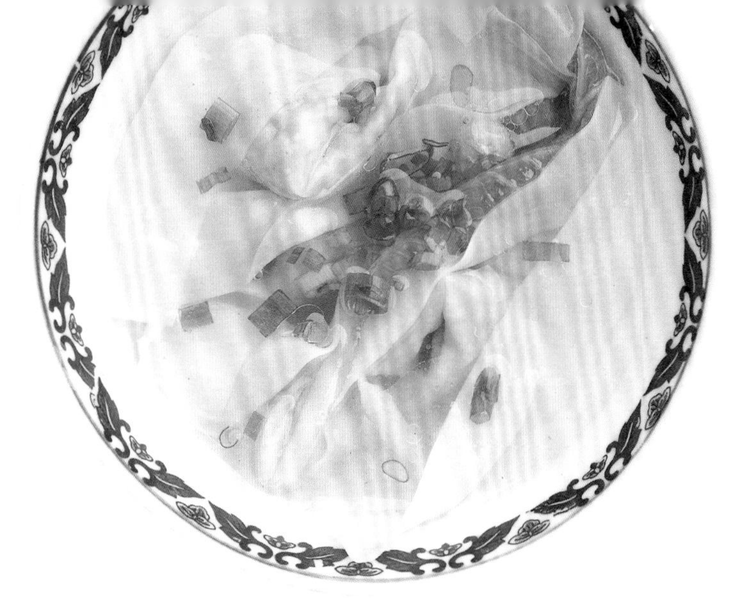

 107

成都龙抄手

风味 · 特点 | 皮薄如纸，细嫩可口，汤味鲜美

原料：（10 人份）

精制高筋面粉 500 克，清水 170 克，猪腿瘦肉 500 克，清水 450 克，净老母鸡半只（约 1000 克），肘子 750 克，猪棒子骨 200 克，猪蹄 500 克，清水 15 升，鸡蛋 2 个，姜汁 25 克，川盐 15 克，生姜 50 克，葱结 50 克，胡椒粉 5 克，化猪油、扑粉（淀粉）各适量

做法：

1. 面粉中加入 1 个鸡蛋、清水 170 克和匀，用手揉搓，再用拳头擂压成硬子面，用湿纱布盖上静置饧 15 分钟。
2. 面团饧好后，用擀面杖推擀，反复推压几遍后，擀成极薄的面皮，来回折叠成几层面皮后，用刀切成约 7.5 厘米见方的抄手皮待用。
3. 将净老母鸡、肘子、猪棒子骨、猪蹄清洗净后，放入汤锅内加清水 15 升，旺火烧沸后撇去浮沫。
4. 接着加生姜（拍破）、葱结，先用旺火烧制 2 小时，后改用小火炖 2 小时成色白味浓的原汤。
5. 将猪腿瘦肉洗净后，用绞肉机绞成细蓉状，下入盆内，加化猪油、姜片、胡椒粉、1 个鸡蛋清及清水 450 克，反复搅拌至看不见水，呈饱和状的肉蓉糊，即成抄手馅。
6. 取抄手皮一张，置左手掌上，右手用竹片挑馅于皮中心，包成菱形即成生坯。
7. 将抄手入沸水锅煮熟，每个碗内放入少许川盐、胡椒粉，将原汤灌入碗内，再将煮熟抄手舀进原汤碗内即成。

[大师诀窍]

1. 和面不能过软，掌握好吃水量，宁可先略少，再分次加水调整。
2. 擀制抄手皮时，扑粉一定要抖均匀，避免粘连。
3. 原汤一定要熬至色白，血污要除净，可在熬汤前另用沸水除去鸡、肘、蹄、棒子骨的血泡污沫。
4. 抄手的馅心必须选用净腿瘦肉为宜，应尽量绞细蓉，以保证吃水量，达到细嫩可口的程度。
5. 抄手的馅心也可放少许酱油、香油，但切忌过多，搅拌馅时也可将清水换成冷鲜汤搅制，要顺着一个方向搅打，冷汤水应分几次加入，切不可一次性倒入。

成都市的夜是越夜越美丽

108
清汤抄手

风味 · 特点 |
清淡可口，皮薄馅嫩，咸鲜宜人

原料：（5 人份）
抄手皮 500 克（见 145 页），猪肉抄手馅心 500 克（见 150 页），清汤 750 克（见 148 页），川盐 5 克，酱油 50 克，胡椒粉 0.5 克，芽菜末 35 克，葱白花 15 克，白芝麻油 10 克，化猪油 35 克

做法：
1. 取抄手皮一张，置左手掌上，右手用竹片挑馅于皮中心，包成菱形即成抄手生坯。
2. 锅中下入清水，大火烧沸后转中小火，保持微沸，将抄手生坯下入煮熟。
3. 碗内放入川盐、酱油、芝麻油、化猪油、芽菜末、胡椒粉、葱白花，再注入清汤。将煮熟的抄手舀入碗内即成。

[大师诀窍]
1. 调味要注意不可放得过咸，并掌握好酱油的用量，颜色不能过深，才不会失去清淡咸鲜的清汤特色。
2. 煮抄手时应沸水下锅，推转，烧沸后要点清水控制在微沸状态，不可用猛火滚制，抄手的皮会被冲破不成形。

109
翡翠鲜鱼抄手

风味 · 特点 | 皮绿似翡翠，馅心鲜嫩，汤清鲜美

原料：（10 人份）
精制高筋面粉 500 克，菠菜汁 120 克，鲶鱼肉（去皮、刺、骨）500 克，鸡蛋清 5 个，清水 350 克，姜汁 25 克，料酒 10 克，川盐 10 克，胡椒粉 5 克，淀粉 150 克，清汤 850 克（见 148 页），化猪油 25 克

做法：
1. 将菠菜汁和 2 个蛋清同面粉揉和均匀，成绿色硬子面，用湿纱布盖上，静置饧约 15 分钟，用大擀面杖擀成极薄的抄手皮待用。
2. 鲶鱼肉去净皮、刺、骨，用刀背捶蓉（也可绞蓉），加入 3 个鸡蛋清、化猪油、淀粉搅匀，清水分数次加入，搅打成鱼蓉馅。
3. 用抄手皮包馅，包折成抄手生坯，入沸水锅煮制。
4. 碗内放胡椒粉、川盐、热清汤，将煮熟的抄手舀入碗内即成。

[大师诀窍]
1. 鱼肉的皮、刺、骨务必去净，以免影响食用。亦可选用其他鱼类，但必须是刺少的鱼类。
2. 适当加入化猪油或肥膘肉可使鱼肉馅油润细嫩，但不可多加，会发腻。
3. 擀抄手面皮时应使用淀粉作为扑粉，一般用纱布包住淀粉再扑撒的效果较佳。
4. 煮制时间要掌握好，不可久煮，一来皮软烂，二来抄手皮没面香。

110

红油抄手

风味 · 特点 | 麻辣咸鲜味厚，馅嫩皮薄爽口

原料：（5 人份）

抄手皮 500 克（见 145 页），猪肉抄手馅 500 克（见 150 页），酱油 80 克，红酱油 50 克，花椒粉 6 克，红油辣椒 50 克（见 146 页），原汤 1500 克（见 148 页）

做法：

1. 抄手皮分别包入馅心，包成菱形抄手生坯。
2. 锅中下入清水，大火烧沸后转中小火，保持微沸，将抄手生坯下入煮熟。
3. 碗内放入酱油、红酱油、红油辣椒、花椒粉、原汤，舀入煮熟的抄手即可。

[大师诀窍]

1. 可用少量香油提味，红油可据口味而定。
2. 花椒粉因人而异，也可酌情放葱花和蒜泥。
3. 红油抄手在街头小店中多是带汤汁的，也可只放少许汤汁，成为干拌红油抄手。

111

川西豇豆抄手

风味 · 特点 | 皮滑爽口，馅臊鲜香，味微辣醇厚

原料：（5 人份）

抄手皮 500 克（见 145 页），去皮猪后腿肉 350 克，鲜豇豆 150 克，泡豇豆 200 克，蒜泥 75 克，葱花 35 克，鸡蛋 1 个，姜汁 15 克，料酒 15 克，川盐 6 克，胡椒粉 2 克，红油辣椒 50 克，酱油 25 克，白糖 20 克，白芝麻油 10 克，冷鲜汤 100 克（见 149 页），熟菜籽油 50 克，花椒粉 5 克，青红辣椒粒各 20 克

做法：

1. 鲜豇豆洗净后切成细粒，入沸水锅中焯一水后漂凉、沥水；泡豇豆切成细粒。
2. 猪肉用刀背捶剁成细蓉，加姜汁、川盐、鸡蛋、料酒、胡椒粉搅匀后，分数次加入冷鲜汤，用力搅拌成抄手馅，然后加入鲜豇豆粒。
3. 锅内放熟菜籽油烧热，下青红辣椒粒、泡豇豆粒炒香成泡豇豆臊子。
4. 取抄手皮分别包入抄手馅，捏成抄手生坯。
5. 碗中分别放入适量蒜泥、红油辣椒、酱油、花椒粉、芝麻油、葱花、白糖等底料。
6. 抄手生坯入沸水锅内煮熟，捞入放有底料的碗中，浇上泡豇豆臊子即成。

[大师诀窍]

1. 鲜豇豆一定要切成细粒，焯水后应漂凉并挤干水分，以免造成抄手馅水分过多。
2. 馅心要用劲搅拌，鲜汤要分数次加入，才能充分吸水并起劲。
3. 炒泡豇豆时不宜久炒，以保有爽脆口感。
4. 若不食辣味，可采用酸菜汤或清汤加炒香的泡豇豆。

112

麻婆豆腐抄手

风味·特点 | 麻辣鲜嫩，皮薄馅鲜，别具风味

原料：（10 人份）

抄手皮 500 克（见 145 页），豆腐 500 克，猪净瘦肉 500 克，川盐 13 克，姜汁 20 克，料酒 15 克，辣椒粉 25 克，鸡蛋 1 个，清水 320 克，马蹄 50 克，姜末 10 克，蒜末 10 克，蒜苗花 20 克，郫县豆瓣 25 克，豆豉 10 克，胡椒粉 5 克，花椒粉 15 克，酱油 20 克，鲜汤 250 克（见 149 页），水淀粉 25 克（见 59 页），熟菜籽油 150 克

做法：

1. 将猪肉洗净剁成细末，取 400 克捶成猪肉蓉。豆腐切成 1 厘米左右的小丁，马蹄剁碎。
2. 将猪肉蓉入盆内，加料酒、胡椒粉、鸡蛋液、川盐 10 克、姜汁搅拌匀，清水分数次加入，充分搅拌使肉蓉将水完全吃进去，再加入马蹄粒拌匀成抄手馅。
3. 炒锅内放清水烧沸，加川盐 3 克，将豆腐丁放入焯一水，捞出沥水备用。
4. 净锅内放熟菜籽油烧热，下肉末 100 克炒酥散，下入郫县豆瓣（剁细）、豆豉（剁碎）、辣椒粉、姜末、蒜末炒香出色。
5. 接着加入鲜汤，放入做法 3 豆腐丁烧入味，勾水淀粉收浓稠，放蒜苗花、花椒粉起锅成臊。
6. 用抄手皮分别包入馅，捏成抄手生坯，入沸水锅煮熟，捞入碗内，浇上豆腐臊子即成。

[大师诀窍]

1. 豆腐宜选内酯豆腐，口感细嫩，丁不可切得过大。
2. 豆腐臊要做到汁浓稠而不干，食用时才能均匀巴味。
3. 抄手不宜煮制太久、过软，捞出后需将水分沥干再装碗，多余的水分会让豆腐臊变稀，入口的滋味就不浓。

113

新繁豆瓣抄手

风味 · 特点 | 咸鲜麻辣，皮薄馅爽，地方特色浓郁

原料：（5 人份）

抄手皮 500 克（见 145 页），猪肉 500 克，姜汁 35 克，马蹄 50 克，川盐 10 克，鸡蛋 1 个，胡椒粉 5 克，郫县豆瓣 150 克，豆豉 25 克，熟菜籽油 50 克，酱油 100 克，花椒粉 5 克，葱花 25 克，红油辣椒 40 克（见 146 页），原汤 500 克（见 148 页）

做法：

1. 将猪肉洗净，用绞肉机绞成细蓉状，入盆加川盐、鸡蛋、胡椒粉、姜汁搅匀，再分数次加入清水搅成饱和的糊状，加入剁细的马蹄粒成抄手馅。
2. 郫县豆瓣剁细，豆豉用刀背捶蓉，将豆瓣、豆豉入锅中加熟菜籽油炒至油呈红色，酥香起锅，即成豆瓣酱。
3. 抄手皮分别包入馅心，包成菱形抄手生坯。
4. 将豆瓣酱、酱油、红油辣椒、花椒粉和原汤分别放入碗内，待抄手煮熟后，舀入碗内撒上葱花即成。

[大师诀窍]

1. 须选用猪后腿肉为宜，做好的馅心细致不腻。
2. 搅抄手馅时须朝一个方向搅，分数次加水才能让肉蓉充分吸收水分并产生黏性。
3. 炒豆瓣、豆豉的油温不宜过高，避免焦煳，约四五成油温。
4. 豆瓣、豆豉务必剁成细蓉，避免成品入口有渣，影响口感。

炸响铃

风味 · 特点 |

色泽金黄，皮脆馅香，爽口宜人

原料：（10 人份）

抄手皮 500 克（见 145 页），口蘑（蘑菇）50 克，去皮猪肥瘦肉 400 克，鸡蛋 1 个，姜汁 20 克，川盐 6 克，胡椒粉 5 克，酱油 10 克，葱末 25 克，去皮马蹄 50 克，色拉油 1500 克（耗约 80 克）

做法：

1. 口蘑、马蹄切成绿豆大的颗粒。猪肉捶蓉剁细，加入姜汁、葱末、川盐、鸡蛋液、酱油、胡椒粉搅拌均匀上劲后，再将马蹄粒、口蘑粒加入拌匀成馅。
2. 用抄手皮包馅成菱形抄手生坯。
3. 净锅中下入色拉油，大火烧至六成热，转中大火，下入抄手生坯炸至金黄、浮面即成。

[大师诀窍]

1. 馅要剁细，搅拌要用力，使之吸水达到饱和，不能吐水。
2. 宜用半肥半瘦的前夹肉，吃时口感才化渣。
3. 炸制时的油温要掌握好，不可过低或太高，切忌浸油或炸煳。
4. 可搭配各种味碟一起食用，如番茄酱、芝麻酱等风味会更浓。

115

钟水饺

风味 · 特点 |

微辣鲜香，咸中带甜，皮薄馅嫩，回味无穷

原料：（10 人份）

中筋面粉 500 克，清水 250 克，猪腿肉 500 克，复制甜酱油 200 克（见 148 页），红油辣椒 150 克（见 146 页），蒜泥 100 克，姜汁 30 克，花椒水 50 克（见 152 页），胡椒粉 0.5 克，川盐 4 克，白芝麻油 50 克

做法：

1. 猪肉洗净后去净筋膜，用刀背捶成肉蓉（也可用绞肉机），将肉蓉置于盆中。
2. 加川盐、清水 50 克至盆中，用手搅拌至水全部被肉蓉吸收。
3. 再加入姜汁和花椒水、胡椒粉及复制甜酱油 50 克，搅拌均匀成水饺馅。
4. 面粉中加入清水 200 克和匀，揉成软子面，静置饧 10 分钟。
5. 饧好的面团搓成长条，分成约 50 个剂子，用小擀面杖擀成中间较厚的小圆皮，分别挑入馅心，捏成半月形水饺生坯。
6. 将水饺生坯入沸水锅内，煮至成熟分别舀入碗内，浇上复制甜酱油、红油辣椒、芝麻油、蒜泥即成。

[大师诀窍]

1. 猪肉要尽量捶细蓉，加清水搅拌要用力，才能充分吸收水分，让馅心口感滋润。
2. 和面要注意掌握吃水量，先加入大部分水，揉制过程中依柔软度决定再加多少水。不可过硬或太软。
3. 饺子须沸水下锅，煮 5 ~ 7 分钟，中途应加冷水 1 ~ 2 次，使水饺皮保有扎实口感，馅心又能熟透。
4. 调味料可事先将复制甜酱油、红油辣椒、芝麻油兑成味汁，蒜泥不宜事先下，要食用前再放效果更好，也可撒上熟白芝麻。

116

成都鸡汁锅贴

风味 · 特点 | 饺底金黄，皮脆鲜香，馅心鲜嫩

原料：（10 人份）

中筋面粉 500 克，沸水 220 克，去皮猪肥瘦肉 500 克，鸡汁 150 克（见 148 页），姜汁 50 克，葱汁 50 克，料酒 10 克，胡椒粉 5 克，川盐 10 克，白芝麻油 10 克，美极鲜味汁 10 克，清水 300 克，色拉油 100 克

做法：

1. 猪肉洗净后剁成蓉，纳入盆中，加入姜汁、葱汁、料酒、胡椒粉、川盐拌匀。
2. 再分 2 ～ 3 次加入鸡汁搅拌，直至鸡汁全部被肉蓉吸收，然后放入芝麻油、美极鲜味汁和匀成馅心。
3. 面粉中加沸水烫成三生面，揉匀放置案板上晾凉，盖上湿纱布饧 10 分钟，同时避免表面干掉。
4. 然后将三生面搓条分剂约 50 个，分别擀成饺子皮，包入馅心，捏成豆角形饺子生坯。
5. 将直径约 35 厘米的平底锅置中火上，25 个饺子生坯整齐地摆放在平底锅内淋色拉油 25 克，再加清水 150 克，盖上锅盖，并将锅不断地转动，使之受热均匀。
6. 当锅内水分将干时，打开锅盖，再加入色拉油 25 克，盖上锅盖继续焖约 2 分钟，至饺子底部呈金黄色即成。重复做法 5、6 至全部制熟。

[大师诀窍]

1. 猪肉应选猪前夹肉为宜，肉质鲜嫩。
2. 鸡汁需用老母鸡吊汁为佳，鸡香味浓。
3. 拌馅要顺着一个方向用力搅拌，拌好后入冰箱冷藏 2 ～ 3 小时至些微凝结，更便于包制。
4. 可选用化猪油煎制，味道更香浓。

117

菠汁水饺

风味 · 特点 |
饺皮碧绿，咸鲜清香，皮薄馅嫩

原料：（10 人份）

中筋面粉 500 克，菠菜汁 250 克（见 146 页），去皮猪肥瘦肉 500 克，川盐 7 克，胡椒粉 2 克，姜汁 20 克，清水 100 克，高级清汤 2000 克（见 149 页）

做法：

1. 将菠菜汁和入面粉，揉成绿色面团。将面团分切成小剂约 50 个，分别擀成直径约 7 厘米的圆皮。
2. 猪肉切剁成极细的肉蓉，加川盐、姜汁、胡椒粉和清水搅拌成饺子馅。
3. 用饺子皮分别包入馅心，对折捏成半圆形饺子生坯，入沸水锅中煮熟，捞入碗内，倒入高级清汤即成。

[大师诀窍]

1. 和菠菜面团时，也可加入适量鸡蛋清，1 ~ 2 个就够，切忌加多。
2. 若加鸡蛋清，菠菜汁就要减少相对应的量。
3. 馅心拌制不可过咸，搅拌要有力，使肉蓉充分吸水，切忌吐水。
4. 特制清汤本身鲜味十足，碗内一般不另放盐。

118

香菇鸳鸯饺

风味 · 特点 | 造型美观，两色分明，皮软馅香

原料：（12 人份）

中筋面粉 500 克，沸水 220 克，去皮猪肥瘦肉 400 克，香菇 50 克，莴笋 100 克，胡萝卜 20 克，料酒 10 克，川盐 5 克，酱油 20 克，胡椒粉 3 克，白芝麻油 15 克，香葱 25 克，化猪油 100 克

做法：

1. 猪肉洗净后剁碎末，香菇洗净后切粒。胡萝卜、莴笋洗净去皮切成细末。
2. 炒锅内放化猪油烧热，下肉末炒散籽，加料酒、川盐、酱油炒香上色起锅，再加入香菇、胡椒粉、芝麻油、香葱拌匀成馅。
3. 面粉中冲入沸水烫成三生面，揉匀成团，切成小块晾凉后，再次揉制成光滑的面团。
4. 面团搓成长条，分成小剂约 50 个，按扁，分别擀成直径约 7 厘米圆皮。
5. 挑入馅心于皮中间，用手对折捏成有两个孔的饺子生坯，分别将莴笋末、胡萝卜末装入孔内抹平，上笼用旺火蒸 5 ~ 6 分钟至熟即成。

[大师诀窍]

1. 肉馅炒散籽即可，不必久炒。
2. 烫面不能烫得过软，会影响成形。
3. 烫面内可适当加点化猪油，口感更滋润。
4. 捏鸳鸯饺的两个孔必须大小一致才美观。
5. 蒸制的时间不能太长，避免饺子皮发硬。

四川盛产竹子，有着各式各样竹制的器具。图为传统的竹木器具铺子

119

鲜肉鸡冠饺

风味·特点 | 饺皮柔软滋润，馅心鲜香可口

原料：（10 人份）

中筋面粉 500 克，沸水 250 克，去皮猪肥瘦肉 400 克，水发玉兰片 50 克，宜宾芽菜 50 克，料酒 10 克，川盐 5 克，胡椒粉 5 克，酱油 20 克，甜面酱 20 克，化猪油 100 克，葱花 50 克

做法：

1. 芽菜洗净切细，水发玉兰片切粒用沸水焯一水捞出。
2. 猪肉洗净剁细，入锅加化猪油炒散籽，放入料酒、川盐、酱油、甜面酱炒香上色起锅。
3. 炒好的猪肉碎放入玉兰片粒、芽菜末、胡椒粉、葱花拌匀成馅。
4. 面粉入盆，冲入沸水烫成三生面，趁热揉团后切条状晾凉后，再揉合成团并揉匀。
5. 面团搓成条，扯成小面剂 30 个，分别擀成饺子皮，包入馅心，对折捏成月牙形，饺子皮边缘用手指捏出皱褶成鸡冠形饺子生坯。
6. 锅内清水烧沸，将蒸饺入笼锅蒸约 3 分钟至熟即成。

[大师诀窍]

1. 猪肉宜选用肥多瘦少的带皮里脊肉，做馅料要去皮。
2. 炒馅不宜炒得过干，馅心要晾凉后才可包捏成形。
3. 烫面粉时需用沸水烫制，注意掌握好用水量，不能太软，以免影响饺子的形态。
4. 蒸制的时间要控制好，不宜久蒸，久蒸会发硬。

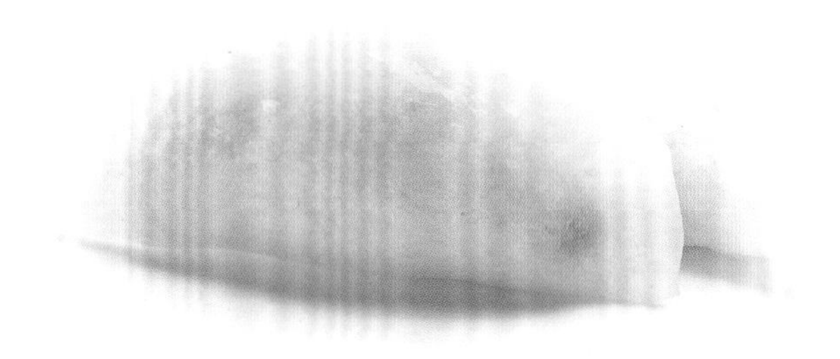

120 花边碧玉饺

风味 · 特点 |

饺色如碧玉，味咸鲜可口

原料：（10 人份）

澄面 400 克，沸水 280 克，青豌豆 350 克，鲜虾仁 50 克，川盐 5 克，胡椒粉 3 克，化猪油 35 克

做法：

1. 青豌豆洗净后加清水煮熟，沥水后绞蓉成豌豆泥。虾仁洗净、剁细，加川盐、胡椒粉、化猪油拌匀后，加入豌豆泥拌匀成绿色豆蓉虾馅。
2. 澄面入盆，冲入沸水烫成粉团，揉匀后搓条分剂约 30 个，分别擀成直径 7 厘米圆皮。
3. 挑入豆蓉虾馅，对折包成半月形，用花钳在饺子边缘钳成纹路，笼中刷油，放入饺子生坯，用旺火蒸约 4 分钟至熟即成。

[大师诀窍]

1. 选用新鲜青豌豆或青豆，煮制时可放一点点小苏打，更快煮烂。
2. 青豌豆煮熟捞出后需马上用凉水漂冷保色。
3. 虾仁必须挑去沙线，避免有腥异味。
4. 馅心的味道不能过咸，可放一点白糖让滋味变柔和。
5. 蒸制的时间不可过长，3 ~ 4 分钟即可。

121

川北菠汁蒸饺

风味 · 特点 | 饺子皮浅绿色，馅心鲜嫩爽口

原料：（10 人份）

中筋面粉 500 克，菠菜汁 280 克（见 146 页），去皮猪肥瘦肉 500 克，马蹄 100 克，料酒 10 克，川盐 6 克，酱油 10 克，胡椒粉 5 克，化猪油 50 克，白芝麻油 10 克

做法：

1. 将菠菜汁烧沸，冲入面粉中搅匀成绿色三生面，摊开晾凉，揉匀，分成剂子，分别擀成饺子皮待用。
2. 马蹄去皮洗净后剁成米粒状；猪肉剁碎入锅加化猪油以中火炒散籽。
3. 加料酒、川盐、酱油、白芝麻油炒香上色起锅，加胡椒粉、马蹄粒拌匀成馅。
4. 用饺子皮包入馅心，捏成豆荚形状，上笼蒸约 6 分钟至熟装盘即成。

[大师诀窍]

1. 煮菠菜汁时可加 1 克小苏打粉保色。
2. 烫面的水必须烧沸，不可烫制过软，成形才利落。
3. 馅心必须晾凉后包制，入冰箱冷藏 2 ~ 3 小时效果最好。
4. 掌握好蒸制的时间，不能久蒸。
5. 此蒸饺也可选择用生菠菜汁和成软子面制作成蒸饺，口感风格不同。

122

原料：（10 人份）

中筋面粉 500 克，清水 120 克，化猪油 200 克，鸡脯肉 200 克，冬笋 75 克，料酒 5 克，川盐 6 克，鸡蛋清 1 个，淀粉 20 克，胡椒粉 3 克，葱白花 25 克，色拉油 1500 克（耗约 100 克）

做法：

1. 面粉 300 克加清水、化猪油 50 克揉匀成油水面。
2. 另 200 克面粉加化猪油 100 克揉匀成油酥面。
3. 油水面分别扯成小剂 20 个，包入同样扯成小剂的油酥面，按扁擀成牛舌形状，卷拢后再擀开，折叠成三层，擀成饺子皮待用。
4. 鸡脯肉切成小指甲片，冬笋也切成同样大小的片。
5. 将鸡肉片用料酒、川盐、蛋清、淀粉码匀，入放有化猪油 50 克的锅内滑熟起锅，加冬笋、胡椒粉、葱白花拌匀成馅。
6. 用饺子皮包入馅心，捏成半圆形，锁好花边入四成热油锅内以中火炸制成熟即成。

[大师诀窍]

1. 和油水面时一定要多揉制，油酥面要用手掌推擦匀至不粘手、不粘案板为止。
2. 油水面的剂子比油酥面的剂子要略大些，包制时要包严实不能漏酥，擀酥时用力要均匀，成品才匀称。
3. 制鸡肉馅时要注意保持鸡肉的鲜嫩度。
4. 掌握好炸制的油温火候，炸此饺用四到五成热的油温较为合适，以中火为宜。
5. 也可选用化猪油炸制，口感效果会更佳。

川东酥皮鸡饺

风味 · 特点 | 色泽浅黄，皮酥香化渣，馅鲜嫩爽口

口蘑白菜饺

风味·特点 | 造型逼真，美观大方，咸鲜适口

原料：（10 人份）

澄面 400 克，沸水 220 克，菠菜汁 100 克（见 146 页），熟猪肥膘肉 200 克，熟鸡肉 200 克，熟火腿 50 克，口蘑（蘑菇）50 克，葱花 35 克，川盐 8 克，胡椒粉 5 克，白芝麻油 10 克

做法：

1. 澄面取 280 克用沸水烫熟揉匀成烫面团；另 120 克用烧沸的菠菜汁，烫成绿色烫面团。
2. 将熟猪肥膘肉、熟鸡肉、火腿、口蘑分别剁细，加入川盐、胡椒粉、芝麻油、葱花拌匀成馅。
3. 白色烫面团搓成粗条，将绿色烫面团按扁，包入白色烫面粗条后搓条，分成约 30 个剂子，再按扁擀成圆皮，成为边缘绿色，中间白色的饺子皮。
4. 饺子皮中心放入馅料，用手捏拢成四角，把四角捏成白菜叶形状即成饺子生坯，入笼蒸约 3 分钟至熟即成。

[大师诀窍]

1. 绿色粉团要掌握好颜色的深浅，可用菠菜汁的浓度来调节。
2. 面粉不能烫得过软或过生，影响成品的外观、质感。
3. 包制时馅心不能露出，否则蒸制时外皮可能会散开不成形。
4. 掌握好蒸制的时间，不可过长。

124

莲蓉金鱼饺

风味 · 特点 | 形象逼真，色泽自然，香甜可口

原料：（10 人份）

澄面 400 克，沸水 300 克，白莲蓉 150 克，熟鸭蛋黄 120 克（约 4 个），黑芝麻 60 粒

做法：

1. 白莲蓉加入熟鸭蛋黄 110 克揉匀成黄橙色莲蓉馅，分成 30 份，分别搓圆备用。
2. 将沸水冲入澄面中烫制搅拌成粉团，取 20 克粉团揉进 10 克的鸭蛋黄成橙红粉团。
3. 其余粉团搓条分成约 30 小剂子，分别擀成直径约 8 厘米的圆饺子皮待用。
4. 用饺子皮包入一颗黄橙色莲蓉馅心，捏成鱼身，取适量的橙红粉团搓成两个小圆球并压上一颗黑芝麻后，压在鱼头两侧适当位置作鱼眼。
5. 接着用用木梳压出鱼尾纹，再用剪刀剪出金鱼尾巴的形状。
6. 完成后摆入蒸笼，大火蒸约 4 分钟至熟取出即成。

[大师诀窍]

1. 澄粉需用沸水烫熟，粉团要紧实，过软时蒸好的成品形状不鲜活，甚至烂软不成形。
2. 白莲蓉需同鸭蛋黄揉匀，揉成圆球馅心，便于包捏成形。鸭蛋黄应选用红心蛋黄为佳。
3. 金鱼的造型手法多样，力求美观、简洁、自然，尽量不使用人工合成的色素。

125

鲜虾白玉饺

风味·特点 | 造型美观，色白馅嫩

原料：（10 人份）

澄面 500 克，淀粉 40 克，沸水 350 克，凤尾虾 30 只（约 450 克），猪肥膘肉 150 克，冬笋尖 50 克，姜汁 15 克，葱汁 25 克，料酒 5 克，川盐 6 克，鸡精 2 克，白芝麻油 5 克，胡椒粉 2 克

做法：

1. 澄面中加入淀粉和匀，冲入沸水烫熟，揉匀成团，摊开晾置约 10 分钟至凉，再揉成团，搓条扯成小剂 30 个，擀成（或压成）饺子皮待用。
2. 凤尾虾剥去壳取肉，挑去虾线，将虾尾取下留用。
3. 虾肉剁碎，猪肥膘肉切细粒，冬笋尖切细粒，将虾肉碎、肥膘粒入盆中，加料酒、姜葱汁、川盐、胡椒粉、鸡精搅拌均匀，再加入冬笋粒、芝麻油拌匀成馅。
4. 用饺子皮分别包入虾肉馅，先对折捏成半月形，然后捏成木鱼形但不完全封口，留一小口，把虾尾插在口中，竖直摆入蒸笼。全部完成后，以大火蒸约 3 分钟至熟即成。

[大师诀窍]

1. 澄粉需用沸水烫制，吃水量不能过大，粉团软了成形效果不佳。
2. 虾要去净壳、沙线，确保口感与鲜味。
3. 包饺子时应注意不要将油汁沾在饺子皮边缘上，以免发生裂口现象。
4. 掌握好蒸制的时间，蒸 3 ~ 4 分钟即可。

126

原料：（10 人份）

中筋面粉 500 克，清水 400 克，去皮猪肥瘦肉 350 克，冬菜 200 克，料酒 10 克，川盐 2 克，酱油 20 克，胡椒粉 5 克，白芝麻油 20 克，葱花 25 克，化猪油 100 克，色拉油 1500 克（耗约 150 克）

做法：

1. 清水烧沸后，徐徐倒入面粉，用擀面棍快速搅拌成团，倒在案板上摊开或切小块晾凉后再揉成团。
2. 将凉面团加入化猪油 50 克揉匀，搓条扯剂子约 30 个，按扁，分别擀成直径约 8.5 厘米圆皮待用。
3. 冬菜清洗干净，剁成细粒；猪肥瘦肉剁成细粒，入锅中加化猪油 50 克以中火炒散籽。
4. 再放料酒、川盐、酱油、胡椒粉、冬菜末炒香起锅，放芝麻油、葱花拌匀成冬菜肉馅。
5. 用饺子皮分别包入馅心，对折捏成半月形，用手指锁上绳边成酥饺生坯。
6. 锅内放色拉油大火烧至七成热，逐个下入饺子后转中大火炸制，呈金黄色、皮酥时捞出即成。

[大师诀窍]

1. 烫面须烫熟，搅动要利索快捷，质地才均匀。
2. 晾凉后要反复揉匀，化猪油分次加入烫面内才能被完全吸收。
3. 馅心不可放盐过多，因冬菜本身也有盐分。
4. 炸制时的油温要控制好，油温太高容易外皮焦黑或是颜色刚好内馅夹生，过低则外皮颜色苍白且含油量过多。

冬菜酥饺

风味 · 特点 | 色泽金黄诱人，味道咸鲜香脆爽口

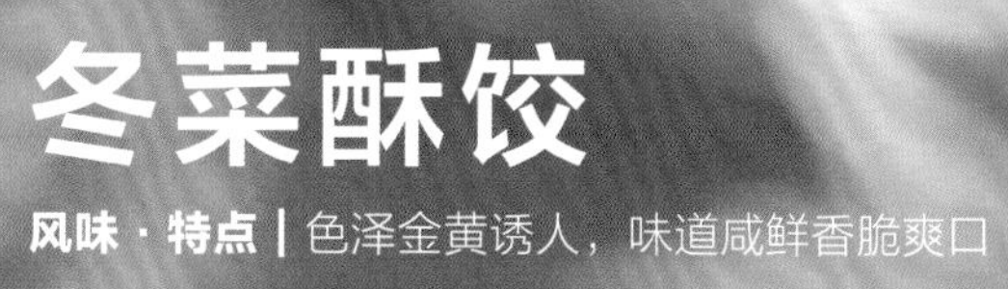

麦邱玻璃烧卖

风味 · 特点 | 皮薄馅多，透明油亮，咸鲜适口

127

原料：（10 人份）

中筋面粉 500 克，清水 150 克，鸡蛋清 1 个，去皮猪肥瘦肉 1000 克，小白菜 400 克，料酒 5 克，胡椒粉 5 克，香菇油 15 克，川盐 8 克，扑粉 50 克（淀粉）

做法：

1. 面粉中加鸡蛋清、清水揉和成硬子面。静置饧 15 分钟。
2. 将饧好的面团搓成细条，扯成 30 个小剂子，撒上淀粉拌一下，使其均匀裹上淀粉。接着用小擀面杖擀成薄圆皮，边呈荷叶边。
3. 猪肉洗净，将肥肉入沸水锅中煮熟晾凉。用刀切成黄豆大的颗粒，瘦肉用刀剁细。小白菜洗净，入沸水中焯熟，入冷水中漂凉，捞出切细粒，挤干水分。
4. 把猪肥瘦肉拌匀，加料酒、胡椒粉、川盐、小白菜粒、香菇油拌匀成馅。
5. 用做法 2 的圆薄面皮分别包入馅心，捏成白菜形状，入笼蒸约 5 分钟至熟即成。

[大师诀窍]

1. 和面不能和得过软，应掌握好吃水量。
2. 猪肉应选七成肥肉，三成瘦肉效果最佳。
3. 擀烧卖皮有几种擀法，都要注意掌握边薄，中间微厚一点，呈荷叶边形状，成品后形状才好。
4. 蒸制时用旺火，中间应洒水一次，避免边呈夹生状，烧卖蒸制时间不宜过长，皮会发硬。

128

三鲜梅花烧卖

风味 · 特点 | 形似梅花，咸鲜味美

原料：（10 人份）

高筋面粉 400 克，开水 280 克，熟鸭蛋黄 200 克，川盐 8 克，去皮猪肥瘦肉 500 克，熟火腿 50 克，冬笋尖 50 克，口蘑（蘑菇）50 克，熟鸡肉 100 克，胡椒粉 10 克，料酒 15 克，酱油 25 克，葱花 25 克，化猪油 100 克，白芝麻油 10 克

做法：

1. 面粉用开水烫成三生面，趁热揉匀后加入熟鸭蛋黄揉成黄色的面团。
2. 将黄面团扯成小剂约 30 个，分别擀成直径 7.5 厘米的圆皮。
3. 猪肉剁碎，冬笋尖、口蘑、熟鸡肉切成绿豆大的粒，熟火腿切细后，取一小部分再细切成火腿末。
4. 猪肉放在炒锅内开中火，加化猪油炒散籽，烹入料酒、川盐、酱油炒香，加入冬笋、口蘑炒匀起锅放入熟鸡肉、熟火腿、胡椒粉、芝麻油拌匀，晾凉后加葱花拌匀成馅料。
5. 用一张圆皮挑入馅料，抄拢收口捏成五瓣，用花钳夹成花瓣纹，在花瓣中间放入熟火腿末上笼蒸 3 ~ 4 分钟至熟即成。

[大师诀窍]

1. 三生面不可烫得过软，蒸之后形才不会走样。
2. 鸭蛋黄必须压成细蓉再加入面团中揉制，才容易揉匀。
3. 擀面皮要尽量薄，但不能擀破。
4. 馅料须晾凉后，才可包制，以免出现破皮现象。

129

碧绿虾仁烧卖

风味 · 特点 | 外皮碧绿，馅如白玉，鲜嫩可口

原料：（10 人份）

高筋面粉 400 克，鲜虾仁 300 克，熟猪肥肉 300 克，胡椒粉 5 克，料酒 10 克，川盐 10 克，菠菜汁 150 克（见 146 页），鸡蛋清 1 个，蛋清淀粉糊 25 克（见 60 页），姜汁 10 克，葱白花 25 克，化猪油 100 克，淀粉 35 克

做法：

1. 菠菜汁加入面粉中，同时加鸡蛋清揉和成绿色的面团，稍静置 10 分钟，扯成 30 个小剂子扑上淀粉，分别擀成烧卖皮。
2. 虾仁洗净挑去虾线，码上川盐、料酒、蛋清淀粉糊，入化猪油锅中滑热捞出，同熟肥肉一起切成小丁加入川盐、胡椒粉、姜汁、葱白花一并拌匀成馅料。
3. 用烧卖皮分别包上馅心，捏成白菜形状，上笼蒸约 4 分钟至熟即成。

[大师诀窍]

1. 绿色面团须揉成硬子面，擀制成边薄，中间微厚，呈荷叶边形状。
2. 虾仁去净虾线，洗净后要搌干水分再上浆，否则容易脱浆。
3. 炒锅要先炙好锅，滑炒虾仁时才不会粘锅，滑的油温不能过高，约三四成油温即可。
4. 蒸笼要刷油避免粘黏，用旺火蒸制，中途要洒一次水，避免烧卖皮变硬。

130

原料：（10 人份）

烧卖皮 400 克（见 146 页），猪五花肉 650 克，市售蒸肉米粉 125 克，料酒 5 克，醪糟汁 20 克，豆腐乳汁 15 克，甜面酱 20 克，红酱油 20 克，郫县豆瓣 35 克，白糖 20 克，花椒粉 15 克，五香粉 3 克，酱油 10 克，姜末 25 克，葱花 35 克，复制红油 25 克（见 147 页），熟菜籽油 100 克，鲜汤 50 克（见 149 页）

做法：

1. 将猪肉刮洗干净，切成 3 毫米厚的片，入盆中加料酒、醪糟汁、豆腐乳汁、甜面酱、红酱油、姜末、花椒粉、白糖、酱油、郫县豆瓣（剁细）、红油、熟菜籽油、葱花拌和均匀。
2. 接着加入蒸肉米粉、五香粉、鲜汤拌匀，放入蒸盘内上笼蒸约 40 分钟至熟，取出晾凉。
3. 将晾凉的粉蒸肉剁成粒状，加葱花拌匀成馅心。
4. 用烧卖皮逐个包入馅，捏成白菜形状，入笼蒸约 3 分钟至熟即成。

[大师诀窍]

1. 粉蒸肉的味道不能过咸，掌握好调料的用量。
2. 鲜汤也可用清水替代，但鲜味略薄。
3. 粉蒸肉一定要蒸到熟透粑软。
4. 蒸烧卖的时间不可过长，一般蒸 3～4分钟，中途洒水在皮子上面。

川式粉蒸肉烧卖

风味·特点 | 皮薄馅香，味道浓厚，极富地方特色

雅安城中青衣江廊桥的美丽夜景。

131

八宝糯米烧卖

风味 · 特点 | 皮薄饱满，滋润甜香，软糯可口

原料：（10 人份）

烧卖皮 400 克（见 146 页），水晶甜肉 50 克（见 150 页），酥核桃仁 50 克，蜜冬瓜条 50 克，葡萄干 50 克，糯米 350 克，蜜红枣 50 克，综合水果蜜饯 50 克，鲜百合 50 克，橘饼 25 克，白糖 100 克，化猪油 50 克

做法：

1. 糯米淘洗净，用清水泡涨，入笼蒸约 25 分钟至熟。综合水果蜜饯 10 克切成细末。
2. 将蜜红枣去核与水晶甜肉、酥核桃仁、蜜冬瓜条、葡萄干、鲜百合、橘饼、综合水果蜜饯 40 克均切成绿豆大的丁，入盆中同糯米饭拌匀，加入化猪油、白糖拌匀成八宝糯米馅心。
3. 取烧卖皮分别挑入馅，四角抄拢捏成刷把头形状，每个烧卖中间点上些许综合水果蜜饯末，入笼蒸约 3 分钟至熟即成。

[大师诀窍]

1. 糯米要泡透、蒸熟，最少要泡 8 小时，不能过硬，宜软一点。
2. 拌馅时应掌握好糖的用量，不可太甜。
3. 蒸制时中途应洒一次水，避免皮发硬。

132

松蓉香菇包

风味 · 特点 |

成形美观、造型逼真、口感绵软、营养丰富

原料：（10 人份）

中筋面粉 500 克，泡打粉 3 克，酵母 5 克，清水 200 克，鲜香菇 200 克，水发香菇 300 克，水发木耳 100 克，蚝油 30 克，川盐 3 克，白糖 2 克，鲜鸡汤 200 克（见 149 页），松蓉酱 25 克，水淀粉 40 克，化鸡油 150 克，可可粉 50 克

做法：

1. 先把鲜香菇、水发香菇、水发木耳，分别切成 2 毫米见方的颗粒，汆一水，挤去水分。
2. 锅内下化鸡油，倒入香菇粒中火炒香，加入蚝油、川盐、白糖、鸡汤、松蓉酱，煮 5 分钟出味，下水淀粉勾芡收汁起锅，晾凉备用。
3. 面粉中加入清水、泡打粉、酵母，揉擂均匀成发酵面团，静置发酵约 1.5 小时。
4. 取 100 克发面搓成 3 毫米粗的长条，入笼蒸约 7 分钟，取出晾凉后切成长约 2 厘米的面棒 30 只，备用。
5. 取其余发面搓条分成 30 个剂子，擀成圆片，包上炒制好的香菇馅后收口，压扁成生坯。
6. 将生坯一一沾上一层可可粉，放在蒸笼内，再用刀片划上斜十字刀口，静置发酵约 30 分钟。
7. 发酵完成后上笼蒸约 15 分钟至熟取出，再用面糊作粘合剂沾上用发面做好的面棒，作为香菇把子，再上笼蒸 2 分钟定形后，取出即成。

[大师诀窍]

1. 发面须软硬适中，包制时不偏馅，收口扎实避免漏馅。
2. 上可可粉要均匀，太厚没自然的层次感，太薄不像。

133

家常豆芽包

风味·特点 | 皮薄松泡，咸鲜微辣，家常风味浓郁

原料：（10 人份）

中筋面粉 500 克，老发面 50 克（见 137 页），清水 240 克，去皮猪肥瘦肉 350 克，黄豆芽 150 克，郫县豆瓣 10 克，料酒 10 克，川盐 5 克，酱油 10 克，胡椒粉 2 克，化猪油 125 克，葱花 25 克，小苏打适量

做法：

1. 将面粉与老发面、清水和匀成发面，静置发酵。
2. 猪肉洗净后剁成细粒，豆瓣用刀剁细。黄豆芽摘洗净，下锅微炒后切成细粒。
3. 炒锅内放化猪油 75 克中火烧至四成热，下猪肉粒炒散籽，下入郫县豆瓣炒香出色。
4. 再加入料酒、川盐、酱油、胡椒粉炒匀，加入豆芽粒炒匀起锅，晾凉后加入葱花拌匀成馅心。
5. 将发酵后的面团加入小苏打扎成正碱，揉匀后加入化猪油 50 克揉匀，扯成 20 个剂子，逐个按扁包入馅心，捏成皱褶均匀的包子生坯，入笼用旺火蒸约 8 分钟至熟即成。

[大师诀窍]

1. 猪肉应选肥七瘦三的肉，成品馅心较滋润。
2. 黄豆芽应摘去根和瓣。
3. 豆芽馅心不能久炒，散籽即可，起锅后尽快晾凉以保持豆芽的脆爽口感，馅心晾凉后包制才能避免有裂口。
4. 面发酵后才可加入小苏打扎碱，注意掌握好用量。

134

酱肉包子

风味·特点 | 皮白泡嫩，馅鲜香咸甜

原料：（10人份）

中筋面粉500克，老发面50克（见137页），清水240克，去皮猪肥瘦肉400克，甜面酱50克，酱油15克，料酒10克，川盐6克，胡椒粉3克，白芝麻油10克，葱白花50克，白糖40克，化猪油100克，小苏打4克

做法：

1. 面粉中加入老发面、清水揉匀成发面团，静置发酵约2小时后，加入小苏打、白糖25克、化猪油25克反复揉匀，再静置饧15分钟待用。
2. 猪肥瘦肉洗净，切成绿豆大的粒，入锅加化猪油75克炒散籽，加入甜面酱、酱油、料酒、川盐炒香上色后起锅。
3. 在起锅的馅料中加入白糖15克、胡椒粉、白芝麻油、葱白花拌匀成酱肉馅。
4. 将发面团搓成条，扯成20个面剂子，按扁挑入馅心，分别包捏成细皱褶包子生坯，入笼用沸水旺火蒸约8分钟至熟即成。

[大师诀窍]

1. 发面后小苏打要放得适量，要依实际发酵状态增减用量。
2. 猪肉选用肥七瘦三的前夹肉。
3. 炒馅时要炒香，甜面酱不能炒糊，馅要晾凉后再包制。
4. 笼中必须刷油后才能放入包子生坯，避免粘连。

135

双味鸳鸯包

风味 · 特点 | 色白泡嫩，双味各异，别具风格

原料：（25 人份）

精白中筋面粉 500 克，老发面 50 克（见 137 页），清水 250 克，去皮猪肥瘦肉 250 克，宜宾芽菜 50 克，料酒 10 克，川盐 3 克，胡椒粉 2 克，酱油 10 克，葱白花 25 克，蜜冬瓜条 20 克，蜜桂花 2 克，熟面粉 50 克（见 59 页），小颗糖渍红樱桃 50 颗，青色蜜饯 50 颗，白芝麻油 1 克，白糖 200 克，化猪油 150 克，小苏打 4 克

做法：

1. 面粉与老发面、清水揉和均匀成发面，静置发酵约 2 小时。
2. 蜜冬瓜条切成粒与蜜桂花、化猪油 50 克、白糖 150 克、熟面粉揉和成甜馅。
3. 猪肉洗净剁碎，芽菜洗净切细。锅内放化猪油 50 克烧热，下肉末炒散籽。
4. 接着加入料酒、川盐、胡椒粉、酱油炒匀起锅，加入芽菜末、葱白花、芝麻油拌匀成咸馅。
5. 将发酵的面团加入小苏打扎成正碱，揉匀，加白糖 50 克、化猪油 50 克揉匀，搓成长条，扯成重约 25 克的面剂 50 个，按扁成圆皮。
6. 在面皮中间捏一道摺子，在摺子两边各装上甜馅和咸馅。再将面皮边缘捏上花纹皱褶封口。
7. 将青色蜜饯放在咸馅包子中心，糖渍红樱桃放在甜馅包子中心。入笼上沸水锅，旺火蒸约 8 分钟至熟即成。

[大师诀窍]

1. 扎碱要准确，视发酵状态增减小苏打用量。发面要反复揉匀。
2. 甜馅和咸馅的分量要一致，捏形要均衡、美观。
3. 蒸制时用旺火，中途不可断火。

四川人晚餐后习惯到广场、空地坝子散步休闲、跳坝坝舞，但不能缺的还是小吃，在郊县常见这以脚为动力的棉花糖摊摊

川味金钩包子

风味 · 特点 | 皮薄馅鲜，别具风味

原料：（10 人份）

中筋面粉 500 克，老发面 50 克（见 137 页），清水 240 克，去皮猪肥瘦肉 500 克，金钩 20 克，料酒 15 克，川盐 5 克，酱油 25 克，胡椒粉 5 克，白芝麻油 10 克，化猪油 150 克，白糖 25 克，小苏打 4 克

做法：

1. 面粉中加入老发面、清水和匀揉成发面，待发酵膨胀后加入小苏打扎成正碱。
2. 再加入白糖 10 克、化猪油 50 克反复揉均匀，用湿纱布盖上，静置饧约 15 分钟待用。
3. 猪肥瘦肉洗净，将猪肉的肥瘦分开，瘦肉剁细，肥肉则入锅煮熟捞出，切成绿豆大的粒；金钩用热水泡涨，剁成细末。
4. 将猪瘦肉末同肥肉粒混合，加入金钩末、料酒、川盐、酱油、胡椒粉、白芝麻油、白糖 15 克及化猪油 100 克拌匀成金钩鲜肉馅。
5. 将扎成正碱的发面搓成条，扯成均匀的 20 个面剂子，按扁包馅，捏成皱褶收好口子，放入刷了油的蒸笼内，上沸水锅，用旺火蒸约 10 分钟至熟即成。

[大师诀窍]

1. 猪肉宜用肥六瘦四的前夹肉或带皮里脊肉。
2. 也可直接将猪肉剁碎后，取七成碎肉炒熟炒香，再加三成生肉。
3. 可多泡发一些金钩安插于包子上作装饰，但不宜加入过多金钩到馅料中，注意掌握好咸度。
4. 做好包子生坯后必须马上蒸制。

137

原料：（10 人份）

精制中筋面粉 450 克，老发面 50 克（见 137 页），清水 230 克，去皮猪肥瘦肉 500 克，马蹄 50 克，浓鸡汁 200 克（见 148 页），生姜 15 克，料酒 10 克，酱油 20 克，川盐 3 克，胡椒粉 2 克，白芝麻油 10 克，白糖 15 克，化猪油 25 克，小苏打 4 克

做法：

1. 将老发面、白糖 10 克、化猪油用清水 220 克搅匀，加入面粉中揉和均匀，静置发酵约 1.5 小时。
2. 取小苏打溶入 10 克清水成小苏打水，再揉入发酵面团中，反复揉匀成正碱，静置饧 15 分钟。
3. 将猪肥瘦肉剁成细蓉；马蹄去皮剁碎；生姜剁碎装入棉布袋中取生姜汁。
4. 将肉蓉入盆，加入生姜汁后分 3～4 次加入浓鸡汁反复搅拌至肉蓉和鸡汁完全融合。
5. 再加马蹄粒、料酒、酱油、川盐、白糖 5 克、胡椒粉、芝麻油拌匀成馅。
6. 将发面搓成条，扯成 100 个小面剂子，逐个按扁挑入馅心，包捏成花纹对称、中间留一小口的包子生坯，放入专用的小蒸笼内，用沸水旺火蒸约 8 分钟至熟即成。

[大师诀窍]

1. 发面中适当加入白糖和化猪油，能使包子皮油亮滋润，但切忌过多加入，也可在扎碱过程中加入油、糖。
2. 扎碱以小苏打加适量清水溶化后，再揉入面团较好。
3. 选半肥半瘦的猪前夹肉，馅心滋润又不失口感。
4. 肉馅要晾凉后再进行包制。

痣胡子龙眼包子

风味·特点 | 皮松泡滋润，馅鲜香味美，形如龙眼

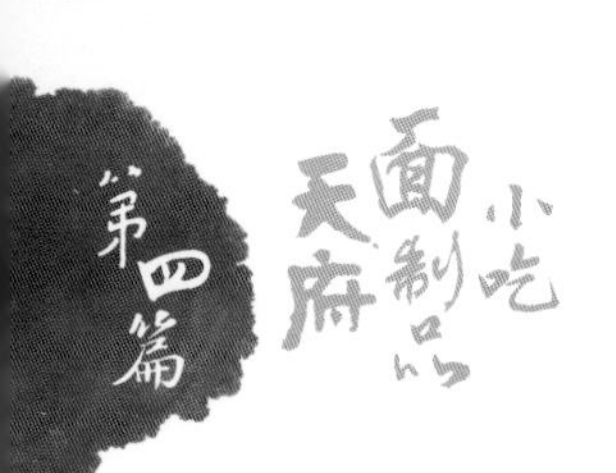

138 状元破酥包

风味·特点 |

色白形美，皮薄泡嫩，层次分明，油润鲜香

原料：（10 人份）

中筋面粉 650 克，清水 250 克，老发面 50 克（见 137 页），去皮猪肥瘦肉 400 克，水发玉兰片 100 克，水发金钩 50 克，水发香菇 50 克，料酒 10 克，川盐 5 克，酱油 20 克，胡椒粉 5 克，化猪油 150 克，小苏打 4 克

做法：

1. 中筋面粉 500 克加清水与老发面和匀，盖上湿纱布静置发酵约 3 小时制成中发面。
2. 中筋面粉 150 克加化猪油 100 克和匀，搓擦成质地均匀的油酥面，分成 20 份备用。
3. 将猪肉、香菇、玉兰片、金钩均切成绿豆大的颗粒；猪肉入锅加化猪油 50 克炒散籽，烹入料酒，加入玉兰片及香菇炒匀，然后加入川盐、酱油、胡椒粉及泡金钩的水 100 克，炒至收汁亮油时起锅，最后加入金钩粒拌匀成馅。
4. 将中发面揣开，均匀撒入小苏打扎碱后，揉匀成光滑面团，静置饧 10 分钟。
5. 发面团搓条扯成面剂 20 个，逐个包入酥面按扁，擀成牛舌形，然后裹成圆筒形状，两头回折重叠为三层，再按扁擀成包子皮。
6. 取包子皮包入馅心，捏成雀笼形的生坯，入笼上沸水锅，用旺火蒸约 10 分钟至熟即成。

[大师诀窍]

1. 和面时避免吃水量过多，造成面团过软。
2. 发酵程度与气温有着直接的关系，天热时间就要适当缩短，天冷时间自然要延长一些。
3. 扎碱后必须揉匀，让酸碱中和效果才能均匀。
4. 包酥面要包紧包牢，擀制时双手用力要均匀。
5. 馅心要晾凉后才可包制，以免面皮破裂。猪肉选用肥六瘦四，成品滋润化渣。

139

鲜肉生煎包

风味·特点 | 皮底酥脆，味鲜香宜人

原料：（10 人份）

中筋面粉 500 克，清水 200 克，老发面 50 克（见 137 页），去皮猪肥瘦肉 400 克，料酒 15 克，川盐 6 克，姜汁 15 克（见 152 页），酱油 15 克，胡椒粉 5 克，白芝麻油 10 克，葱花 35 克，熟菜籽油 100 克，清水 120 克，白糖 25 克，化猪油 25 克，小苏打 2 克

做法：

1. 面粉中加入老发面、清水揉匀，静置发酵约 1 小时后，加入小苏打、白糖、化猪油揉匀，搭上湿纱布静置饧 15 分钟待用。
2. 猪肥瘦肉洗净剁碎，加入料酒、川盐、姜汁、酱油、胡椒粉、白芝麻油、葱花拌匀成馅心。
3. 将发面团搓成条，扯成 20 个面剂子，按扁包入馅心，捏成包子皱褶成包子生坯。
4. 平底锅置中火上，放入熟菜籽油烧至三成热，将包子生坯摆放在锅内，以中小火煎至底部呈金黄色，烹入清水，加盖焖制几分钟，至水分收干即成。

[大师诀窍]

1. 此发面不用发得过于膨胀，宜用子发面。
2. 扎碱时小苏打要酌情增减。
3. 煎包子火力要均匀，不宜过猛。
4. 烹水量要掌握好，太多或太少都会影响品质，一般加清水 100 ~ 150 克即可。

140

乡村素菜包

风味·特点 | 皮松软泡嫩，馅清香宜人

原料：（10人份）

中筋面粉500克，老发面50克（见137页），清水250克，油菜心500克，水发木耳50克，豆腐干50克，芽菜末25克，川盐6克，胡椒粉2克，白芝麻油10克，花椒油2克，葱花50克，化猪油100克，小苏打4克

做法：

1. 面粉中加入老发面和清水230克和匀，反复揉制成光滑面团，静置发酵2小时。
2. 小苏打溶于20克水中，再加入发好的面团中揉匀成正碱面团，用湿纱布盖上静置饧15分钟。
3. 油菜心洗净，在沸水中焯一水捞出切细；豆腐干、水发木耳洗净剁细。
4. 将油菜心、木耳、豆腐干放入盆内，加入芽菜末、川盐、胡椒粉、芝麻油、花椒油、化猪油、葱花拌匀成馅。
5. 发面团搓成条，扯成20个面剂子，按扁包入馅心，捏皱褶成包子生坯，入笼用沸水旺火蒸约10分钟即成。

[大师诀窍]

1. 小苏打用量要按发酵程度增减，切忌过多或太少。
2. 油菜心要清洗干净，焯水后要挤干水分，确保馅心不会出水。
3. 馅心以素菜原料为主，油脂宜重些，入口较滋润。味不能过咸而发腻。
4. 也可选用其他蔬菜制作馅心。

原料：（10 人份）

中筋面粉 500 克，老发面 50 克（见 137 页），清水 240 克，猪五花肉 500 克，干盐白菜 100 克，生姜 20 克，花椒几粒，大葱 50 克，料酒 15 克，郫县豆瓣 35 克，甜面酱 20 克，川盐 3 克，红酱油 15 克，酱油 15 克，白糖 20 克，化猪油 150 克，小苏打 5 克

做法：

1. 面粉中加入老发面、清水揉匀成发面团，湿纱布搭盖，静置发酵后，加入白糖、小苏打、化猪油 50 克揉至均匀成正碱面团，盖上湿纱布静置饧 15 分钟。
2. 干盐白菜洗净，用沸水泡涨，挤干水分，切细。大葱 25 克切葱段，另外 25 克切葱花，郫县豆瓣剁细。
3. 猪肉洗净入锅，加清水 1000 克、生姜（拍破）、花椒、料酒 5 克煮至八成熟时捞出切成片。
4. 炒锅置中火上，放入化猪油 100 克烧至六成热，下肉片煸炒至吐油，烹入料酒 10 克，放郫县豆瓣、甜面酱、川盐、红酱油、酱油炒出颜色。
5. 再下入盐白菜碎、葱段炒匀起锅晾凉，用刀剁成颗粒，加入葱花拌匀成馅。
6. 将发面搓成长条，扯成 20 个面剂子，按扁包入馅心，捏成细皱褶包子生坯，笼内刷油，放入包子，用沸水旺火蒸约 8 分钟至熟即成。

[大师诀窍]

1. 宜选用肥多瘦少的猪肉，以符合滋润化渣的特点。
2. 炒馅时切忌过咸，馅心要晾凉后再包制。
3. 干盐菜需泡涨，洗净泥沙，以免影响口感。

141

四川回锅肉包

风味 · 特点 |

皮松泡色白，馅鲜香醇厚，滋润化渣

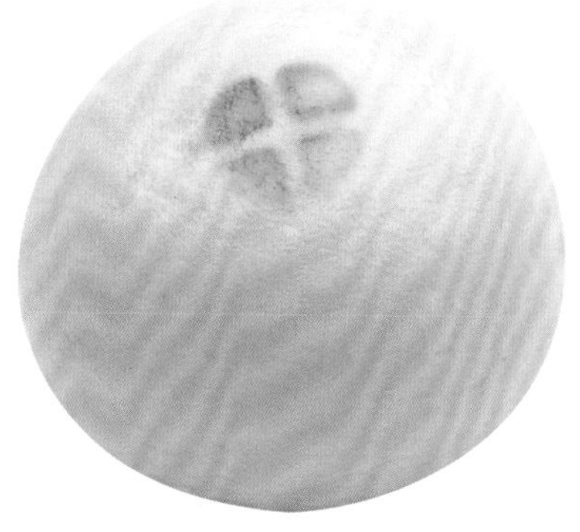

142 绿豆洗沙包

风味 · 特点 | 松泡绵软，香甜爽口

原料：（10 人份）

中筋面粉 500 克，老发面 50 克（见 137 页），清水 240 克，绿豆 250 克，白糖 100 克，红糖 50 克，化猪油 75 克，小苏打 4 克

做法：

1. 将老发面用清水调散，同面粉揉制成发面，发酵完成后加入小苏打、白糖 25 克、化猪油 20 克揉至均匀，扎成正碱发面，用湿纱布盖上静置饧 15 分钟。
2. 将绿豆洗净，入锅内加沸水煮至绿豆软（开花状）后，沥去水分，磨成细豆泥状。
3. 炒锅置中火上，先下化猪油 35 克烧热，放入绿豆泥以中小火炒制，中途不断翻炒，并加化猪油 20 克继续翻炒至翻沙吐油，放入红糖、白糖 75 克炒至糖融化起锅成洗沙馅。
4. 将发面搓成条，扯成 20 个面剂子，按扁，包入馅心，封口向下放入刷了油的蒸笼内，用沸水旺火蒸约 15 分钟即成。

[大师诀窍]

1. 发面的小苏打要掌握好量，面团不能太软。
2. 绿豆一定要煮至爆开花，若用细筛过滤去皮，则洗沙会更细腻。磨豆沙一定要细，口感才佳。
3. 炒豆沙要用中小火，不断翻炒，防止巴锅、炒煳。
4. 红糖应先切成细末再入锅内，糖不能过早加入，以免洗沙馅发硬。也可在洗沙馅中加入熟白芝麻会更香。

143 老面馒头

风味 · 特点 | 泡软疏松，绵韧适口

原料：（10 人份）

中筋面粉 500 克，老发面 50 克（见 137 页），清水 250 克（28℃以上），小苏打 4 克，扑粉适量（中筋面粉）

做法：

1. 老发面以清水澥散成老发面浆，将面粉和老发面浆拌和均匀，揉成发面，用湿纱布盖着发酵约 2 小时。再加入小苏打反复揉匀至面团表面光滑，扎成正碱，静置饧 15 分钟。
2. 案板扑上扑粉，放上饧好的发面搓成长条，右手持刀，从左至右均匀地砍成重 50 克一个的面剂，即馒头生坯。
3. 放入刷了油的蒸笼内饧 15 分钟，再用沸水旺火蒸约 16 分钟至熟即成。

[大师诀窍]

1. 老发面要先用温水澥散，再与面粉和匀才能均匀发酵。
2. 发面一定要反复多揉和，使面团表面光滑，成品质感才扎实。
3. 搓条要粗细一致，条口向案板搓时必须撒扑粉。
4. 蒸制时，摆放的间隔距离为一手指宽即可。

144

门丁馒头

风味 · 特点 | 色白发亮，松泡起层，筋力强，绵韧回甜

原料：（10 人份）

中筋面粉 500 克，老发面 50 克（见 137 页），清水 175 克，白糖 35 克，小苏打 3 克

做法：

1. 面粉 350 克加入老发面和清水 150 克揉匀成发面，静置发酵约 2 小时。
2. 小苏打用清水 25 克溶开成小苏打水，发面团摊开加入小苏打水、白糖揉匀，扎成正碱发面，饧发 15 分钟。
3. 将正碱发面团搓成长的圆条形，扯成 20 个面剂子，每个面剂扑入干面粉后，顺着一个方向揉几十下，期间多次扑入干面粉，使其吃入面剂中且表面光滑，每个面剂需揉（呛）入干面粉总量 7 ~ 8 克。
4. 将呛好的面剂搓成约 5 厘米高的高桩馒头形生坯。
5. 将馒头生坯放在笼内，圆顶向上，静置饧 18 分钟，入笼用沸水旺火蒸约 15 分钟至熟即成。

[大师诀窍]

1. 发面必须揉匀，小苏打用少许清水溶化后使用。
2. 揉剂子时要揉至表面光滑，可采用双手各抓一个剂子，加面粉揉至光滑均匀。
3. 成形要端正、均匀，高度不应低于 5 厘米。
4. 揉成形后不宜马上蒸制，必须静置饧 15 分钟以上。

145

原料：（10 人份）

中筋面粉 500 克，酵母 4 克，泡打粉 3 克，清水 200 克，白糖 25 克，切细红糖 120 克，熟面粉 45 克（见 59 页），雨花石 10 千克

做法：

1. 先把石头洗干净，放入烤箱内烤至 220℃，待用。切细红糖与熟面粉揉合均匀成红糖馅，分成 30 份，备用。
2. 面粉放搅拌盆内，加入酵母、泡打粉、白糖、清水拌和，揉制成发酵面团，静置发酵约 2 小时。
3. 把发面搓条分成 30 个剂子，擀成圆皮，包入红糖馅，放入蒸笼，盖上溼纱布巾，静置约 1 小时，大约发酵到八成，成烤馍生坯。
4. 取出烤馍生坯放到烤箱内石头上，将旁边烤烫的石头铺在烤馍生坯上面，烤 2 ~ 3 分钟即可取出，把粘在馍上的石头取下 1/3 即成。

[大师诀窍]

1. 石头直接与食物接触，必须清洗干净。
2. 馅心不宜包得过多，以免溢出。
3. 在烤馍时，生坯上面必须盖上一层烤好的高温石头才能均匀熟透。
4. 控制好时间，不能烤得过久，以免焦掉或面皮发硬。

石头烤馍

风味·特点｜造型奇特，风味别致，皮脆馅香

川点原材料的量取，早期多是一把秤解决，将配方中的干、湿、粉、油、水等材料统一用重量呈现，也是产品标准化的一种思路。图为青神县汉阳坝家传数代，仍以传统工艺制秤的陈师傅

146

玉米馒头

风味·特点 |

色泽淡黄，松泡柔软，回味香甜

原料：（10 人份）

面粉 300 克，玉米粉 200 克，老发面 50 克（见 137 页），清水 250 克，白糖 50 克，小苏打 4 克

做法：

1. 将面粉和玉米粉混合均匀，加入老发面、清水揉匀，用湿纱布盖上发酵约 2 小时。
2. 发酵后分多次加入小苏打、白糖揉匀成正碱发面，再静置饧 15 分钟，搓成条砍成 10 个面剂。
3. 将面剂搓成水滴状，摆放在笼中，用沸水旺火蒸约 18 分钟至熟即成。

[大师诀窍]

1. 发面要扎成正碱，小苏打可取部分揉面用的清水溶化，再分次揉入发面中，扎碱效果可以更均匀。
2. 加小苏打后要揉成表面光滑的面团，砍剂子的大小要一致。

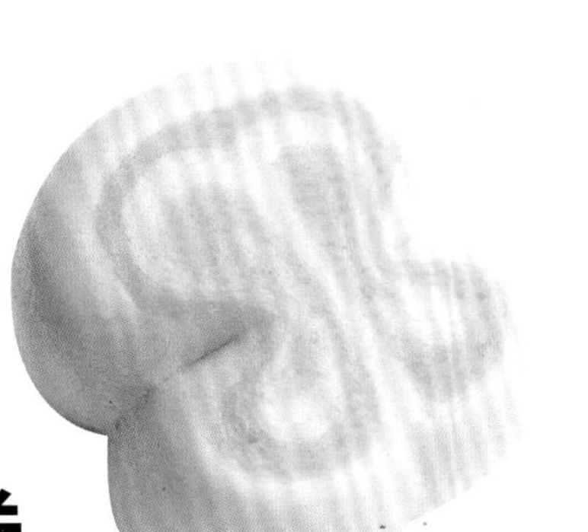

147

海棠花卷

风味 · 特点 |

成形美观，松泡甜美，形似海棠花

原料：（10 人份）

中筋面粉 500 克，老发面 50 克（见 137 页），白糖 50 克，化猪油 50 克，小苏打 4 克，食用桃红色素少许

做法：

1. 老发面加清水调散，与面粉揉和均匀成发面，静置发酵，待其发酵膨胀后加入小苏打、白糖、化猪油揉匀，静置饧 15 分钟。
2. 取一半的发面加入食用桃红色素揉匀成粉红色发面。
3. 把白色面团先擀成厚约 5 毫米的长方形面皮。再将红色面团也擀成大小一致的面皮，把红色面皮放在白色面皮上，用擀面杖擀制平整，成为 5 毫米厚的面皮，用刀切去面皮四周不规则的边子，成宽约 20 厘米，长约 40 厘米的长方形面皮。
4. 面皮外侧用手卷起向中间裹，再将内侧面皮也向中间裹并且对接住，介面处抹上清水粘牢。
5. 将介面处翻向案板面，用手将面皮筒捏成粗细均匀的卷形长条，然后用刀切成厚 2 厘米的面剂 20 个，将面剂刀口面向上，用竹筷夹住剂子两边向中间夹拢，成海棠花卷生坯，入笼用沸水旺火蒸约 12 分钟至熟即成。

[大师诀窍]

1. 发面必须揉匀，确保成品口感。
2. 染色不能过深或太红，失去雅致的美感。
3. 两边对裹成卷要对称，成形才漂亮。
4. 夹花卷时，必须要用力朝中心夹，蒸制后才能成形。

148

寿桃花卷

风味 · 特点 | 形似桃子，松软泡嫩，筵席面点

原料：（10 人份）

中筋面粉 500 克，老发面 50 克（见 137 页），清水 250 克，白糖 50 克，小苏打 4 克

做法：

1. 老发面中加入清水调散成稀浆，加入面粉和匀，揉至光滑成发面团，待发酵后加入小苏打、白糖揉匀，静置饧 15 分钟。
2. 发面搓成约 4 厘米粗的长条，扯成 10 个面剂。
3. 取一个面剂搓圆按扁，擀成圆饼状，将圆饼的边缘切下，中间呈正方形，转成四个角分别位于上下左右。将切下的 4 个月牙形边缘，分成两组，分别放在正方形的左右角处。
4. 右手持两根筷子将左右角往中间夹紧，左手拇指和食指辅助两边筷子往中间捏拢至断，即成 2 个寿桃花卷生坯。其他面剂依同方法完成寿桃花卷生坯。
5. 将生坯放入笼内，沸水旺火蒸约 12 分钟即成。

[大师诀窍]

1. 发面扎碱要正确，成品才不会内缩或是发黄出现碱味。
2. 擀圆皮要均匀，厚薄要一致。
3. 也可用少许食用红色素点缀桃形尖部，更具喜气。

149

菊花花卷

风味 · 特点 | 造型美观，松泡甜软，形似菊花

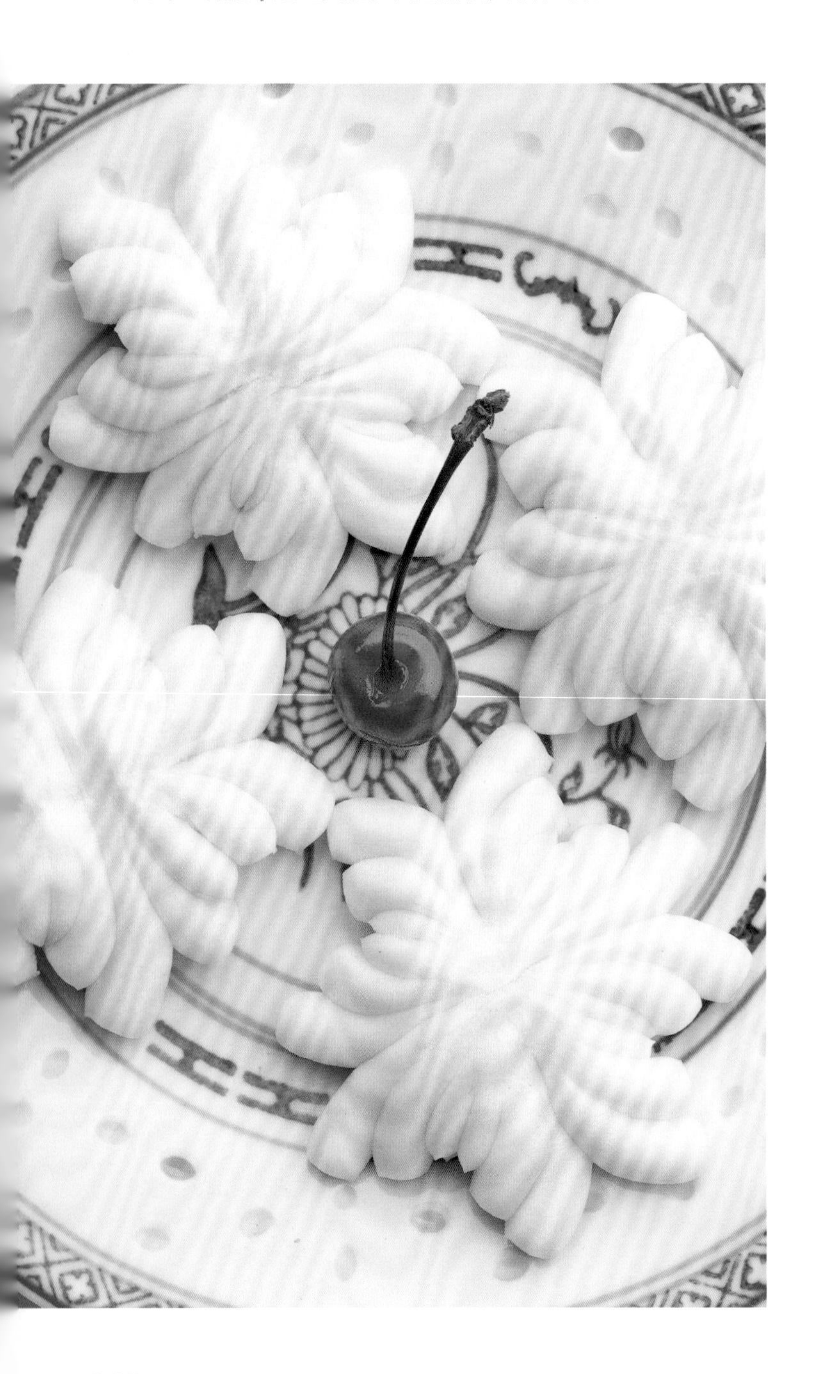

原料：（20 人份）

中筋面粉 500 克，老发面 50 克（见 137 页），清水 250 克，白糖 50 克，化猪油 25 克，小苏打 4 克

做法：

1. 老发面中加入清水调散成稀浆，加入面粉和匀揉成发面，待发酵后加入小苏打、白糖、化猪油揉至均匀，扎成正碱后用湿纱布盖上，静置饧 15 分钟待用。
2. 将发面搓条，扯成每个重 25 克的面剂。再将面剂搓成粗细均匀的长圆条，两手分别捏住两头向着相反的方向，转成连着的两个同心圆。
3. 接着用两根筷子叉开，从两个圆圈的腰部夹拢成 4 瓣花叶状，用刀在 4 个花瓣中间处分别切断成菊花形状，如图。
4. 将花卷生坯放入刷了油的蒸笼内，用沸水旺火蒸约 10 分钟至熟即成。

[大师诀窍]

1. 确认是否为正碱可取一块 5 ~ 10 克发面入蒸笼蒸熟，若是色白、松泡有弹性就是正碱；若是色暗、起皱是缺碱；颜色发黄就是碱太重了。四川行业内称之为蒸面丸、蒸弹子。
2. 搓细圆条直径约 5 毫米即可，不能太粗或太细。
3. 卷圆卷时两个要卷成大小一致、相互对称的 S 形。
4. 夹形状时，必须要对称均匀，用刀切开四个花瓣后用手将面条拨松散，使其形似菊花状。

燕窝粑

风味·特点 | 松泡香甜，油润可口，形似燕窝

原料：（15 人份）

中筋面粉 500 克，老发面 50 克（见 137 页），清水 240 克，蜜红枣 50 克，蜜冬瓜条 50 克，蜜桂花 20 克，白糖 100 克，猪板油 200 克，小苏打 4 克

做法：

1. 老发面用清水调散成稀浆，加入面粉和匀揉成发面，待发酵 2 小时后加入小苏打和白糖揉匀，扎成正碱发面，静置饧 15 分钟。
2. 猪板油用手撕去筋膜，剁成细蓉；蜜红枣去核切成细粒，蜜桂花剁细，蜜冬瓜条切成细颗粒。
3. 发面擀成 1.3 厘米厚的长方形面片，均匀抹上板油蓉、桂花，撒上蜜红枣粒、蜜冬瓜条粒。
4. 接着用手将面片前方边缘向内裹卷成筒，搓成粗细均匀的条，将条切成 15 个长面剂。
5. 将面剂横切成筷子粗细的条 5 ~ 7 条，用两手将每条拉长至 12 厘米左右，排整齐。
6. 拿一根筷子从中间挑起，一只手捏住全部面条头并使其粘在一起，另一只手持筷子如打结的动作将全部面条挽成窝状，结头朝下，抽出筷子，上面用手指整按成窝状，即成燕窝饼生坯。
7. 将每一面剂如做法 5、6 做成燕窝饼生坯，摆放入蒸笼，用沸水旺火蒸约 15 分钟至熟即成。

[大师诀窍]

1. 发面一定要揉匀。小苏打用量应视实际发酵状况增减用量。
2. 擀面片时要擀得厚薄均匀，板油蓉要抹均匀，撒蜜饯要均匀，成品才能错落有致。
3. 拉面条丝时掌握好力度，用力要均衡，切忌拉断。
4. 用旺火蒸制，中途切忌断火。

151

红枣油花

风味·特点 | 松软泡嫩，油滋香甜

原料：（10 人份）

中筋面粉 500 克，老发面 50 克（见 137 页），清水 240 克，红枣 100 克，猪板油 200 克，白糖 100 克，小苏打 4 克

做法：

1. 面粉中加入老发面、清水和匀，揉匀成发面，搭上湿纱布发酵约 2 小时后，加入小苏打、白糖揉匀，静置饧 15 分钟。
2. 猪板油撕去筋膜剁成蓉，红枣去核，切成米粒状，将红枣粒、猪板油粒拌匀成红枣油馅。
3. 将发面擀成 8 毫米厚的面片，抹上红枣油馅料，从上向下卷成圆筒，用手搓成直径 2.5 厘米粗的圆长条。
4. 用刀在圆长条上横着切细丝条（间隔约 2 毫米），不能切断底部，每切 6 刀切断一刀即成长约 1.5 厘米的段。
5. 将每段的两头用手略拉长，再将两端压在坯子下面即成红枣油花生坯，入笼，用沸水旺火蒸约 15 分钟至熟即成。

[大师诀窍]

1. 发面要反复揉匀，扎碱要正确。面团不能过软，以免不成形。
2. 抹油馅要抹均匀、平整，卷筒要紧一点，切丝条时才不会散开。
3. 切细丝必须用锐利快刀切制，避免因刀面拉扯而不成形或散开。动作要利落，又不可切穿底部。
4. 蒸熟后将油花拍松后摆盘，更加美观。

152

蜜味千层糕

风味·特点 | 层次多而分明，松软香甜，滋润爽口，形色美观

原料：（80 人份）

中筋面粉 2500 克，老发面 250 克（见 137 页），清水 750 克，糖渍红樱桃颗粒 100 克，综合水果蜜饯颗粒 100 克，猪板油 400 克，白芝麻油 100 克，白糖 750 克，蜜桂花 2 克，醪糟汁 10 克，熟白芝麻 10 克，小苏打 15 克

做法：

1. 将老发面用 250 克清水调散，加入面粉 1500 克和清水 500 克揉和均匀，待其发酵后加入小苏打反复揉匀成正碱发面。
2. 其余 1000 克面粉入蒸笼摊开，蒸约 15 分钟至熟取出，用细筛过筛成熟面粉，硬块用手在筛网上搓擦成粉。
3. 猪板油洗净去筋皮，剁蓉后加入熟面粉 500 克、白芝麻油、白糖、蜜桂花、醪糟汁搅和拌匀成油酥面约 1750 克。
4. 将剩余熟面粉同正碱发面揉和均匀，擀成 80 厘米长、40 厘米宽的面皮，在面皮右边 2/3 面积上抹上油酥面约 600 克。
5. 然后将左边 1/3 面皮向中间叠，右边 1/3 面皮再向中间叠成 3 层。
6. 再次擀开成 80 厘米长、40 厘米宽的面皮，接着重复做法 4、5，总共 3 次。
7. 最后擀成长宽 40 厘米左右的方形面块，将面块放入木制蒸笼内，在表面均匀撒上糖渍红樱桃颗粒、综合水果蜜饯颗粒，入笼蒸约 40 分钟至熟取出，待稍凉后切成菱形块即成。

[大师诀窍]

1. 和面时一定要将老发面调散，必须反复揉匀。
2. 蒸熟面粉时间要控制准确，才能熟而酥松。
3. 擀制糕皮要用力均匀，不可用力过猛。
4. 蒸制用旺火，掌握好成熟时间，可用竹扦插入作确认，将竹扦插入发糕中间的位置再拔出，若竹扦上粘有发面就是还没熟透，若是干净的就已经完全熟了。

153

波丝油糕

风味 · 特点 | 色泽金黄，外酥内嫩，馅心香甜，呈蜘蛛网状

原料：（20 人份）

精白中筋面粉 500 克，清水 400 克，蜜红枣 250 克，白糖 75 克，蜜玫瑰 25 克，化猪油 300 克，色拉油 1000 克（约耗 50 克），综合水果蜜饯 40 克

做法：

1. 锅内清水烧沸后，倒入面粉搅拌成熟起锅，摊开晾凉后分几次加入化猪油 200 克揉和均匀，分为 20 个面剂。
2. 综合水果蜜饯切细末后与白糖 25 克混合均匀成混糖蜜饯。将蜜红枣去核、剁碎，与白糖 50 克、蜜玫瑰、化猪油 100 克拌和均匀，分成 20 份，分别搓圆成馅心。
3. 用烫面剂子一块，搓圆后中间按一个窝，包入馅心，封口向下摆放成油糕生坯，逐一做完。
4. 将色拉油入锅烧至七成热，放入油糕生坯，稍炸即用筷子将其拨至锅边，并不断拨动，待顶部向上突起呈蜘蛛网状即可起锅沥油，撒上些许混糖蜜饯后摆盘。

[大师诀窍]

1. 烫面一定要烫熟，清水不可太多或太少。
2. 倒入面粉搅拌时，应边倒边搅拌，不能粘锅。
3. 加化猪油要分数次加入，边揉边加入，化猪油不能一次加足，会融不进去。
4. 控制好炸制的油温，一般在七成热油温，200℃左右即可。

154

宫廷凤尾酥

风味 · 特点 |

色泽棕黄，外酥内嫩，甜香可口，呈凤尾状

原料：（20 人份）

精制中筋面粉 500 克，清水 250 克，冰橘甜馅 400 克（见 150 页），化猪油 325 克，色拉油 2000 克（约耗 200 克）

做法：

1. 面粉加清水和匀揉成子面，擀成薄面片后切成巴掌大的片，入沸水锅内煮熟，取出，用干净棉布吸干水分。
2. 趁熟面片仍热时，集合成团反复揉搓、搓擦，期间分数次加入化猪油，直至化猪油与面团融为一体后，分成 20 个面剂。
3. 将面剂分别包入冰橘甜馅，收口向上，捏成略带斧头形状成凤尾酥生坯。
4. 取深锅置中火上，放入色拉油烧至八成热，将生坯放入漏瓢中，用竹筷夹住生坯腰部，轻压入油锅底部，在热油中炸至生坯飞丝呈色棕黄，挺立不塌时即成，起锅入盘。

[大师诀窍]

1. 子面片一定要煮至熟透。
2. 揉煮熟面片，越热揉搓效果越好，也可放入机器绞蓉再揉搓，效果也不错。
3. 揉面团时加化猪油应分数次加入，揉匀后再加。
4. 炸制的油量、深度要够，油温不能过低，飞丝的效果才漂亮。
5. 如成批炸制可放入特制的铁丝方框内，或用油炸也无害的重物固定在生坯上方炸制，关键在于使生坯能沉底。

西汉时期，卓文君与当时大辞赋家司马相如私奔后安居卖酒的琴台路

洗沙眉毛酥

风味·特点｜酥纹清晰，绳边完整，味甜酥香

原料：（15 人份）
中筋面粉 500 克，清水 120 克，洗沙馅 400 克（见 57 页），化猪油 2000 克（约耗 250 克）

做法：

1. 用面粉 150 克加入化猪油 70 克和匀，制成油酥面。另 350 克面粉加入化猪油 50 克，清水和匀揉制成油水面。
2. 将油水面、油酥面分别分成 15 个剂子，用油水面剂子包入油酥面剂子按扁，擀成牛舌形，裹成圆筒，横切成两段。
3. 切开的剂子刀口面向下竖立在案板上按扁，再擀成直径约 7 厘米的圆面皮，逐个包入洗沙馅，对折成半圆形，用手指锁成绳边成眉毛酥生坯。
4. 锅内放化猪油烧至四成热，下入眉毛酥生坯用文火浸炸成熟，起锅沥油即可。

[大师诀窍]

1. 油水面要多揉制，质地才会均匀，面团外观才光洁。
2. 油水面与油酥面软硬要一致。
3. 擀酥时用力的轻重要一致，以免厚薄不均。
4. 包馅时酥纹面向外，成品的起酥效果才会正确。
5. 火力不能过大，油温不宜过高，并边炸边淋油，使之受热均匀。

156

蜜味龙眼酥

风味·特点｜色白酥松，味香甜美，形如龙眼

原料：（15 人份）
中筋面粉 500 克，清水 120 克，橘饼 50 克，蜜红枣 50 克，蜜冬瓜条 100 克，白糖 150 克，熟面粉 50 克（见 59 页），糖渍红樱桃 25 颗，化猪油 2000 克（约耗 300 克）

做法：

1. 面粉 150 克与化猪油 75 克和匀制成油酥面。另将面粉 350 克加入化猪油 50 克和清水揉匀成油水面。
2. 橘饼、蜜冬瓜条、蜜红枣分别切成粒，与白糖、化猪油 50 克、熟面粉揉匀成甜馅，搓成球形馅心 45 个。
3. 油水面压扁成圆片包入油酥面团，擀成长方形薄面片，由外向内裹卷成圆筒后搓长条，用刀均匀切出 45 个面剂子，刀口向下按扁待用。
4. 用皮坯分别包入馅心，做成高约 2.5 厘米，直径约 3.3 厘米的饼坯，入三成热的温油锅炸至浮面成熟捞出，在酥纹中心嵌半颗糖渍红樱桃即成。

[大师诀窍]

1. 油酥面要用手掌擦至不粘手，不粘案板。
2. 油水面要反复多揉，使其表面光洁筋力强。
3. 包酥用大包酥，不可破酥。
4. 擀酥时用力要均匀，手法一致。
5. 炸制的油温不宜过高，边炸边淋饼坯中间，使其炸制均匀。

盆花酥

风味·特点｜形态美观别致，皮酥馅心香甜

原料：（12 人份）

油水面团 350 克（见 142 页），油酥面团 150 克（见 142 页），蜜桂花 50 克，白糖 100 克，熟面粉 50 克（见 59 页），糖渍红樱桃 12 颗，化猪油 2000 克（约耗 250 克），食用红色素少许

做法：

1. 蜜桂花与化猪油、白糖、熟面粉拌揉均匀成桂花甜馅。
2. 将 100 克油水面加入食用红色素揉匀，成嫩红色油水面。白色油水面分成 12 个剂子，红色油水面分成 6 个剂子，油酥面则分成 12 个大剂子 6 个小剂子。
3. 红白两色油水面剂子分别包入大油酥面剂。白色油水面擀成长片后裹成圆筒，用刀切成两半，切口朝下擀成圆片，先取一片舀入桂花甜馅，再拿一片盖上并且锁上花边。
4. 另用红色的油水面包入小油酥面剂，擀成长片后裹成圆筒，用刀切成两半，切口朝下擀成圆片，每片包一颗糖渍红樱桃，用小刀在顶部划十字形刀口。
5. 将两种颜色的生坯入化猪油锅内炸熟后，把红色的小花形点心嵌在锁花边的盆子中间即成。

［大师诀窍］

1. 白色油水面包酥擀制成片后要呈现酥纹，两片大小要均匀。
2. 花边要锁均匀，一来美观二来避免裂口。
3. 红色油水面做小花要做得精致，掌握好炸制的油温。

层层酥鲜花饼

风味·特点｜色白酥香，层次分明

原料：（15 人份）

油水面团 350 克（见 142 页），油酥面团 150 克（见 142 页），玫瑰甜馅 200 克（见 151 页），化猪油 2000 克（约耗 100 克）

做法：

1. 油水面团搓成长条，扯成小面剂 15 个，油酥面团也分成 15 个剂子
2. 油水面剂分别包入油酥面剂，按扁，擀成牛舌形面片，裹拢成圆筒压扁，两端往内折叠后擀成圆面皮。
3. 取圆面皮包入玫瑰馅心，按扁成厚约 1.5 厘米、直径约 6 厘米的圆饼坯，用刀在饼坯边缘上下居中的位置划一圈，上层圆面的圆心位置插一牙签，放入三成热的温油锅内炸熟即成。

［大师诀窍］

1. 油水面不能过软，要反复多揉制，使其具有较佳的可塑性。
2. 包酥面时收口要严实，擀制时不能破酥或混酥，成品起酥会不漂亮。
3. 用刀划饼时不可划到馅心，炸制时会漏馅。
4. 炸制时用温油、文火浸炸，炸至起酥现层后即可取掉牙签。

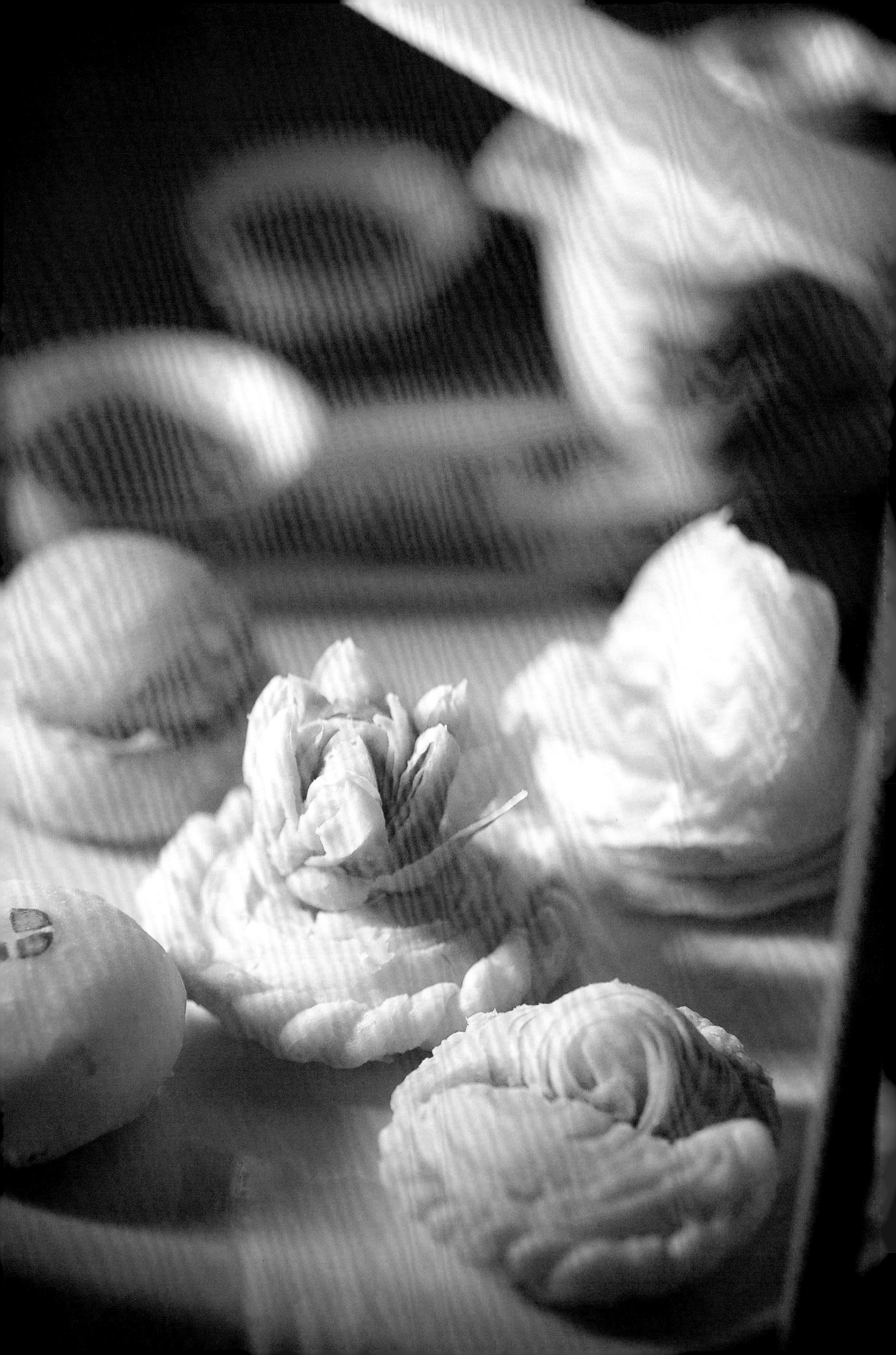

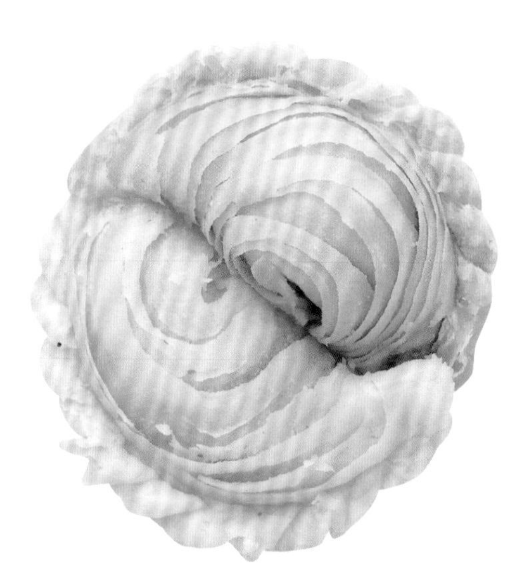

双味鸳鸯酥

风味·特点丨两色分明，酥层清晰，外形美观，咸鲜甜香

原料：（12人份）

油水面350克（见142页），油酥面150克（见142页），去皮猪肥瘦肉200克，宜宾芽菜50克，料酒5克，川盐2克，胡椒粉2克，酱油10克，葱白花25克，蜜红枣150克，蜜桂花5克，熟白芝麻25克，白糖100克，熟面粉50克（见59页），化猪油2000克（约耗250克），食用红色素少许

做法：

1. 芽菜洗净切成细粒；猪肉洗净剁碎，入炒锅内加入化猪油30克以中火炒散籽，加入料酒、川盐、胡椒粉、酱油、芽菜末炒香起锅，加葱白花拌匀成鲜肉咸馅。
2. 蜜红枣去核切成细蓉，加入蜜桂花、碾碎的熟白芝麻、白糖、化猪油50克、熟面粉拌匀成枣泥甜馅。
3. 取一半油水面用食用红色素染成粉红色面团揉匀。白色及粉红色面团分别搓条扯成小面剂各6个。油酥面分成12个剂子。
4. 用红、白两色油水面剂分别包入油酥面剂，分别擀成牛舌形面片，卷拢成圆筒，用刀切成两段，刀口向下，分别擀成圆面皮。
5. 红色圆面皮包入枣泥甜馅，对折成半月形饺坯。白色圆面皮包入鲜肉咸馅，对折成半月形饺坯，将两色饺坯粘成圆形，边缘锁成绳边成鸳鸯酥坯。
6. 油锅内放入化猪油烧至三成热，将酥坯入油锅以小火炸制成熟、起酥，捞出即成。

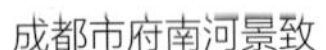

[大师诀窍]

1. 咸馅必须晾凉，便于包捏，进冰箱冰冻后更佳。
2. 红色面团颜色不能太深，以粉红色为宜，较为典雅。
3. 绳边要均匀完整，饺坯大小要一致，红白分明粘合自然，无缝。
4. 炸制时用温油，并不断地用瓢舀热油淋至酥坯表面，使之受热均匀，酥纹呈现。

成都市府南河景致

160

莲蓉荷花酥

风味 · 特点 | 色泽美观，香甜化渣，呈荷花形

原料：（15人份）

中筋面粉500克，清水120克，莲蓉馅150克（见58页），化猪油2000克（约耗250克），综合水果蜜饯30克，白糖50克

做法：

1. 面粉150克加入化猪油50克制成油酥面。再将其余面粉350克加入化猪油50克、清水揉成油水面，揉匀静置饧约15分钟。
2. 综合水果蜜饯切细粒状与白糖混和均匀成混糖蜜饯，备用。
3. 将油水面、油酥面分别扯成面剂子15个。油水面剂逐一包入油酥面剂，按扁，擀成牛舌形面片，裹拢成圆筒，按扁，两头向中间卷起抄拢擀成圆面皮。
4. 圆面皮中包入莲蓉馅后捏成苹果形状，用刀在顶部匀称地划3刀成花瓣。
5. 入三成热的温油锅以中小火炸至色白翻酥起锅，装盘后用混糖蜜饯撒在每个荷花酥中心即成。

[大师诀窍]

1. 荷花酥的莲蓉馅应选用植物油炒制的，风味更清新。
2. 擀酥时力度要一致，不能破酥。
3. 划刀口时不能划穿馅心，炸制时会漏馅。
4. 掌握好油温，用三成热油温炸制并不断用瓢舀热油淋生坯顶部，使花瓣能顺利起酥张开。

161 兰花酥

风味·特点｜

成形美观逼真，色泽白净，入口酥化，香甜可口

原料：（20 人份）

中筋面粉 400 克，清水 200 克，化猪油 100 克，综合水果蜜饯 30 克，白糖 50 克，蛋清 20 克，色拉油 1500 克

做法：

1. 取 150 克面粉加入 50 克化猪油，反覆揉搓成油酥面待用。
2. 再取 250 克面粉加入清水、化猪油 50 克，揉制成油水面团待用。综合水果蜜饯切细粒与白糖混和均匀成混糖蜜饯，备用。
3. 取油水面包入油酥面收好口，压扁擀成方形面皮，摺叠多层后再擀成方形面皮，重复 4 ~ 5 次，最后一次擀成适当大小、厚约 2 毫米的方形面皮，即成酥面皮。
4. 把擀好的酥面皮，用刀切成约 5 厘米见方的酥皮块，再用刀切划出兰花酥的叶、花瓣，然后将叶、花瓣用蛋清粘好，成兰花酥生坯。
5. 把制成形的兰花生坯，放入三成热油温的色拉油锅内炸至起酥成熟，捞起放入盘中，再把切细的混糖蜜饯，适量的放入每个兰花酥的花瓣中即成。

[大师诀窍]

1. 擀酥面皮时折叠的层数不能过多，容易破酥，一般 3 ~ 6 层较为恰当。
2. 做好的酥面皮，可切成所需大小后放入冷冻库冻起来，之后可以随取随用。
3. 为确保兰花酥成品色泽洁净，应使用新油。也可使用化猪油，成品脂香味更浓。

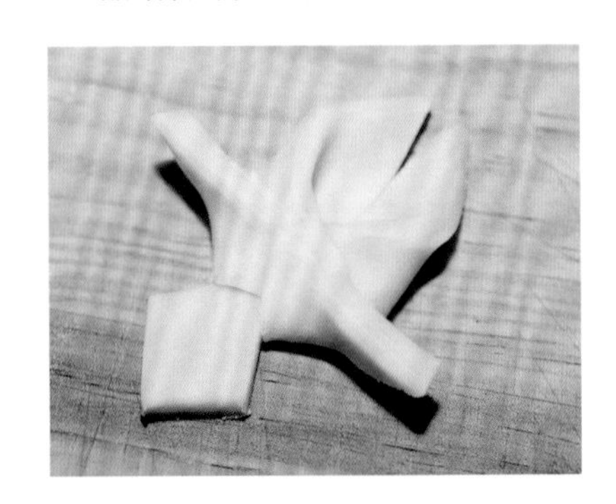

原料：（10 人份）

中筋面粉 500 克，沸水 400 克，去皮猪肥瘦肉 400 克，韭菜 250 克，化猪油 100 克，小苏打 10 克，料酒 25 克，川盐 5 克，酱油 25 克，白芝麻油 10 克，胡椒粉 2 克，花椒粉 1 克，色拉油 500 克（约耗 150 克）

做法：

1. 猪肥瘦肉洗净、剁碎，韭菜洗净切细粒。炒锅内放化猪油 50 克烧至六成热，下入肉粒炒散籽，放入料酒、川盐、酱油炒香起锅。
2. 在起锅的馅料中加入白芝麻油、胡椒粉、花椒粉，最后下入韭菜粒拌匀成馅心。
3. 面粉 100 克加入化猪油 50 克揉和均匀成油酥面。
4. 面粉 400 克用沸水烫熟，摊开晾凉后加入小苏打揉匀，接着按压成片，包入酥面揉圆再擀成面皮，面皮由内而外对折后再由外向内裹成圆筒，用刀切成面剂 40 个。
5. 将面剂刀口面向上，按扁擀成薄皮，挑入馅心抹平留圆边，再将一张同样的圆皮盖住馅心，捏紧圆边，锁成麻绳形花边的韭菜盒生坯。
6. 色拉油烧至八成热，放入韭菜盒生坯炸至色呈米黄浮面即成。

[大师诀窍]

1. 猪肉应选肥六瘦四的肉，口感质地较佳。
2. 炒馅不可久炒，炒散籽即可，成品才有鲜香味。
3. 烫面要烫熟，不可烫制过软，掌握好用水量。
4. 包馅时圆边上不能粘油脂否则容易裂口，盒子要捏紧，锁麻绳边要均匀。
5. 掌握好炸制的油温，不能用过低油温炸制。

162

韭菜酥盒

风味 · 特点 | 皮酥脆，馅鲜香，有浓郁的韭菜香味

第五篇

制品小吃及其他風味、杂粮

川味面点小吃原料除最常见的米面外，还有很多是选用各种杂粮或荤原料来制作。杂粮的范围十分广，包括玉米、薯类、豆类、荞麦及一些瓜果、干果类等，荤原料则是包山包海，但一个应用特点就是以日常实用的猪鸡牛羊的边角余料为多。原料虽是粗粮、杂粮与荤杂料，但制作的川味小吃多是十分精细，选料也讲究而口味鲜美，浓厚的地方特色是最大亮点。有不少这类小吃，在高级筵席中起到了画龙点睛的作用。社会现代化、商业化之余，人们消费观念日趋回归自然，追求健康饮食，使得以往视为糟粕的杂粮、杂料制作的四川小吃，越来越受人们的喜爱。

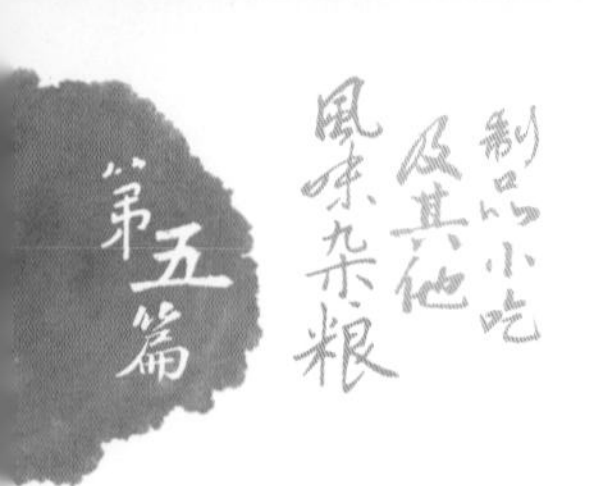

在乡坝头，现摘现煮的玉米又香又甜，既是点心也是正餐

第一章
常用原料

一、玉米

四川人习惯将玉米称作包谷，是最广泛使用与食用的杂粮，全川从平原到高原都有种植。玉米有黄色玉米、白色玉米、杂色玉米三大类，又有糯玉米、水果玉米、一般玉米等口感之分，其中白玉米黏性好，适合制作各种小吃点心，黄玉米颜色浓郁、甜香风味讨喜，使用更普遍。

制作小吃多使用玉米干燥、碾磨加工后的玉米粉，再加上比例不等的面粉或糯米粉调整玉米粉团的特性或需要的成品口感，就能制作各式玉米类小吃，如玉米糕、玉米酥盒、炸黄金糕、象形玉米等风味特色小吃。

二、薯类

川味小吃选用薯类作为原料的品种也不少，常用的有土豆、红薯等，由于薯类原料富含淀粉，制作出的小吃均有质感细腻、软嫩、滋糯适口的特点。

土豆：土豆按季节分冬土豆、春土豆，从质地看，冬土豆质好、体大、软糯，春土豆质地次之，一般用于菜肴制作。用土豆制作小吃，须先将土豆去皮煮制熟后，压成泥蓉状，制成皮料，经包入馅心成形后，再经煎、炸成各式风味小吃，如火腿土豆饼、三

鲜芋梨、枣泥芋果等。

红薯：俗称红苕、地瓜、番薯，四川大部分地区都盛产红薯类，四川地区习惯称红薯为红苕（川人习惯念成杓，正音为条）。红薯有红心、白心之分，红心薯色淡红，甜度较高，熟后质地细嫩，白心薯色白微黄，甜度较低，熟后有较多筋网。一般选用红心薯制作小吃较多。红薯经煮熟后制成泥蓉，适当加入面粉或米粉、生粉，可制成各种风味别具的川味小吃和筵席面点，如玫瑰苕饼、芝麻苕枣、枇杷苕等。还有许多用红苕粉做的各种粉，口感爽滑，极受欢迎。从营养学角度来说，红苕富含人体多种必需营养成分，联合国粮农卫生组织将红薯划为对人体最健康的食品之一，提倡多吃红薯。如今用红薯制成的小吃，也普遍受到人们的欢迎。

紫薯：紫薯又叫黑薯，薯肉呈紫色至深紫色。除了具有普通红薯的各种营养外，更富含硒元素和花青素。以往种植量少，在健康饮食日盛的今日成了受欢迎的食材，但口感一般较不滋润，需加入其他淀粉改良口感质地。

三、豆类

豆类品种有绿豆、黄豆、红豆、蚕豆、豌豆等，川味小吃常用豆类来制作小吃点心的馅心。各种豆类品种大都含丰富的蛋白质和淀粉，黄豆还含丰富的油质。川味小吃中用豆类制作的品种不少，加工制作的方法也各式各样，极富地方特色。

绿豆：绿豆品质以色泽浓绿，富有光泽，颗粒大且均匀为上品。用绿豆制作的豆沙称绿豆沙，是小吃馅心中很有特色的品类。绿豆若磨成干粉，还可制作成绿豆糕等传统点心小吃。

黄豆：黄豆在川味小吃制作中主要作为辅助原料，比如将黄豆泡涨炸酥后，是许多小吃必加的配料，增加口感也增香，或是炒熟磨成粉，其味特香，是制作传统名小吃三大炮、凉糍粑的主要沾裹原料。

红豆：红豆又名赤豆、饭豆，紫红色，豆粒大，皮薄，光泽度好，豆脐上有白纹的质地最佳。粒较小色深红的品质较差。红豆含淀粉较高，一般用来制作小吃的馅料，如豆沙馅，还可与冻粉等原料配合，制作成红豆糕或冻类，用红豆制作的小吃也十分具有特色。

豌豆：常用的有鲜豌豆与干豌豆及豌豆粉。鲜豌豆多是直接当主料或磨成泥蓉做成糕点；干豌豆则是煮成粑豌豆与各式面食、荞面搭配；豌豆粉多用于调整各类杂粮面团的面性或成品口感。

传统小区的早晨

四、荞麦

荞麦实际又区分为甜荞和苦荞两个品种，甜荞多种在低海拔，颗粒大、粉绿色，营养价值与一般米麦差不多。而在四川，说到荞麦指的是苦荞麦，又名花麦、乌麦、荞子，荞麦经加工成颜色黄灰的荞麦粉，湿润后呈深棕绿色，可制作成荞面和各式糕团、馒头类，川味小吃邛崃荞面就是一款非常受人喜爱的风味小吃。四川凉山州的高寒山区是著名的荞麦大产地，经分析，苦荞麦富含矿物质，含量为精稻米、小麦面粉的2～3倍，还有诸多食疗作用，然而苦荞只能在海拔2000米以上的高原种植。现今荞麦，特别是苦荞已被认定为食疗保健的食品原料，开发更多荞麦粉制作的小吃食品，应是餐饮业发展的必然趋势。

左边为苦荞，右边甜荞，四川高山上的少数民族地区以苦荞为主食

五、黑米

黑米属粳米类，外观长椭圆形，颜色为黑或深紫黑，黑米属于非糯性稻米，营养丰富，食、药用价值高，可煮粥、制作各式点心。最具代表性的黑米为陕西洋县黑米，自古有药米、贡米、寿米的美名。

悠闲乐天的四川老大爷

六、琼脂

琼脂又名洋菜、果冻粉、燕菜精、寒天等，是由海藻中提取的多糖体，是植物胶的一种，具有凝固性，本身没有明显的味道，凝固后呈透明状，口感滋润脆滑，用于小吃中能明显改变小吃的质地口感，能做成果冻、糕点、软糖、羹类等食品。在杂粮制品中使用较多，因许多杂粮本身的口感或凝结效果不佳，琼脂恰好可以提升凝结能力又能改善口感。

明胶与琼脂功能相近，但属动物胶，又称做鱼胶或吉利丁（Gelatine），是从动物的骨头或结缔组织提炼出来，透明带浅黄、无味的胶质，主要成分是蛋白质，凝固后的口感软滑滋润。食用的明胶一般为片状或粉状，需要放入冰箱，才会凝固。常用于制作西点、慕斯、布丁等甜品。

部分小吃点心中的琼脂可以按口感需要用明胶替代。

七、荤原料

这类材料多是猪鸡牛羊等的肠胃内脏、下水，少数则是其他不好处理或骨多肉少的部位，如猪尾巴、兔头、鸭头等，这类食材原料传统上有些上不了台面。另一方面是这类原料清洗准备工作繁琐，若非专业大量处里，对一般餐馆小量使用来说，人力成本过高，而不受青睐。也因此形成许多这类小吃的店家摊摊采专门贩售的形式。这类型的小吃接近菜肴的烹调形式，加上小吃的市场多与当地饮食偏好关系紧密，而形成荤类小吃的地域特色更加突出。

第二章

基本工艺与常用配方

鲜苕面团

原料：红苕（红薯）500 克，中筋面粉 50 克（依小吃品种需要增减用量）

做法：

1. 红苕去皮洗净后改成 3 毫米厚的片状。
2. 入笼蒸约 15 分钟至熟取出，用刀背压成泥蓉。
3. 红苕蓉中加入面粉揉匀成团即成。

鲜苕粉团

原料：红苕（红薯）500 克，糯米粉 75 克（依小吃品种需增减用量）

做法：

1. 红苕去皮洗净后改成 3 毫米厚的片状。
2. 入笼蒸约 15 分钟至熟取出，用刀背压成泥蓉。
3. 红苕蓉中加入糯米粉揉匀成团即成。

热乎乎的烤红薯在冬日里最是暖胃又暖心

川人的美好小日子就是泡在阳光溢洒下的茶铺子里

压制荞麦面

荞麦面

原料：苦荞麦面粉 250 克，高筋面粉 350 克，豌豆粉 50 克，鸡蛋 4 个，10% 清透生石灰水 75 克（见 60 页），清水 50 克，

做法：

1. 苦荞麦面粉与高筋面粉、豌豆粉和匀，加入石灰水、鸡蛋液和清水拌匀后，揉制均匀成光滑面团。用湿纱布盖上静置饧 30 分钟，待用。
2. 将专用木榨器置汤锅上，用旺火将汤锅里的水烧沸，取一块面团约 100 克，整成圆条状放入榨孔内。
3. 将榨杆插入，用力压榨棒，待面条从小孔中完全压出后，斩断面条，使其直接落入汤锅煮。
4. 煮熟的荞麦面持续涨发的速度相较于一般面条快许多，因此煮熟捞起后应尽快食用，不可久放。

黄凉粉

原料：豌豆粉 500 克，清水 2750 克，黄栀子仁 25 克

做法：

1. 将豌豆粉用 750 克清水调匀成水豆粉。
2. 取干净汤锅置中火上，加清水 2000 克烧沸，加入黄栀子仁，熬出黄亮的颜色后将黄栀子仁捞出不用。
3. 将调匀的水豆粉慢慢倒入做法 2 的锅中，边倒边搅动以防止粘锅。
4. 当水豆粉开始变稠时转小火，再持续搅煮约 20 分钟至熟成浓稠糊状即可关火。
5. 关火后立刻整锅移至阴凉处静置，冷却凝结后即成黄凉粉。

豆花

原料：干黄豆 500 克，盐卤 15 克，水 5000 毫升

做法：

1. 将干黄豆放盆内，加 3 倍的水量浸泡 10 个小时至完全涨发，淘洗干净，沥水后搭配 5000 毫升水用磨浆机磨成豆浆备用。盐卤用水稀释浓度到不涩口，备用。
2. 将豆浆入锅中火烧沸，转成小火保温。
3. 用大汤勺舀少许盐卤水，以画圆的方式慢慢地在豆浆上层滑动，让盐卤水保持稳定而少量地搅入豆浆内，此时可以看到豆浆慢慢凝结成棉絮状。
4. 在豆浆还混浊未完全凝结时，重复做法 3 的动作，直到豆浆都凝结成棉絮状，汤汁变得清澈即可。盐卤水不一定要用完！
5. 取竹筛或大漏勺轻轻从锅边将棉絮状豆花往锅中间压制收紧成形，以小火持续保温 20 分钟后即成川式豆花，舀入小汤碗内备用。

黄栀子仁是一味中药，清热去火

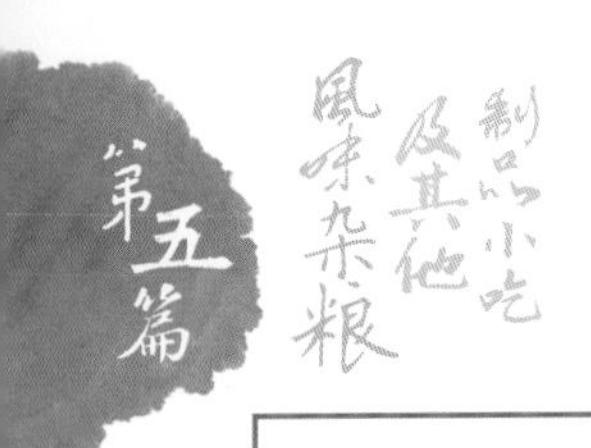

嫩豆花

原料：黄豆 500 克，熟石膏 12.5 克，菜籽油 5 克，清水 2.7 升

做法：

1. 黄豆洗净后加入清水，水量约为淹过黄豆 5 厘米左右的量。浸泡约 5 小时以上，需泡透，泡至无硬心。
2. 将泡透的黄豆沥干，再加入清水 2500 克及菜籽油搅匀。
3. 用石磨或磨浆机器磨制成浆，磨浆的过程中如用石磨，注意保持有适量的水一起磨制。
4. 将磨好的浆倒入棉布袋中用力挤压以滤除粗纤维，取得细腻的生豆浆。
5. 将装有生豆浆的汤锅上中火，煮至沸腾起大量泡沫后，继续煮约 5 分钟，以破坏生豆浆中对人体不好的的黄豆皂碱，当滚沸豆浆所冒的泡沫变得很少，才算是完全煮熟。关火，备用。
6. 取凉开水 200 克，加入熟石膏搅拌至完全溶化，再倒入适当的汤锅中。
7. 将煮熟的豆浆冲入熟石膏溶液中，盖上锅盖后静置约 2 小时至充分凝结即成嫩豆花。

猪骨心肺汤

原料：猪棒骨 1000 克，猪心 500 克，猪肺 1 副约（1500 克），生姜 50 克，花椒 15 克，大葱 50 克，清水 6000 克

做法：

1. 将带血红的猪肺气管接到水龙头，把水灌满到胀得很大后把水倒出来，再接到水龙头灌满，这样重复三五次，直到整个猪肺变白。
2. 起锅烧沸水，将把做法 1 最后一次灌好水的猪肺趁水还没流完之前切开成大厚片，放到锅里煮，捞尽浮沫，一直捞到没有泡沫时，将猪肺捞出用清水洗净。
3. 将猪心切开洗净血水。锅内放适量水，放入猪心、猪棒骨烧沸以除去血泡，捞出猪心、猪棒骨用清水洗净。

使用到猪骨心肺汤或是猪骨肥肠汤的小吃多是用大锅熬制，四处飘香吸引食客

4. 将猪棒骨拍破，与猪心、猪肺一起放入干净汤锅，再加清水、姜（拍破）、花椒、大葱，大火烧沸后扫尽浮沫，转中火熬 2 小时即成。

油酥花生

原料：生干花生仁 100 克

做法：

1. 将生干花生仁倒入适当的筛网中筛去多余的皮膜及杂质。
2. 取一净锅倒入适量食用油，开中火烧至约四成热，将筛净的花生仁下入油锅。
3. 转中小火，保持四成油温，慢慢炸至金黄酥脆即成。

油酥黄豆

原料：干黄豆 100 克

做法：

1. 干黄豆洗净，用清水浸泡约 6 小时至完全胀发。
2. 取一净锅倒入适量食用油，开中火烧至约四成热，将泡透胀发的黄豆沥干水分后下入油锅。
3. 转中小火，保持四成热油温，慢慢炸至金黄酥脆即成。

动手做
风味、杂粮
及其他
制品小吃

憐又開芍藥春

留紅闌青幔小

盤盂金帶圍

163

玉米蜂糕

风味 · 特点 | 色泽金黄，松泡细嫩，香甜爽口

原料：（15 人份）

玉米粉 400 克，中筋面粉 200 克，酵母粉 25 克，泡打粉 5 克，牛奶 100 克，清水 400 克，白糖 150 克，蜂蜜 50 克，综合水果蜜饯末 50 克

做法：

1. 将玉米粉与面粉混合，加入酵母粉、泡打粉、清水、牛奶拌匀成浓糊状。
2. 拌好的玉米面糊静置在阴凉处发酵，夏天约 2 小时，冬天约 5 小时。
3. 发酵后加入白糖、蜂蜜搅拌成玉米发面糊。
4. 将发面糊分别装入 50 个纸盏内，置于蒸笼中，用沸水旺火蒸约 20 分钟至熟，放凉后撒上适量综合水果蜜饯末即成。

[大师诀窍]

1. 面粉的量不应低于 1/3，否则口感粗糙，面粉太多玉米的风味就不足。
2. 调玉米糊时必须搅匀，避免有团状粉团，影响成品外观与口感。
3. 蒸制时间要掌握好。蒸制时火力一定要大，一气呵成，中途不能断火。

164

花香玉米盏

风味 · 特点 | 形状美观，甜香滋润

原料：（20 人份）

玉米粉 500 克，干糯米吊浆粉 200 克（见 52 页），鸡蛋 2 个，牛奶 150 克，炼乳 25 克，清水 400 克，玫瑰甜馅 200 克（见 151 页），化猪油 25 克，糖渍红樱桃 20 颗

做法：

1. 将玉米粉与干糯米吊浆粉拌匀，加入鸡蛋液、牛奶、炼乳及清水调匀成糊状。
2. 调匀的玉米糊先舀一半在刷了油的菊花模盏内，入笼蒸 5 分钟后揭开笼盖，将玫瑰甜馅心放入玉米盏内。
3. 再舀入一半玉米糊淹没馅心，继续蒸制约 10 分钟，直至成熟，取出后在每个玉米盏上嵌半颗红樱桃即成。

[大师诀窍]

1. 玉米糊一定要调匀搅散。
2. 菊花模盏内必须刷化猪油，才便于脱模。
3. 掌握好蒸制时间，确保熟透并均匀成熟。
4. 干糯米吊浆粉可用市售汤圆粉替代。

位于重庆市酉阳县的龚滩古镇

165

黄金玉米元宝

风味 · 特点 | 形态美观，色调自然，香甜可口，营养丰富

原料：（10 人份）

玉米粉 350 克，熟玉米粉 50 克（做法同 59 页的熟面粉），干糯米粉 100 克（见 53 页），牛奶 100 克，清水 200 克，酥核桃仁 25 克，熟花生仁 25 克，熟白芝麻 25 克，蜜冬瓜条 25 克，蜜玫瑰 15 克，白糖 150 克，熟面粉 50 克（见 59 页），化猪油 75 克

做法：

1. 玉米粉与熟玉米粉、糯米粉拌和均匀。
2. 将牛奶加清水烧沸，冲入拌和均匀的粉内搅匀后，加入化猪油 25 克揉匀成玉米面团。
3. 将蜜冬瓜条切小丁；酥核桃仁、熟花生仁剁碎；熟白芝麻碾碎后与白糖、蜜玫瑰、化猪油 50 克、熟面粉拌和均匀成馅心。
4. 将玉米面团扯成 20 个小剂，分别按扁包入馅心，用手将其搓长，两头按扁捏制成元宝形生坯。入笼蒸约 10 分钟至熟即成。

[大师诀窍]

1. 烫粉时必须用烧沸的牛奶水烫制，掌握好用水量。
2. 玉米面团要反复揉和，使其质地均匀。
3. 蒸制时间不宜过长，太长口感变差。
4. 这里的玉米粉是指干黄玉米磨成的黄色玉米粉，不是纯白色的玉米淀粉。

166

原料：（10 人份）

鲜嫩玉米粒 400 克，干糯米粉 100 克（见 53 页），澄粉 50 克，清水 30 克，糖粉 50 克，枣泥馅 100 克（见 244 页双味鸳鸯酥），白芝麻油 5 克，玉米叶 20 张

做法：

1. 将鲜嫩玉米粒用绞磨机绞蓉，再用箩筛过滤去渣，取玉米糊与干糯米粉、糖粉揉匀成玉米面团。
2. 澄粉置于搅拌盆内，用煮沸的清水 30 克冲入烫熟，再与玉米粉团揉和均匀。
3. 将玉米面团扯成 20 个剂子，分别包入枣泥馅，搓成小玉米苞形，用竹片在表面压出玉米粒形状，用玉米叶包裹上笼蒸约 6 分钟至熟，刷上芝麻油即成。

[大师诀窍]

1. 鲜玉米一定要绞成细蓉，成品效果才佳。
2. 玉米粉团要揉至滋润，软硬要适度。
3. 搓形压印要力求逼真。
4. 掌握好蒸制时间，不可久蒸，以免发硬。

象生玉米苞

风味·特点 | 造型逼真，软糯香甜

165
玉米饼

风味 · 特点 | 色泽金黄，外酥内嫩

原料：（10 人份）

玉米粉 400 克，干糯米粉 50 克（见 53 页），沸水 350 克，白糖 100 克，熟菜籽油 1000 克（约耗 50 克）

做法：

1. 玉米粉与干糯米粉、白糖拌匀后，冲入沸水快速调匀，再揉至均匀搓成条，切成 30 个剂子。
2. 将剂子搓圆压扁后，用擀面杖擀成厚 1 厘米的圆饼坯。
3. 入五成热熟菜籽油锅内，以中火炸至色金黄、饼松泡时即成。

[大师诀窍]

1. 粉要揉匀，口感才佳。
2. 饼坯不宜过薄，过薄口感不佳。
3. 干糯米粉可用市售糯米粉。

168
肉包谷粑

风味 · 特点 | 色泽金黄，酥脆鲜香

原料：（10 人份）

玉米粉 500 克，黄豆粉 50 克，温水 200 克，肥膘腊肉 250 克，葱花 50 克，川盐 5 克，花椒粉 5 克

做法：

1. 肥膘腊肉切成粒，与玉米粉、黄豆粉和匀，加入 40℃温水、花椒粉、川盐、葱花拌揉均匀。
2. 将玉米团分成小块搓圆，按扁成肉包谷粑生坯。
3. 将肉包谷粑坯放在平底锅（或鏊子）内翻烙，待两面色黄皮硬，放入炉膛内或 220℃烤箱内烘烤约 3 分钟成熟即成。

[大师诀窍]

1. 也可选用鲜肥膘肉制作，但风味不够突出。
2. 玉米团要用温热水调匀，一定要反复揉制，使其质地均匀。
3. 掌握好烘烤时间，依烘烤状态，中间时段需翻面烘烤。

169

鲜玉米粑

风味 · 特点 | 生态健康，玉米味浓，香甜适口

原料：（10 人份）

细玉米粉 400 克，鲜玉米粒 100 克，酵母粉 5 克，白糖 100 克，化猪油 30 克，清水 150 克，鲜玉米叶 300 克

做法：

1. 先把鲜玉米粒加 100 克清水磨成浆。
2. 把鲜玉米浆和酵母粉、细玉米粉、白糖、清水 50 克、化猪油充分揉均匀。
3. 把拌好的面团分成 20 个剂子，分别用玉米叶包上，放入蒸笼静置发酵，冬天 40 ~ 50 分钟，夏天 20 ~ 30 分钟。
4. 待发好后，上蒸笼锅大火蒸 7 分钟即成。

[大师诀窍]

1. 鲜玉米不能磨得太细，要有点细粒状态。
2. 粉团不宜揉得过干，口感粗糙。
3. 大火一气蒸熟，减少夹生状况发生。

170

金黄玉米酥盒

风味 · 特点 | 色泽金黄，皮酥香，馅咸鲜

原料：（10 人份）

玉米粉 200 克，即食熟玉米粉 200 克，沸水 200 克，奶油（黄油）50 克，去皮猪肥瘦肉粒 350 克，碎米芽菜末 50 克，葱花 50 克，料酒 10 克，川盐 6 克，酱油 10 克，胡椒粉 2 克，化猪油 50 克，色拉油 1500 克（约耗 50 克）

做法：

1. 将生玉米粉与即食熟玉米粉混合均匀装入盆内，冲入沸水搅匀，烫成半生半熟的玉米粉团，趁热加入奶油揉匀。
2. 炒锅置火上，放入化猪油烧热，下猪肉粒炒散籽，加入料酒、川盐、酱油、胡椒粉、芽菜末炒香起锅，加入葱花拌匀成肉馅。
3. 将玉米面团搓条，分成每个约 8 克的剂子，分别擀成圆面皮，把馅心放入圆面皮中心，再将一张圆面皮盖住馅心，捏紧四周，锁上花边成坯盒。
4. 锅内放色拉油烧至六成热，下入坯盒炸至皮酥色黄起锅即成。

[大师诀窍]

1. 两种玉米粉混合一定要用沸水烫制才好塑形。
2. 加入油脂后要反复揉制使其充分吸收油脂。
3. 馅心必须晾凉后才能包制，不可让油脂粘在圆面皮边上，否则会捏不牢而漏馅。
4. 炸制时油温要掌握好，要不断地搅动坯盒。

融合现代与传统的
成都市景观

171

水晶玉米糕

风味 · 特点 | 晶莹剔透，色黄形美，香甜爽口

原料：（20 人份）

玉米粉 350 克，粟粉 150 克，牛奶 150 克，清水 850 克，白糖 100 克，琼脂 5 克，综合水果蜜饯 20 克，香菜叶适量

做法：

1. 将玉米粉、粟粉调拌均匀，加入牛奶、白糖 50 克、清水 350 克调匀成稀糊状，倒入方盘内，入笼蒸约 10 分钟至熟取出。
2. 将香菜叶均匀嵌在蒸好的玉米糕坯上。
3. 琼脂用清水泡涨后沥干，再加清水 500 克熬化后加入白糖 50 克搅匀成琼脂液。
4. 将琼脂液倒在玉米糕坯上，在每个香菜叶的位置嵌上适量综合水果蜜饯。冷却后改刀成方形块状即可。

[大师诀窍]

1. 粉糊要搅拌均匀，不可太稀，会不成形。
2. 一定要用旺火蒸熟透。
3. 琼脂冻液的老嫩度应掌握好，一般比例为 1 份琼脂加 100 份清水。
4. 粟粉是白色粉末，是纯玉米淀粉，与淀粉功能类似，具有凝胶作用。

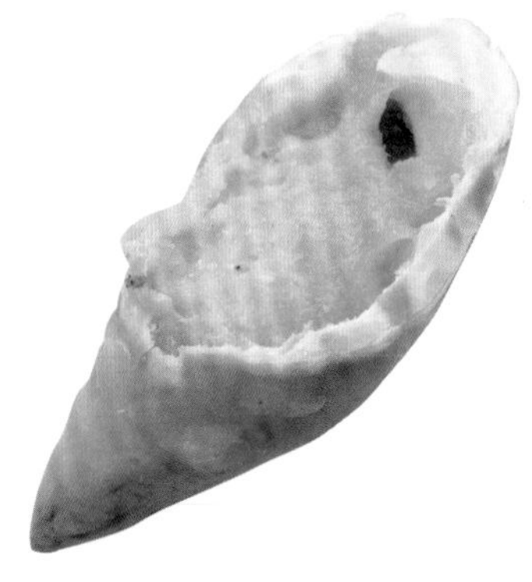

172

炸苕蓉鸡腿

风味 · 特点 | 外脆内酥，香甜可口，形似鸡腿

原料：（10 人份）

红苕（红薯）500 克，中筋面粉 150 克，清水 80 克，切细红糖 50 克，老发面 25 克（见 137 页），熟菜籽油 1500 克（约耗 150 克）

做法：

1. 红苕去皮洗净后改成片状，入笼蒸约 15 分钟至熟取出，用刀背压成泥蓉。切细红糖加 30 克清水溶开。
2. 在红苕蓉中加入面粉 50 克、老发面、溶开红糖揉拌均匀，分成 5 份。
3. 面粉 100 克加入清水 50 克反复揉匀成子面，稍饧后扯成 5 个面剂。
4. 将子面剂擀成圆面片，包入苕泥面团，搓成两头尖的椭圆青果形状，用手将两头按扁，从中间斜切一刀成两个似鸡腿形状的生坯。
5. 熟菜籽油入锅用中大火烧至六成热，下入鸡腿苕生坯，转中火炸制成金黄色即成。

[大师诀窍]

1. 红糖必须切细溶化后加入面粉内，才能均匀揉开，但不宜过重，过重成品颜色发黑。
2. 包苕泥要封好口，不能破皮，否则炸制时会漏馅。
3. 炸制时用中火，油温不可过低或太高。

173 炸枇杷苕

风味·特点 |

色泽金黄，外酥内嫩，香甜可口，形如枇杷

原料：（10 人份）

红苕（红薯）400 克，干糯米粉 50 克（见 53 页），蛋黄粉 25 克（见 57 页），豆沙馅 150 克（见 57 页），冰糖 150 克，清水 80 克，熟菜籽油 1500 克（约耗 150 克）

做法：

1. 红苕去皮洗净，留一小块生红苕，其余切块后入笼蒸约 15 分钟至熟取出，压成泥蓉，加入糯米粉、蛋黄粉揉匀，分成 40 个小剂待用。
2. 将豆沙馅分成 40 个小馅心，搓圆，用苕泥剂子包入馅心，搓成枇杷形状，再用生红苕切成树枝状插入枇杷苕坯上，两个一组成生坯。
3. 熟菜籽油入锅烧至六成热，将枇杷苕生坯放入大抄瓢内，入热油中炸至成熟，捞出装盘。
4. 净锅内放清水烧沸，下入冰糖熬至糖汁浓稠时浇在枇杷苕上即成。

[大师诀窍]

1. 苕泥不可太软，会不成形。糯米粉不可过多，炸制过程易裂开。
2. 包馅收口要捏紧，防止漏馅。
3. 用红苕切成树枝，最好一枝批开成两枝，插在两个生坯上。
4. 掌握好炸制油温，确保色泽美观。
5. 可使用市售糯米粉。

174

炸苕枣

风味 · 特点 | 色泽金黄，外酥内嫩，香甜可口

原料：（10 人份）

红苕（红薯）400 克，干糯米粉 150 克（见 53 页），面包粉 75 克（面包糠），鸡蛋 2 个，熟菜籽油 1500 克（约耗 150 克）

做法：

1. 红苕去皮洗净，入笼蒸约 15 分钟至熟取出，压成泥蓉，加入干糯米粉 75 克揉匀成粉团。
2. 鸡蛋磕入深盘中搅匀成鸡蛋液。面包粉置于另一平盘中。
3. 将苕蓉粉团捏成红枣形状，滚上鸡蛋液，再裹上面包粉，入锅内用菜籽油慢火翻炸至呈金黄色，捞出装盘。

[大师诀窍]

1. 红苕需选用红心苕，色泽才漂亮。
2. 苕泥不能过稀，因不易成形，加粉太多口感不佳也易裂开。
3. 裹面包粉要均匀，苕枣表面要平整。
4. 可搭配蜜玫瑰 10 克，白糖 150 克，清水 80 克熬制的玫瑰糖汁一起食用。

重庆碧山的苕粉作坊

175

原料：（10 人份）

红苕（红薯）500 克，干糯米粉 50 克（见 53 页），蛋黄粉 25 克（见 57 页），鸡蛋 2 个，面包粉（面包糠）85 克，熟火腿 25 克，蜜冬瓜条 25 克，去核蜜红枣 25 克，酥核桃仁 25 克，糖渍红樱桃 25 克，蜜玫瑰 15 克，熟白芝麻粉 50 克（见 59 页），橘饼 25 克，猪板油 75 克，熟面粉 50 克（见 59 页），白糖 150 克，色拉油 1500 克（约耗 150 克）

做法：

1. 红苕去皮洗净切块，留一小块生红苕，其余入笼蒸约 15 分钟至熟取出，压蓉后加入糯米粉、蛋黄粉揉和均匀，分成 20 个剂子。
2. 将熟火腿、猪板油、蜜冬瓜条、去核蜜红枣、酥核桃仁、橘饼、糖渍红樱桃分别剁成小丁，加入白糖、蜜玫瑰、熟白芝麻粉、熟面粉拌和均匀成八宝馅料，将馅分成 20 个剂子，搓成圆球馅心。
3. 鸡蛋磕入深盘中搅匀成鸡蛋液。面包粉置于平盘中。
4. 用红苕粉团剂子包入馅心，捏制成梨子形状，用生红苕切成细条，插在苕梨坯上成梨把。
5. 锅内放色拉油中火烧至五成热，将苕梨坯逐个滚上蛋液，沾裹上面包粉，入油锅内炸制成熟即成。

[大师诀窍]

1. 红苕要蒸熟，最好不要切薄片蒸制，否则水分较重。
2. 和粉时要揉制均匀，粉不可加得过多，容易影响成形。
3. 沾面包粉要均匀，且应用手搓至表面光洁，成品的外观才能与梨皮相似。
4. 炸制的油温要控制好，不宜过低或太高。

象生红苕梨

风味·特点 | 色泽金黄，皮酥香，馅甜美，形如梨子

176

红苕油糕

风味·特点 |
色金黄，皮酥香，馅香甜

原料：（10 人份）

红苕（红薯）500 克，中筋面粉 100 克，酥核桃仁 100 克，红糖 200 克，熟白芝麻 50 克，化猪油 150 克，熟面粉 50 克（见 59 页），鸡蛋 2 个，面包粉 85 克（面包糠），熟菜籽油 1500 克（约耗 150 克）

做法：

1. 红苕去皮洗净，切成块状，入笼蒸约 15 分钟至熟取出，压蓉成泥，加入面粉揉和均匀，扯成大小一致的剂子 20 个。
2. 酥核桃仁剁碎，红糖切成细末，熟白芝麻碾细，将以上原料同化猪油、熟面粉和匀成甜馅。
3. 鸡蛋磕入深盘中搅匀成鸡蛋液。面包粉置于平盘中。
4. 取红苕面团剂子分别包入馅心，按扁成圆饼坯。
5. 锅内放色拉油中火烧至五成热，将圆饼坯逐个滚上蛋液，沾裹上面包粉，入油锅内炸熟即成。

[大师诀窍]

1. 选用红心苕为佳，颜色滋味更佳。
2. 蒸红苕不可久蒸，熟了即可，久蒸水分太多，滋味也变淡。
3. 面粉不可多加，面团太硬不好包制也容易裂口。
4. 炸制的油温需稍高一些，过低容易浸油，口感容易发腻。

177

鲜苕梅花饼

风味·特点 | 色泽金黄，皮酥香甜，造型美观

原料：（10 人份）

红苕（红薯）500 克，干糯米粉 50 克（见 53 页），熟鸭蛋黄 3 个，糖渍红樱桃 10 粒，鸡蛋 2 个，面包粉 50 克（面包糠），色拉油 1 000 克（约耗 50 克），白糖 50 克，扑粉适量（淀粉）

做法：

1. 红苕去皮洗净切块，入笼蒸约 15 分钟至熟取出，用刀背压成泥蓉，加入压细的熟鸭蛋黄、干糯米粉、白糖揉匀。
2. 案板上扑上适量扑粉，将揉匀红苕粉团擀压成 1 厘米厚的糕坯，期间扑上适量扑粉避免粘黏。再用梅花模具冲压成梅花形饼坯。
3. 鸡蛋磕入深盘中搅匀成鸡蛋液。面包粉置于平盘中。
4. 将梅花形饼坯逐个放入鸡蛋液中裹均匀，再沾上面包粉，入五成热油锅内炸至色金黄、皮酥时捞出装盘。将糖渍红樱桃切成两半，嵌在每个饼中心即成。

[大师诀窍]

1. 蒸红苕不能久蒸，蒸熟即可，选用红心苕风味较足。
2. 糯米粉不宜多加，也可用相同分量的熟面粉代替。
3. 冲形取出后要小心轻放，避免破坏外观，沾面包粉要均匀。
4. 避免粘黏的扑粉不能过多，以免影响成品口感。
5. 炸制时油应用中火炸制，避免外焦内生。

178

芝麻苕圆

风味 · 特点 | 皮香酥爽口，馅香甜化渣

原料：（10 人份）

红苕（红薯）400 克，干糯米粉 50 克（见 53 页），莲蓉馅 200 克（见 58 页），白芝麻 150 克，鸡蛋 2 个，熟咸鸭蛋黄 4 个，色拉油 1000 克（约耗 50 克）

做法：

1. 红苕去皮洗净、切块，入笼蒸约 15 分钟至熟取出，压成泥蓉，加入糯米粉和匀成红苕粉团。
2. 熟咸鸭蛋黄切成 20 个剂了，用莲蓉馅分别包入成球形的馅心。
3. 将红苕粉团分成 20 个面剂，分别包入蛋黄莲蓉馅，搓成圆球形状，放入鸡蛋液中裹均匀，再放入芝麻中沾裹均匀成苕圆生坯。
4. 锅内放色拉油，中大火烧至五成热，下入苕圆生坯后转中火炸制，当皮酥脆、色微黄、浮面时捞出即成。

[大师诀窍]

1. 和粉要均匀，成品口感才细腻。
2. 选用红心翻沙的咸鸭蛋黄，滋味咸香，口感酥爽。
3. 沾芝麻后再用手捏使其沾裹均匀，并除去多余蛋液后才能入锅炸制。
4. 炸制时，不断地用抄瓢推转苕圆坯，成品色泽才会均匀，并避免白芝麻炸焦。

179

紫薯麻圆

风味 · 特点 |

皮脆内糯、香甜适口，紫薯味浓

原料：（10 人份）

紫薯 500 克，白芝麻 100 克，豆沙馅 150 克（见 57 页），干糯米粉 150 克（见 53 页），白糖 30 克，色拉油适量

做法：

1. 紫薯洗净、去皮、切块，入蒸笼蒸约 20 分钟至熟。
2. 以刀背将蒸熟紫薯压成泥，加入干糯米粉、白糖，揉制成紫薯面团，待用。
3. 再把紫薯面团搓条分成 20 个剂子，一一搓圆后压扁，包入豆沙馅成紫薯圆生坯。
4. 紫薯圆生坯均匀沾上白芝麻后，放入五成热的油锅，以中火炸至皮脆、浮面，起锅沥油即成。

[大师诀窍]

1. 紫薯须蒸烂，并用刀拍细成蓉状。
2. 馅心包正不能包偏，包偏时炸制容易成形不圆。
3. 炸时要控制好油温，过低皮不脆、颜色发白，过高容易外焦内生。

180

山药凉糕

风味 · 特点 | 色泽白净，清香甜嫩，爽口宜人

原料：（15 人份）

山药 500 克，白糖 250 克，琼脂（洋菜）20 克，清水 1800 克，综合水果蜜饯 35 克

做法：

1. 将山药去皮洗净，切块入笼蒸约 12 分钟至熟，取出后压成泥蓉。
2. 综合水果蜜饯切成小丁。
3. 琼脂洗净切成小段，放入净锅内加清水熬化，下入白糖熬至溶化后，用细纱布过滤，再倒入锅内。
4. 将山药泥倒入做法 3 的锅内搅匀，以中小火熬煮沸后，起锅倒入方盘内刮平，冷却凝固后撒上糖渍红樱桃丁、蜜冬瓜条丁，放置冰箱内冰镇后，切块盛盘即成。

[大师诀窍]

1. 山药皮一定要去净，蒸制软才便于压成泥蓉。
2. 熬琼脂加清水的水量不能过多或太少，以免不成形或失去绵软口感。

181

黑米粥

风味 · 特点 | 软糯适口、甜香不腻

原料：（10 人份）

黑米 200 克，糯米 75 克，花生仁 100 克，桂圆 50 克，红枣 75 克，白糖 250 克，清水 2000 克

做法：

1. 将黑米、糯米淘洗净，泡 12 小时至透。
2. 泡透、沥干水的黑米、糯米入锅加清水煮，用中大火煮开后，转中小火熬制。
3. 熬约 1 小时后，加入花生仁、桂圆、红枣，继续煮熬 1 小时成粥后，加白糖即成。

[大师诀窍]

1. 熬粥务必一次将水加够，中途发现不足再加清水，粥品香气不足，也少了浓稠感。
2. 大火烧沸后，用中小火慢慢熬制，成品才浓。
3. 甜味不宜过多，容易发腻。

182

成都洞子口黄凉粉

风味 · 特点 | 麻辣鲜香，爽口宜人

原料：（25 人份）

豌豆粉 500 克，清水 2850 克，黄栀子 15 克，郫县豆瓣 150 克，永川豆豉 100 克，酱油 150 克，芝麻酱 40 克，蒜泥 50 克，花椒粉 15 克，川盐 25 克，油酥花生仁 75 克，油酥青豆仁 50 克，油酥胡豆（蚕豆）75 克，葱花 100 克，熟菜籽油 250 克

做法：

1. 将豌豆粉用清水 750 克调匀成水豆粉。
2. 净锅置中火上，加清水 2000 克烧沸，加入黄栀子熬出颜色后，将黄栀子捞出不用。
3. 再将做法 1 调好的水豆粉慢慢地倒入，边倒边搅动以防粘锅，持续搅煮至熟透成浓稠糊状，离火晾凉即成黄凉粉。
4. 锅内放熟菜籽油烧热，放入剁细的郫县豆瓣、豆豉（剁细），以中小火煵炒酥香成豆沙状，再加清水 100 克、酱油、川盐，烧沸后起锅盛入豌内成豆豉卤味汁。
5. 将黄凉粉改刀切块或条，入沸水中烫热舀入碗内，放入蒜泥、花椒粉、芝麻酱、豆豉卤味汁，撒上油酥花生仁、油酥青豆仁、油酥胡豆、葱花即成。

［大师诀窍］

1. 搅凉粉的吃水量为 500 克豌豆粉加清水 2500 ~ 3000 克。可依口感需要做微调。
2. 在煮熟过程中要不停搅动以防止粘锅。
3. 炒豆豉卤味汁的火候不宜过大，以免产生焦味。
4. 黄凉粉可热吃，亦可凉吃。

先买饭票再取餐是成都张老二凉粉的老规矩，若少了这张小票，滋味可能就少了一味

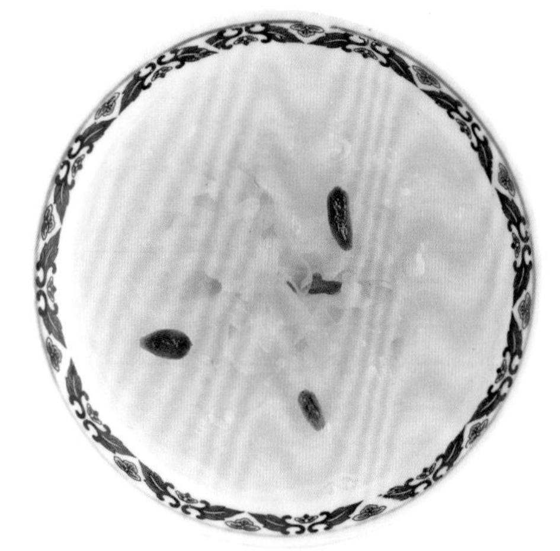

183

通江银耳羹

风味 · 特点 |

汤汁清澈，甜香味美，银耳软糯，营养丰富

原料：（10 人份）

通江干银耳 10 克，白糖 25 克，冰糖粉 100 克，猪板油 50 克，鸡蛋清 1 个，温热水 2000 克（约 60℃）

做法：

1. 把干银耳用温热水 2000 克发涨后摘除根，除去木屑杂质，将大朵的撕成小片，再用清水反复漂洗，抖尽泥沙。泡银耳的水澄清后用纱布过滤，再将银耳泡入原水中。
2. 将猪板油撕去油上皮膜，切成豌豆大的粒。
3. 汤锅置旺火上，加入泡银耳的水、冰糖粉、白糖烧沸后打净泡沫，将鸡蛋清搅散淋入糖水中烧沸，打去浮沫，如此反复烧沸，打去浮沫两三次至糖汁清亮为止。
4. 取瓷碗 10 个，均匀地加入银耳、糖水、猪板油粒，用保鲜膜封严碗口，入笼用旺火蒸制约 3 个小时，待银耳蒸透呈胶质状即成。

[大师诀窍]

1. 银耳泡发涨后，才容易摘除杂质、洗净泥沙。
2. 蛋清扫糖水要搅匀，待烧沸后才能打尽浮沫。

184

冰醉豆花

风味 · 特点 |

醪糟味浓，香甜适口

原料：（5 人份）

醪糟 100 克，嫩豆花 250 克（见 256 页），豌豆粉 20 克，清水 1030 克，白糖 100 克，红糖汁 50 克

做法：

1. 将豌豆粉加入 30 克清水搅匀成水豆粉。
2. 清水放入锅内烧开，转小火后将豆花用小勺子分成片状加入烧开的清水中。
3. 接着加入醪糟，再以水豆粉勾芡，最后加入白糖、红糖汁即成。

[大师诀窍]

1. 豆花不可片得太薄，否则入口滋味不足。
2. 豆花在锅内不能煮得太久，会破碎不成形。
3. 芡汁不能勾得过浓，才有清爽口感。
4. 可用淀粉替代豌豆粉，爽滑感稍差一些。

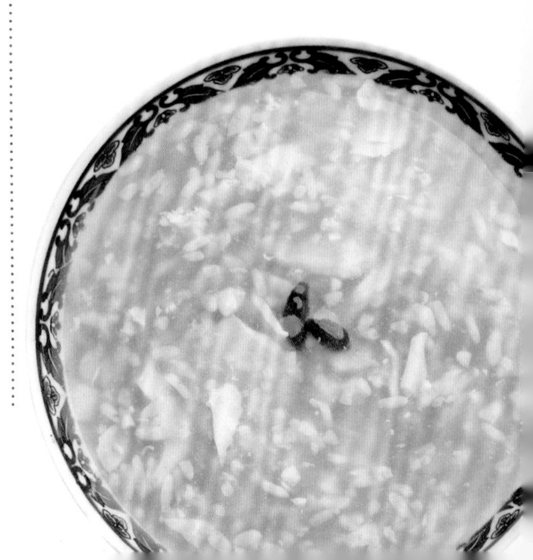

185
碧绿芒果卷

风味 · 特点 |

色泽碧绿，软糯香甜，爽口宜人

原料：（20 人份）

芒果 500 克，干糯米粉 250 克（见 53 页），淀粉 100 克，绿色波菜汁 250 克（见 146 页），白糖 100 克，鸡蛋清 1 个，橄榄油 20 克，清水 500 克，川盐 1 克

做法：

1. 芒果去皮去核取果肉，切成细条形，泡入用清水与川盐调制的淡盐水中。
2. 干糯米粉与淀粉混合均匀，加入绿色波菜汁、白糖 50 克、鸡蛋清调匀成糊状。
3. 取一适当大小的方平盘刷上橄榄油，将调好的糯米糊倒入方平盘中，厚度控制在 2.5 ~ 4 毫米，入蒸笼旺火蒸约 6 分钟至熟透，即成绿色粉皮。
4. 将浸泡盐水的芒果条沥干水分，先均匀沾裹白糖，再几根为一组，铺放在绿色粉皮上，卷裹成卷状，用刀切整齐即成。

[大师诀窍]

1. 选用质地较扎实的成熟芒果，风味足也方便加工。
2. 粉皮也可以平底锅摊，摊皮时宜用中小火，火力分布要均匀，切忌摊煳。
3. 趁粉皮热时卷裹效果较好，不易松散。

绿茶桂花糕

风味·特点 |

色泽碧绿剔透，入口清凉香甜

成都市中心的青羊宫为道教圣地，漫步其中极为舒畅

186

原料：（15 人份）

绿茶粉 15 克，桂花 10 克，明胶粉 25 克，白糖 100 克，清水 1000 克

做法：

1. 明胶加清水 150 克入笼蒸约 5 分钟至溶化。
2. 将白糖加清水熬制成糖水，混入融化的明胶汁后，搅匀。
3. 接着加入绿茶粉，上中火煮沸出色后，倒入平盘中，均匀撒上桂花，入冰箱中冷藏便其凝结。
4. 将凝结定形的糕坯切成块状，装盘即成。

[大师诀窍]

1. 掌握明胶汁和糖汁浓稠度。
2. 桂花不宜放多，多了口感不佳。
3. 须冷透凝固才可切形。

187

红枣糕

风味 · 特点 |

枣香味浓，口感绵软香糯，甜而不腻，营养丰富

原料：（15 人份）

大枣 500 克，莲藕粉 300 克，白糖 300 克，清水 700 克

做法：

1. 先把大枣洗净去核，放入盆里加上清水，上笼蒸约 30 分钟至烂，取出晾凉，把大枣水倒出备用。
2. 大枣，用丝漏把枣泥筛出来，与大枣水 300 克、白糖 180 克、莲藕粉 200 克调制成棕红色枣浆。
3. 取大枣水 150 克、白糖 120 克、莲藕粉 100 克调制成白浆。
4. 把调好的枣浆，倒 1/2 进方盘内抹平，上笼蒸约 10 分钟至定形。此时揭开蒸笼盖，倒入白浆抹平，盖上蒸笼盖再蒸约 10 分钟至定形。
5. 再次揭开蒸笼盖，倒入剩余 1/2 枣浆抹平，盖上蒸笼盖再蒸约 10 分钟至熟，取出晾凉，进冰箱冰镇约 3 小时，取出切块即成。

[大师诀窍]

1. 枣须蒸烂，才便于用丝漏把枣皮去净。
2. 蒸糕时用中火蒸，以免水汽过重。
3. 确认是否熟透可用竹扦插入糕底，拔出后如上面有面浆，就是还没熟透。

188

蓉城绿豆糕

风味 · 特点 |

质地松软，细嫩适口，消暑解热，小吃佳品

原料：（20 人份）

绿豆 500 克，白糖 250 克，化猪油 250 克

做法：

1. 绿豆洗净沥干水分，放入锅内加入洗净的粗沙，以中小火翻炒至熟。
2. 倒入钢丝筛内筛去沙子，晾凉，磨成细粉，再用箩筛筛去粗粒成绿豆粉。
3. 将绿豆粉倒案板上，加入白糖、化猪油，用手揉至融合后装入糕箱内压平压紧，切成块状即成。

[大师诀窍]

1. 沙子须选用粗沙为宜，细沙难以洗净，也不易分离。
2. 翻炒时要用锅铲不停地铲动，火力不宜过大。
3. 磨粉磨得越细腻越好，避免使用色素。
4. 揉制要反复多揉，质地才均匀，使用花纹模具压制效果更好。

189

蚕豆糕

风味 · 特点 |

香甜细腻，松软爽口

原料：（20 人份）

新鲜蚕豆 500 克，熟糯米粉 75 克，白糖粉 250 克，化猪油 150 克，糖渍红樱桃 25 克，蜜玫瑰 5 克

做法：

1. 将鲜蚕豆去壳，放入笼内蒸约 20 分钟至熟，取出趁热压成蓉泥。
2. 鲜蚕豆泥加入白糖粉 200 克，化猪油 100 克拌揉均匀成鲜蚕豆蓉团，分成 30 个剂子。
3. 将熟糯米粉与白糖粉 50 克、蜜玫瑰、切碎糖渍红樱桃、化猪油 50 克揉和均匀成馅心，分成 30 份备用。
4. 取鲜蚕豆蓉剂子分别包入馅心，捏成糕模大小的方块状，放入糕模中均匀压实，印上花纹后扣出即成。

[大师诀窍]

1. 选黑嘴壳大蚕豆制作，质地较好。
2. 蚕豆泥蓉必须压细腻，最好放入细筛搓擦以分离出籽粒。
3. 熟糯米粉也称为糕粉，是用糯米经泡制与炒制后（用沙炒制）磨成的粉。
4. 化猪油不宜放得过多，否则不易成形又腻口。

190
芝麻夹心糕

风味 · 特点 |

香甜细腻，松软爽口

原料：（30 人份）

低筋面粉 350 克，白糖 500 克，熟面粉 150 克（见 59 页），黑芝麻粉 200 克（见 59 页），鸡蛋 2 个，橘饼 50 克，化猪油 250 克，小苏打 5 克，黑芝麻 5 克

做法：

1. 橘饼切成细粒，与芝麻粉、熟面粉、化猪油 200 克、白糖 450 克混合均匀，再揉和成滋润的芝麻甜馅料。
2. 面粉 350 克加入鸡蛋 1 个、白糖 50 克、小苏打、化猪油 50 克拌均，揉匀成糖油面团。将鸡蛋 1 个磕入碗中，搅匀成蛋液，备用。
3. 将糖油面团擀成 3 ~ 5 毫米厚的面皮，切成两半，把芝麻糖馅均匀铺在面皮上压紧、压平整。
4. 再将另一张面皮盖在糖馅上，压平整，刷上蛋液，撒上黑芝麻，放入烤箱，以上火 220℃、下火 180℃，烤 10 分钟即取出。
5. 放凉后用刀切成方块即成。

[大师诀窍]

1. 糖馅要拌滋润，过干成品易散、不成块。
2. 以面皮夹馅心时，可在合适大小的方形烤盘中操作，一是馅料不外漏，二是夹好馅心后可直接入烤箱，三是成品可以更紧实。
3. 馅料都是熟的，烤制时间只需要将糖油面皮烤熟上色，不宜过长，以免高糖馅心融化不成形。

191 成都蛋烘糕

风味·特点 |

色泽金黄，皮松肉嫩，香甜味美，蛋香浓郁可口

四川绵阳江油县的蛋烘糕独树一格！从锅具、蛋面糊到成品口感、滋味，都与成都蛋烘糕明显不同

原料：（20 人份）

中筋面粉 500 克，鸡蛋 5 个，老发面 50 克（见 137 页），清水 200 克，沸水 200 克，小苏打 6 克，红糖 250 克，白糖 100 克，蜜玫瑰 25 克，蜜冬瓜条 50 克，糖渍红樱桃 25 克，芝麻粉 50 克，化猪油 50 克，熟菜籽油 15 克

做法：

1. 将红糖用 200 克沸水溶化后滤去杂质，晾凉成红糖浆。老发面加清水 100 克调成老发面浆。
2. 把红糖浆倒入盛有面粉的盆内，打入鸡蛋，用木棒搅和，边搅动边加入老发面浆、小苏打、清水 100 克搅至面、蛋、糖混合为一体呈稠糊状，静置饧 15 ~ 20 分钟。
3. 将蜜冬瓜条、糖渍红樱桃切碎，与蜜玫瑰、白糖、芝麻粉一起和匀拌成馅心。
4. 用特制小型铜质平圆底锅（直径约 10 厘米，边沿高约 1 厘米，边沿上有提把），置于与锅大小相当的炉子上（炭火炉也可），将铜锅烧烫，涂上一层熟菜籽油。
5. 炙好锅后舀入蛋面糊并将锅转动，使面糊流匀锅底，加盖略微烘烤。
6. 当面糊约八成熟时，舀入化猪油少许抹匀，随即舀入馅心，然后用夹子将糕皮一边揭起，对折成半圆形，再翻面，加盖略烘烤即成。

[大师诀窍]

1. 老发面浆事先用水调匀成浆状后，再倒入面粉内有助于搅匀。
2. 小苏打不可多放，以免碱味太浓。
3. 小铜锅一定要事先炙好，以避免粘锅。用油涂锅切忌过多，油脂略微润一下锅即可。
4. 烘烤时宜用微火，火力过大，会外焦内生。

192

胡萝卜象生果

风味 · 特点 | 造型逼真，香甜可口

原料：（10 人份）

胡萝卜500克，干糯米粉250克（见53页），澄粉100克，沸水70克，熟鸭蛋黄4个，白糖150克，化猪油50克，香菜50克，香油适量

做法：

1. 胡萝卜洗净切块，入榨汁机中榨汁，将胡萝卜汁250克与糯米粉、白糖75克拌均匀成胡萝卜粉团。
2. 澄粉用沸水烫熟，同胡萝卜粉团揉和均匀，成软硬适度的橙红色粉团。
3. 熟鸭蛋黄揉压成细蓉，加入白糖75克、化猪油揉匀成滋润的蛋黄馅；香菜洗净。
4. 将粉团搓条下剂，约20个，分别包入蛋黄馅心，捏成上粗下细的胡萝卜形状，即成象生胡萝卜果坯。
5. 果坯入笼蒸约8分钟至熟后取出，在粗的一端划一小口子，插入香菜，细的一端插入少许香菜根须，刷上一层香油即成。

［大师诀窍］

1. 以果汁机打萝卜汁时需加入少许清水，才便于出汁，需有过滤的程序。若是用榨汁机则不需要。
2. 澄粉必须烫熟后，产生所需的面性才能混合揉制。
3. 果坯剂子不可过大，以免失去精致感。

193

原料：（10 人份）

老南瓜500克，糖米粉150克（做法见成都蛋烘糕，283页），澄粉120克，豆沙馅90克，奇异果果汁25克，色拉油1000克（实耗50克）

做法：

1. 南瓜去皮，切成块入笼蒸约15分钟至熟，晾凉压成泥蓉，加入糖米粉、澄粉80克，揉匀成南瓜面团。另用40克澄粉加入果汁揉匀成绿色面团。
2. 将南瓜面团分成30个剂子，分别包入豆沙馅，捏成南瓜形状，用绿色粉团做成瓜蒂，成象形南瓜坯。
3. 将象形南瓜坯入五成热的油锅炸成皮酥色黄即成。

［大师诀窍］

1. 面团不能过软，以免影响造型。
2. 油温不能过高，也不宜太低。
3. 切忌炸制时间过长，颜色发暗而失去鲜活感。

生态南瓜饼

风味·特点 | 形态逼真，外酥里嫩

瓜仁芋香果

风味 · 特点 | 皮酥里软，香甜可口

炸豌豆糕专用的勺子

194

原料：（10 人份）

香芋 200 克，干糯米粉 100 克（见 53 页），瓜子仁 150 克，白糖 75 克，鸡蛋 1 个

做法：

1. 香芋去皮切成条，入笼蒸约 15 分钟至烂软取出，用刀将其压泥蓉。
2. 芋泥加入糯米粉、白糖揉匀成香芋粉团。
3. 将香芋粉团分剂，分别捏制成尖头形芋果。
4. 鸡蛋搅成蛋液，芋果滚上蛋液，沾上瓜子仁成半成品。
5. 油锅烧至六成热，下香芋果半成品以中火炸至酥香成熟即成。

[大师诀窍]

1. 香芋须蒸烂、压蓉，不能起籽粒。
2. 沾瓜仁须沾均匀，并用手捏牢。
3. 油温不能过高，也不可太低。

195

炸豌豆糕

风味 · 特点 | 色泽金黄，糕酥脆香

原料：（10 人份）

干豌豆 250 克，大米 350 克，清水 1000 克，盐 20 克，菜籽油 1000 克（实耗 75 克）

做法：

1. 将干豌豆、大米分别淘净，再分别用两个盛器装入，加清水浸泡 8 小时至透（热天最少换水一次）。
2. 用石磨将大米加清水磨成大米米浆。
3. 泡透豌豆沥干水分，混合到米浆中，加少许盐，调成豌豆米浆。
4. 用特制炸糕模具，舀入豌豆米浆，放入六成热油锅中，中火炸成豌豆糕取出，即成。

[大师诀窍]

1. 豌豆最少泡制 8 小时，泡透了成品才不会有硬心。
2. 米浆须磨细腻，稠度一定要掌握好。
3. 炸制油温切不可过低或太高。

196
炸西瓜饼

风味 · 特点 | 色泽淡红，酥糯香甜

原料：（10 人份）

西瓜 1000 克，糯米粉 300 克，马蹄粉 100 克，黑芝麻馅 150 克（见 58 页），色拉油 1500 克（约耗 50 克）

做法：

1. 西瓜去尽瓜子、皮，用榨汁机榨出西瓜汁，滤除渣籽。
2. 取西瓜汁 350 克与糯米粉、马蹄粉和匀，揉制成粉红色粉团。
3. 粉团分成小剂约 20 个，分别包入黑芝麻馅，按扁成圆饼坯。
4. 锅内烧色拉油至六成热，下西瓜圆饼坯，以中火翻炸成熟即成。

[大师诀窍]

1. 榨西瓜汁必须去尽瓜子、皮，确保口感细致。
2. 炸制的火候要掌握好，炸制的色泽要均匀一致，避免颜色过深。

成都金丝街的金马茶馆

197
香煎苹果饼

风味 · 特点 | 酥香松泡，香甜爽口

原料：（10 人份）

苹果 500 克，低筋面粉 350 克，清水 175 克，白糖 50 克，鸡蛋 2 个，泡打粉 10 克，酵母粉 15 克，色拉油 100 克

做法：

1. 苹果去皮去核洗净，切成筷子粗的丝条放盆内，再磕入鸡蛋搅匀。
2. 接着加入低筋面粉、白糖、酵母粉、泡打粉及清水搅拌成糊状，静置发酵 20 ~ 30 分钟成苹果面糊。
3. 平底锅置中火上，放约 50 克色拉油烧热，将苹果面糊舀在锅中，摊成约 1 厘米厚的圆饼状，定形后再加入约 50 克色拉油煎至两面金黄成熟，改刀装盘即成。

[大师诀窍]

1. 苹果丝条不可切得太粗或过细，太粗成形不好看，太细没有口感。
2. 调面糊要掌握好用水量，不能太干或过稀。
3. 煎制时火候不宜太大，火力应均匀，当饼煎定形后，再加些油煎炸成熟，外皮更酥香。

198

锅贴虾饼

风味 · 特点 | 底面酥香，软糯鲜嫩

原料：（20 人份）

吐司 250 克，鲜虾仁 200 克，熟猪肥膘肉 50 克，干糯米粉 200 克（见 53 页），澄粉 50 克，冬笋 25 克，蘑菇 25 克，胡椒粉 3 克，料酒 10 克，川盐 6 克，白芝麻油 5 克，葱白花 25 克，蛋清淀粉糊 25 克（见 60 页），化猪油 500 克（约耗 150 克）

做法：

1. 冬笋、蘑菇、猪肥膘肉切成粒。鲜虾仁洗净，挑除虾线，切成绿豆大的粒，用蛋清淀粉糊码匀。
2. 锅内放化猪油 100 克烧至三成热，下入虾仁用油滑散捞出。
3. 将熟猪肥膘肉粒、蘑菇、冬笋一同入锅炒制，加入料酒、川盐、胡椒粉炒香出锅，晾凉后加入滑散虾仁粒、芝麻油、葱白花拌匀成馅。
4. 将吐司去边，改刀成长 6 厘米、宽 3 厘米、厚 0.5 厘米的片，20 片。
5. 澄粉放入盆中用沸水烫熟，干糯米粉与清水和匀加入熟澄粉揉匀成混合粉团，搓条后分成 20 个剂子。
6. 取一吐司片，舀入虾仁馅放在中间，再用混合粉团剂子用手按扁成吐司大小的粉皮，盖在虾馅上，四周捏紧成饼坯。
7. 平底锅内放入化猪油烧至五成热，放入虾饼坯，半煎半炸至底面酥黄，饼面熟透即成。

[大师诀窍]

1. 虾仁必须挑除虾线，洗净后用干毛巾搌干水分，浆才巴得上。
2. 滑虾仁必须用温油，用竹筷划散籽。
3. 澄粉必须烫熟，同糯米粉反复揉匀，成品口感较佳。
4. 煎饼时要不断地用瓢舀热油淋在饼面上，使其受热均匀，熟度一致。

199

原料：（10 人份）

中筋面粉 500 克，沸水 300 克，猪肉 150 克，化猪油 150 克，料酒 10 克，川盐 5 克，胡椒粉 1 克，葱末 50 克，熟菜籽油 500 克（约耗 50 克），白芝麻油 10 克

做法：

1. 面粉 400 克加入川盐 2 克拌匀，接着冲入沸水烫制成三生面，擦揉入化猪油 25 克，置于案板上晾凉待用。
2. 面粉 100 克与化猪油 125 克一同拌和成油酥。
3. 猪肉洗净剁碎，加入料酒、川盐 3 克、胡椒粉、葱末、白芝麻油拌匀成馅。
4. 将三生面搓条扯成面剂 20 个，分别擀成牛舌片，抹上油酥，卷成筒后按成面皮，包入馅心成条状，盘起后按扁成焦饼生坯。
5. 平锅置中小火上，放入熟菜籽油烧至四成热，放入饼坯半煎半炸至两面呈金黄色即成。

[大师诀窍]

1. 面粉在盆中烫成三生面后，将面盆放入冷水中让三生面温度尽快下降，“退火”后再揉匀。
2. 煎炸时油量应控制在焦饼生坯 1/3 ~ 1/2 的高度，掌握好油温、火候，才能金黄酥脆。

鲜肉焦饼

风味·特点 | 色泽金黄，皮酥脆，馅鲜香

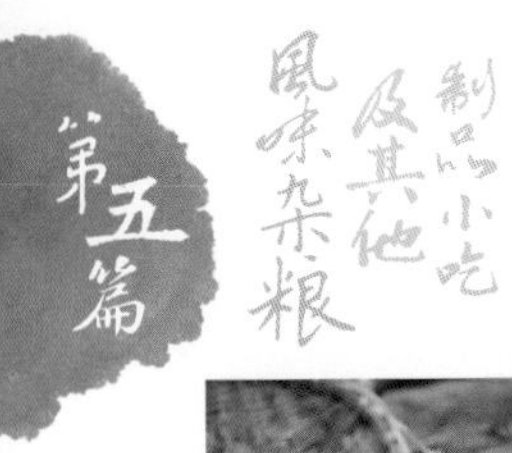

200

三义园牛肉焦饼

风味 · 特点 | 色泽金黄，酥脆鲜香，馅细嫩微辣

原料：（20人份）

中筋面粉500克，沸水350克，黄牛腿肉400克，熟牛油75克，姜末10克，川盐6克，醪糟汁15克，郫县豆瓣15克，花椒粉10克，酱油10克，白芝麻油25克，葱花250克，熟菜籽油1500克（约耗200克）

做法：

1. 牛肉洗净去筋膜剁成细粒，加入姜末、川盐、醪糟汁、剁细郫县豆瓣、花椒粉、酱油、熟菜籽油30克、白芝麻油拌和均匀，包制前再放入葱花略拌成馅心。
2. 面粉中加入沸水搅匀成烫面，摊开晾凉后揉匀。牛油入锅融化后加熟菜籽油30克搅匀起锅晾凉，凝结后成牛油酥。
3. 将揉匀的烫面按平成面片摊在案板上，把牛油酥均匀地抹在烫面上，然后将面片卷成圆筒形，并搓条成为起酥面。
4. 将起酥面切成20个面剂子，逐个用手压成皮，包入馅心，收拢剂口，压扁成扁圆形饼生坯。
5. 平煎锅置中小火上，下入熟菜籽油，烧至三成热，将饼生坯放入锅内，煎炸约5分钟，将饼逐个翻面，待饼两面均呈金黄色即可。

[大师诀窍]

1. 面粉必须用沸水烫熟，然后摊开使其尽快晾凉，避免温度破坏面性。
2. 抹牛油酥要均匀地抹在烫面上，卷筒搓条要粗细均匀，起酥效果才佳。
3. 煎炸时先用微火后旺火，旺火能使饼上色，也能逼出饼中的油，减少成品的油腻感。
4. 拌牛肉馅时，若觉得不够滋润，可适量加入少许清水搅制。

201

牛肉豆花

风味 · 特点 | 咸鲜微辣，口感细腻，豆花味浓

原料：（10 人份）

自制嫩豆花 500 克（见 256 页），牛肋条肉 200 克，馓子 100 克，大头菜粒 50 克，德阳红酱油 30 克，清水 1400 克，花椒粉 2 克，红油 30 克（见 146 页），葱花 20 克，油酥黄豆 30 克（见 256 页），胡椒粉 2 克，豆瓣 25 克，花椒 5 颗，葱 50 克，姜 50 克，笋丁 50 克，八角 1 颗，料酒 5 克，水淀粉 50 克（见 59 页）

做法：

1. 锅内加清水 400 克烧开，勾入水淀粉成二流芡（浓稠半流体）状态，再把豆花用勺子分成小块状，放入芡汁中烫热。
2. 牛肋条肉切小丁。取净锅中火下油，炒香剁细的豆瓣，下花椒、葱姜略炒，再下肉丁、笋丁、料酒、八角、清水 1000 克烧开后，转中小火烧至牛肉丁𤆵软入味，夹出八角，即成牛肉臊。
3. 碗内调入德阳酱油、红油（带点油辣子）、花椒粉，然后把豆花芡汁舀入碗内，加入胡椒粉、烧好的牛肉、大头菜粒、油酥黄豆、馓子，撒上葱花即成。

[大师诀窍]

1. 勾芡的稠度要足，使豆花飘在芡汁中不下沉或浮起的稠度为佳。
2. 牛肉臊的味要足，肉要有些嚼头，肉香才突出。

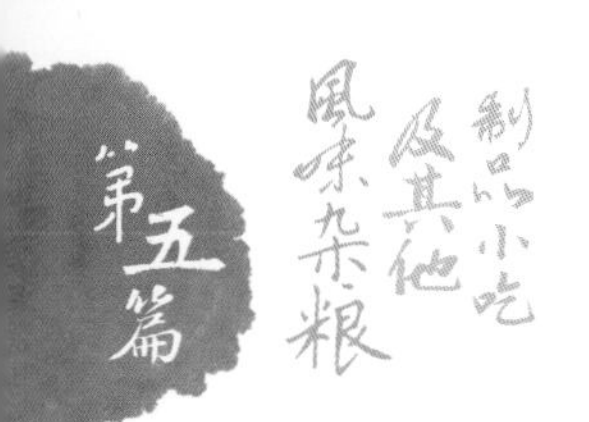

202
牛肉荞面

风味 · 特点 | 麻辣鲜香，绵韧滑爽，地方风味浓厚

原料：（10 人份）

苦荞麦粉 250 克，高筋面粉 350 克，豌豆粉 50 克，鸡蛋 4 个，10% 生石灰水 75 克（见 60 页），清水 50 克，黄牛腩肉 400 克，水发笋干 100 克，郫县豆瓣 50 克，芽菜末 100 克，红油辣椒 100 克（见 146 页），芹菜粒 150 克，姜末 3 克，豆豉 10 克，川盐 3 克，花椒粉 8 克，酱油 150 克，料酒 15 克，菜籽油 150 克，葱花 50 克

做法：

1. 苦荞麦面粉与高筋面粉、豌豆粉和匀，加入石灰水、鸡蛋液和清水拌匀后，揉制均匀成光滑面团。用湿纱布盖上静置饧 15 分钟，待用。
2. 牛肉切成小颗粒，发好的笋干切小颗粒，用沸水将笋粒汆一水沥干水分。豆瓣、豆豉剁细，待用。
3. 将牛肉粒入锅加菜籽油、姜末，以中小火煵炒至酥香，加入料酒、川盐、豆瓣、豆豉炒至入味上色后，再加入笋粒、芹菜粒炒匀起锅，即为牛肉臊子。
4. 把酱油、红油辣椒、芽菜末、花椒粉分别放入碗内作底料，待用。
5. 将专用木榨器置汤锅上，用旺火将汤锅里的水烧沸，取一块面团约 100 克，放入榨孔内，将榨杆插入，用力压榨棒，待面条从小孔中压出后，斩断面条，使其直接落入汤锅，煮熟后捞入配好调辅料的碗中，淋上牛肉臊子，撒上葱花即成。
6. 重复做法 4、5，将面团全部制成一碗碗牛肉荞面。

[大师诀窍]

1. 荞麦面团一定要充分揉制均匀，成品口感才滑爽。
2. 榨面条的面团，应揉成圆条形，便于装入挤压孔中。
3. 荞麦面条中的荞麦面粉容易化到沸水中，不宜久煮，应勤换煮面的水，确保面条口感爽滑。
4. 荞麦面也可以不加面粉揉面，但荞麦面粉的筋性不足加上粗纤维多，成品容易断，口感也较差。
5. 煮熟的荞麦面持续涨发的速度比一般面条快许多，因此应尽快食用，最好现煮现吃。

荞面在雅安地区称之为榨榨面，原因就是这独特的压榨制面工艺

203

酸辣粉

风味·特点 | 粉条滑爽，酸辣可口

原料：（10人份）

红苕粉（红薯粉）500克，沸水400克，绿豆芽500克，大头菜粒50克，油酥黄豆50克（见256页），芹菜粒50克，小葱花50克，红油辣椒200克，花椒油40克，酱油150克，保宁醋200克，猪骨心肺汤2500克（见256页）

做法：

1. 将红苕粉100克用沸水烫成熟粉浆的糊状熟芡。
2. 另400克红苕粉分次加入在熟芡中，使劲搅揉匀。
3. 锅内加清水烧沸，将粉团放在一个有数十个小孔的漏水瓢（小孔直径大约1厘米）中，用手掌拍打粉团，使粉团从小孔中流出成细粉条状，在沸水中烫熟后，立即捞入凉水中漂凉成水粉。
4. 将红油辣椒、花椒油、酱油、保宁醋放入碗底，将水粉和绿豆芽装入竹漏筛中，入煮沸猪骨心肺汤中汆烫后，倒入调料碗中，撒上大头菜粒、油酥黄豆、芹菜粒、葱花即成。

[大师诀窍]

1. 选用上等红薯粉，下出的水粉品质才佳，口感爽滑。
2. 熟芡必须用刚离火的沸水烫制，以确保熟透。
3. 须用力揉匀粉团，切忌起籽状。
4. 汆烫水粉不宜过久，会炬软不爽口。

崇州街子古镇里正在制作水粉的小吃店

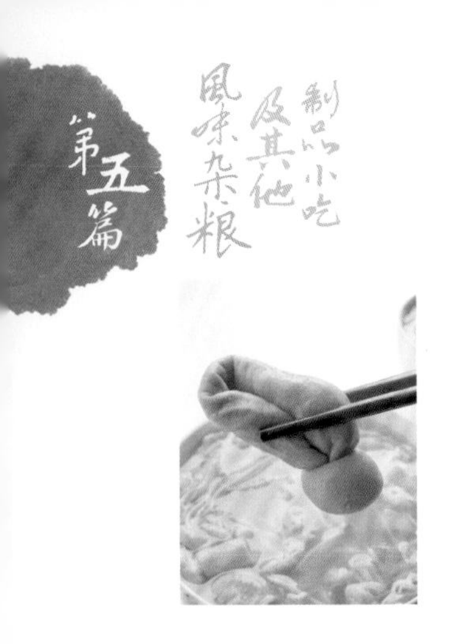

204
帽结子肥肠粉

风味 · 特点 | 麻辣味鲜，质地爽滑𤆵软

原料：（20 人份）

猪大肠 1000 克，猪小肠 1000 克，红薯水粉 2000 克（做法见酸辣粉，295 页），花椒粒 15 克，白酒 20 克，红油辣椒 150 克，酱油 75 克，花椒粉 40 克，葱花 50 克，芽菜末 35 克，香油 25 克，生姜块 50 克，大葱叶 50 克，猪棒骨 1000 克，清水 8 升，生姜片 50 克，食盐 25 克，白酒 25 克

做法：

1. 将猪大小肠洗净，入盆加食盐、生姜片充分揉搓以去掉污秽，再用清水反覆洗净。
2. 接着割开肠头，将其翻面，去掉肠子上污物，反覆清洗，沥水后用白酒揉搓，用清水漂洗干净后再翻回来。入沸水锅汆烫后，捞起备用。
3. 锅内放清水，放入猪棒骨烧沸，除去血泡，捞出拍破骨头，放入锅中另加清水，大火烧沸加大小肠、拍破生姜块、挽结大葱叶、花椒粒，转中小火炖至大小肠𤆵软。
4. 捞出大小肠，将大肠切成斜刀段，小肠切长段后挽成形似帽子结的小段若干。
5. 将芽菜末、红油辣椒、花椒粉、酱油、香油等调料分装 20 个碗内。
6. 将水粉抓入竹漏瓢内，入猪骨肥肠汤锅内烫热，倒入装有调料的碗内，上面再将切好的肥肠和帽结子小肠放上，撒入葱花即成。

[大师诀窍]

1. 大小肠必须多次仔细清洗，以免臊味影响滋味与食欲。
2. 肥肠煮𤆵软就要捞起，入口有咬劲，滋味也足，不会嚼不烂。但煮得太过𤆵烂，就失去了筋道口感。
3. 只能选用小肠挽结，形态才美观。

晨曦中的成都市井生活

205 火烧鸡肉饼

风味·特点 | 色泽金黄，外酥内嫩，馅味鲜美

原料：（10 人份）

中筋面粉 500 克，沸水 350 克，化猪油 150 克，净鸡半只（约 750 克），口蘑 50 克，冬笋 50 克，冰糖 20 克，料酒 25 克，生姜 20 克，大葱 25 克，胡椒粉 3 克，川盐 8 克，酱油 25 克，高汤 300 克（见 149 页），熟菜籽油 1500 克（约耗 75 克）

做法：

1. 将面粉用沸水冲入，搅拌均匀，制成烫面，加入化猪油 75 克揉匀成团待用。
2. 净鸡肉洗净砍成块，冬笋、口蘑洗净。锅内放化猪油 75 克烧热，下鸡块煸干水分。
3. 再下拍破生姜、挽结的大葱、料酒、冰糖炒香后，加酱油、胡椒粉、高汤、川盐，用大火烧沸后，改用小火烧制。
4. 待鸡块快熟时，加入冬笋、口蘑一并烧入味，待汤汁浓稠时捞出鸡块、姜葱。将鸡块去净骨切成小丁，冬笋、口蘑也取出切成小粒状。将鸡肉丁、冬笋、口蘑粒倒入原汤汁中，小火收至浓稠起锅，晾凉成鸡肉馅。
5. 烫面搓条分成小剂子，按扁包入馅心，封口后按扁成圆饼状。
6. 平底锅内放菜籽油烧热，饼坯放入煎炸至色泽金黄、皮酥香即成。

[大师诀窍]

1. 烫面必须烫软和一些，但不能烫得太熟。
2. 鸡肉要小火烧入味，汁要收浓稠，馅心必须晾凉后再包制。
3. 包馅封口处要捏紧，封口处不能沾油渍，以免漏馅。
4. 煎制要用火均匀，使两面色泽一致而美观。

位于自贡，富顺豆花发源地，
兴建于宋代的富顺文庙。

206 葱酥火腿饼

风味 · 特点｜

色泽牙黄，味咸甜适口，外皮酥香

原料：（15 人份）

中筋面粉 500 克，清水 140 克，熟火腿 100 克，橘饼 50 克，蜜冬瓜条 50 克，葱白花 100 克，白糖 50 克，熟面粉 50 克（见 59 页），白芝麻 10 克，鸡蛋 1 个，化猪油 175 克

做法：

1. 取面粉 350 克，加入清水、化猪油 50 克揉匀成油水面，另取 150 克面粉加入化猪油 75 克揉匀，制成油酥面。
2. 油水面分成 15 个小剂，油酥面分成油水面剂子一半大小的剂子 15 个。
3. 分别取油水面剂子包入油酥面剂子，用手压成圆饼后，擀成长椭圆形，卷成圆筒，将圆筒竖立，再用手压成圆饼，然后擀成圆面皮待用。
4. 将火腿、蜜冬瓜条、橘饼分别切成小丁置于盆内，加入白糖、化猪油 50 克、熟面粉、葱白花后拌匀成火腿甜馅。
5. 鸡蛋磕入碗中搅匀成蛋液，备用。
6. 取适量的火腿甜馅，搓成团状，放于圆面皮中间，以无缝包馅法包严，封口处沾一点清水使其粘牢成生坯。生坯搓圆后稍微按扁，再擀成圆厚状。依此做法陆续完成所有生坯。
7. 烤箱预热至 220℃，生坯铺放于烤盘上，一一刷上蛋液，再用刀在生坯面上划两刀后，撒上少许白芝麻，即可送入烤箱，烤 8 分钟即成。

［大师诀窍］

1. 油水面含油量不宜过多，面团必须揉透揉匀，口感才酥而细致。
2. 生坯置于烤盘时不能放的太密集，避免烤制过程中因为膨胀相互挤压而不成形。
3. 在生坯面上划两刀的目的是避免烤制时内馅的蒸汽将饼撑破。

机
麻
巷

土鸡 黑豆花